U0280206

系统工程

XITONG GONGCHENG

◎主　编　王　婷

◎副主编　付江月　贺庆仁

重庆大学出版社

内容提要

系统工程是一门兼顾逻辑培养和方法应用的综合性工程技术学科，本书结合21世纪经济管理人才对系统工程教学的需求及系统工程理论在中国的发展趋势，采用以“培养学生理论思维能力与实践动手能力”为核心的编写方式，注重理论与实际相结合，让学生具备系统工程师的基础思维与方法、懂得运用系统工程理论解决实际问题。全书包括系统工程概述、系统工程基本理论与方法论、系统预测、系统建模与分析、系统仿真、系统评价、系统决策以及系统工程应用实例8个章节，主要对象是经济管理专业的大学本科生、研究生，同时也兼顾了理工类专业本科生、研究生和实际工作人员的需求。

图书在版编目(CIP)数据

系统工程 / 王婷主编. -- 重庆：重庆大学出版社，2020.12

ISBN 978-7-5689-2303-3

Ⅰ. ①系… Ⅱ. ①王… Ⅲ. ①系统工程—教材 Ⅳ. ①N945

中国版本图书馆CIP数据核字(2020)第231830号

系统工程

主 编 王 婷

副主编 付江月 贺庆仁

责任编辑：史 骥 版式设计：史 骥

责任校对：关德强 责任印制：张 策

*

重庆大学出版社出版发行

出版人：饶帮华

社址：重庆市沙坪坝区大学城西路21号

邮编：401331

电话：(023)88617190 88617185(中小学)

传真：(023)88617186 88617166

网址：http://www.cqup.com.cn

邮箱：fxk@cqup.com.cn(营销中心)

全国新华书店经销

重庆荟文印务有限公司印刷

*

开本：787mm×1092mm 1/16 印张：17.25 字数：401千

2020年12月第1版 2020年12月第1次印刷

印数：1—3 000

ISBN 978-7-5689-2303-3 定价：49.00元

本书如有印刷、装订等质量问题，本社负责调换

版权所有，请勿擅自翻印和用本书

制作各类出版物及配套用书，违者必究

前　言
PREFACE

系统工程是一门研究如何科学合理地分析、设计、评价、优化系统的交叉学科。在工业、农业、国防、科学技术和社会经济等领域,其运用“整体协调,统筹兼顾”的系统整体最优化思想,建立了从问题识别、模型分析到方案评价与实施的一整套科学严密的方法来解决实际问题。

系统工程涉及的知识面广,应用领域众多,尤其是在管理科学领域,其被广泛应用于:生产管理系统的人、机、物最优调度规划;供应商管理系统的供应商评价选择、项目管理中进度控制与风险分析;企业管理系统的业务流程设计、发展战略决策评价;宏观经济管理系统的社会资源配置、质量竞争力提升路径选择等。系统工程作为一门兼顾逻辑培养与方法应用的综合性工程技术,在培养和提高管理专业学生的素质上起到了重要作用,现已成为众多经济管理类专业普遍开设的一门重要专业基础课。

本书基于 21 世纪经济管理人才对系统工程教学的需求,既深入浅出地阐明了系统工程的历史进展、基本概念、理论方法,又结合了近几年的教学与科研成果对系统工程的实践进行了探讨。本书主要对象是经济管理专业的大学本科生、研究生,同时也兼顾了理工类专业本科生、研究生和行业内工作人员的需求。

本书共 8 章。第 1 章为系统工程概述,主要介绍了系统和系统工程的概念、分类、特征,系统工程的由来、发展及运用领域,系统工程的未来发展方向与发展策略；第 2 章阐述了系统工程基本理论与方法论，并引入系统分析的概念、特征与实施步骤，为本书提供了理论基础和内容的逻辑框架；第 3 章介绍了系统预测原理、定性预测技术和计量经济模型预测方法、灰色模型预测方法等经典系统预测方法；第 4 章围绕系统建模与分析展开，重点介绍了系统建模原理以及动态、静态、网络模型的分析方法等内容；第 5 章作为第 4 章的延续，在对系统仿真原理及分类进行简单介绍的基础上，对连续系统仿真法、蒙特卡罗法、系统动力学仿真法、离散系统仿真法的原理和应用进行了讨论；第 6 章阐述了系统评价原理以及关联矩阵法、层次分析法、模糊综合评价法、熵评价法、数据包络分析法等常用分析方法；第 7 章为系统决策，重点介绍了决策的原理、过程、步骤以及解决常见决策问题的经典方法；第 8 章通过 4 个具有一定代表性的实例，说明了系统工程在管理科学领域的应用。

本书在编写过程中，参阅并吸收了大量有关人员的研究成果，在此对他们的支持、贡献表示衷心的感谢。系统工程涉及面非常广泛，而且是一门尚在发展中的交叉学科，由于我们的水平有限，书中不妥和错漏之处在所难免，恳请广大读者批评指正。

王　婷

2020 年 2 月

目　录
CONTENTS

第1章 系统工程概述

1.1 系 统

1.1.1 系统的含义

系统是系统工程的研究对象,属于系统工程的科学术语,也是系统工程的核心及基本概念。早期并没有系统这一概念,那时人们常常认为事物是相互孤立、互不联系的。而如今系统这一概念已经渗入各个学科领域,也存在于我们生活的方方面面,比如一栋房子、一架飞机是系统,一本书、一首诗等也是系统,还有生物学中存在于人体的八大系统(运动系统、生殖系统、消化系统、呼吸系统、循环系统、泌尿系统、神经系统、内分泌系统)。又比如计算机系统、管理信息系统、交通系统、天体系统等。系统的范围大到整个宇宙,小到物理中的原子核结构。

系统一词最早可追溯至古希腊时期,当时的一些哲学家就已经使用了这一概念。"Syn-histanai"一词指事物中共性部分和每一事物应占据的位置,也就是说整体是由部分组成的。Systema——系统的拉丁语,是群、集合等的抽象名词,后被用作英文"System"的音译。对于系统一词的定义,针对不同的学科、不同的问题及不同的使用方法,存在着多种表达。国内外对于系统的定义有许多种,如在《汉语大词典》中,"系统"的定义为:

① 有条理、有顺序,如循环系统、商业系统、组织系统、系统工程。

② 由同类事物按一定的秩序和内部联系组合而成的整体。

③ 由要素组成的有机整体。与要素相互依存、相互转化,一个系统相对较高一级系统时是一个要素(或子系统),而该要素通常又是较低一级的系统。系统最基本的特性是整体性,其功能是各组成要素在孤立状态时所没有的。系统具有在涨落作用下的结构和功能稳定性,具有随环境变化而改变其结构和功能的适应性,以及历时性。

④ 多细胞生物体内由几种器官按一定顺序完成一种或几种生理功能的联合体。如高等动物的呼吸系统包括鼻、咽、喉、气管、支气管和肺,能进行气体交换。

美国的《韦伯斯特新世界词典》(*Webster's New World Dictionary*),对"系统"一词的定义为:

① 通常是体现了许多各种不同要素的复杂统一体,具有总的计划或旨在达成总的目的。

② 由持续相互作用或相互依赖连接在一起的诸客体的汇集或结合。

③ 有秩序活动着的整体、总体。

日本工业标准(Japanese Industrial Standards, JIS)对"系统"一词的定义是:许多组成要素按照某种有机的秩序向着相同目标行进的一个体系。

在中国的《中国大百科全书(自动控制与系统工程)》中,"系统"是指由相互制约、相互作用的一些部分组成的具有某些功能的有机整体。

苏联学者乌耶莫夫在大量研究系统的有关知识之后,认为"系统"是某种满足预先确定的性质的客体。

美国学者阿柯夫对"系统"一词的解释:系统是由两个或两个以上存在相互联系的要素所组成的集合,是可以被分成许多部分的整体,而不仅是单个不可分割的要素。

我国系统工程的倡导者钱学森先生对"系统"的定义是:由相互作用和相互依赖的若干组成部分结合成的、具有特定功能的有机整体。

综上我们可知,系统首先必然是由两个或两个以上的要素所组成,而要素是构成系统的最基本的单位;其次,在要素、整体和环境之间必然存在着有机联系;最后,任何系统都有特定的功能,且是整体不同于各组成要素的新功能。

1.1.2 系统的分类

为了更好地研究系统,我们常根据各个系统的特点及某些联系对系统进行分类。

1)按系统的自然属性分类

按照系统的自然属性进行分类,我们可以将系统划分为自然系统、人工系统以及复合系统。

自然系统即由自然物组成的系统而非由人力形成的系统,在人们认识它之前就存在了,如太阳系、银河系这样的天体系统,山川、江河湖海、矿藏等地理系统,以及生态系统,气象系统等。

人工系统是指由人工造就的要素而形成的系统,如工业系统、人造卫星系统、社会和管理系统、意识形态(如文学、宗教、艺术)、建筑设施系统等。

复合系统是指人在自然系统的基础之上进行改造而形成的系统,是自然系统与人工系统的结合,如农业灌溉系统、采油系统等。

2)按系统的构成要素分类

按照系统的构成要素进行分类,可以将系统分为实体系统和概念系统。

由有形的、具有物理属性的事物所形成的系统是实体系统，如飞机、建筑物、计算机硬件系统、机械系统等。

由原理、概念、方法、制度、程序、政策、制度等非实体物质构成的系统是概念系统，如科学技术系统、社会意识形态、国民经济系统等。

3）按系统的状态分类

按照系统的状态进行分类，可以将系统分为静态系统和动态系统。

系统的状态或者参数在一段时间内不随时间的变化而变化，这样的系统称为静态系统，如小区的建筑布局、交通网络等。

状态或者参数会随时间而发生变化的系统为动态系统，如车间生产、服务系统等。

4）按系统与环境的关系分类

按照系统与环境的关系进行划分，可以将系统分为开放系统、封闭系统和孤立系统。

与外部环境之间存在联系即与外部环境存在物质、信息或能量交换的系统是开放系统，开放系统是客观世界中最普遍存在的系统，也是自调整和自适应的系统，如教育系统。

封闭系统是指与外界没有物质交换但是存在能量交换的系统，这类系统属于统计物理学与热力学的范畴，在此不进行讨论。

孤立系统则是指与外界之间没有任何联系，即与外界没有物质、信息及能量交换，也不受外部环境影响的系统。严格来说，自然界中不存在这样的系统，一般情况下孤立系统是为了研究需要而假设出的一种理想状态。

5）按系统的反馈属性分类

按系统的反馈属性分类，可将系统分为开环系统与闭环系统。在系统与环境的相互作用中，系统的输出成为输入的部分，反过来作用于系统本身，从而影响系统的输出，这一过程即为反馈。反馈包括正反馈与负反馈，其中正反馈加强系统的输出，负反馈则相反。

没有反馈的系统即开环系统，系统的输入影响输出但不受输出的影响。具有反馈的系统即为闭环系统，系统的输入影响输出同时又受到输出直接或间接的影响，各种社会、经济、管理等系统都可称为闭环系统。

6）按系统的规模及结构复杂程度分类

我国系统工程学科的开创者钱学森先生建议，按照系统结构的复杂程度可将系统划分为简单系统和复杂系统，其中简单系统按系统规模可分为小系统、大系统和巨系统（简单巨系统），如图 1-1 所示。

巨系统指的是构成系统的子系统或元素的数量非常庞大。同时复杂系统也包含巨系统，称为复杂巨系统。

简单巨系统规模巨大但是结构简单，系统要素种类较少，要素之间的关系也较为简单，通常仅有宏观与微观两个层次。而复杂巨系统内的要素不仅数量庞大，且种类繁多，相互之间关系复杂，具有多种层次，如社会系统、生态系统等。而社会系统包含着不同层次、结构、类型的子系统，如国家、城市、家庭等，它们之间存在着政治、经济及文化上的联系，相互关联、相互依存。

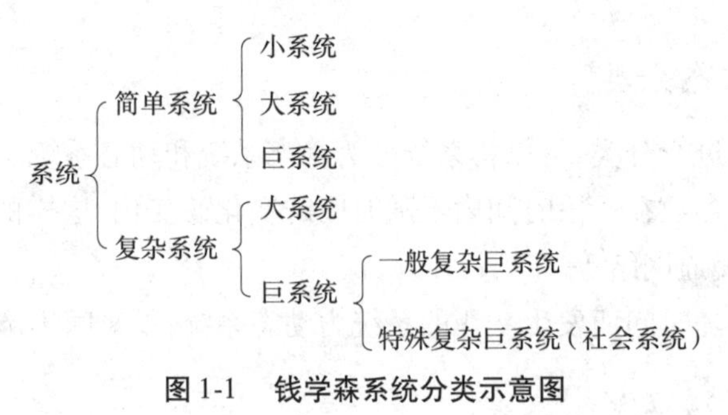

图 1-1　钱学森系统分类示意图

1.1.3　系统的特征

明确系统的特征是我们认识系统、研究系统的关键。

1）整体性

系统的整体性指的是系统各组成部分与系统外部之间具有有机联系而形成的一个整体，而不仅仅是各部分简单地累加或拼凑。这个整体具有各组成部分所不具有的功能，且其整体的功能无法在单个组成上得到，而各部分不论是否能够独立存在都只有在整体中才具有意义，一旦各部分从整体中分离出来便失去了作为部分的意义。

整体性是系统这一概念的重要特征之一，其思想及内涵是系统思想的主要组成部分，即各部分组成系统整体，整体依赖于各部分。因此，要加强系统整体的功能，就要发挥好各部分的功能。就好比一支军队，军队的整体水平是看能否将每位士兵的作用发挥出来，而要发挥好各士兵的作用，则各士兵不仅需要做好自己的任务还要与战友默契配合，在同样的水准下，组合好则整体效应好，有时即使部分素质较差，组合好了也能以弱胜强。

2）目的性

目的即想达到的境地、所追求的目标。通常我们研究系统都是有目的的，如建立果园是为了收获果实，经营公司是为了获取利润。同时，有些目的是需要人们反复论证考量的，从而方便人们采用各种方法来进行控制以避免偏离系统目标。

对于较大的系统而言，其目标往往不是一个，因为存在子系统便也存在相应的分目标。要实现系统目的，我们需要进行组织规划，首先确定总目标及各分目标，然后层层分解，落实到基层，明确各分部责任以确保实现最终目标。同时，分目标之间可能存在冲突，这就还需要我们注意系统整体的平衡，进行正确的选择。

3）层次性

层次即事物相承接的次第，系统的层次性或等级性也称阶层性。任何系统都具有一定的层次结构，系统自上而下可以划分为各个子系统，而子系统又可以进一步划分为相应的子系统。如图1-2所示，系统可以分解成一系列子系统，并且其中还存在着一定的层次关系，层次的多少视系统而定。系统越往下细分则越简单，越往上则越复杂，系统的层次从简单到复杂，从低级到高级，从而呈现出不同层次等级之间的联系与转化。

例如，生物大分子构成细胞，细胞构成组织，组织形成器官，器官组成系统，系统组成个体，个体上升到种群，种群组成群落，群落发展到生态系统，生态系统构成生物圈。我们所熟悉的社会系统其层次也十分明晰：人与人组成家庭，家庭组成乡镇、城市，城市往上发展到国家。

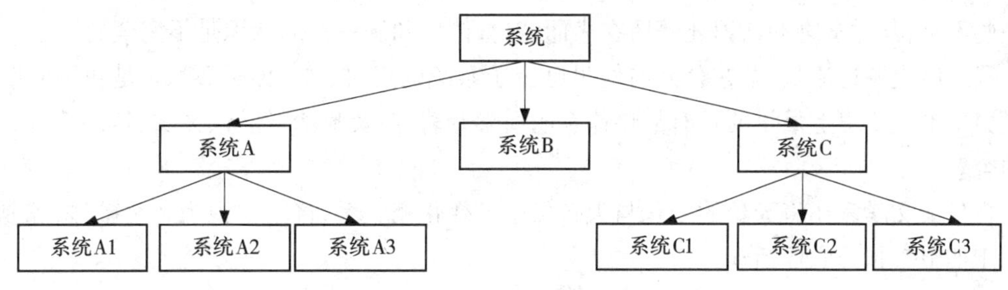

图1-2 系统的层次性

4）适应性

任何系统都与其外部存在相应的联系。系统产生于一定的环境又在环境中发展和演化，与环境存在着物质交换、能量交换和信息交换等。而环境是一种更为高级和复杂的系统，是系统之外的一切及与之相关联的事物的集合。环境对系统有着很大的影响，在某些情况下还会限制系统功能的发挥。

适应性是指一些系统能适应环境的变化并能够保持或者恢复其原有状态的性质和功能。环境对系统的影响有时有益，有时有害，因此，系统必须能够适应环境的变化，只有在环境之中保持最佳的状态，才能够获得最大的生存与发展，同时还能更好地反馈环境，相互促进。比如在沙漠中，植物为了更好地生存会减少水分的蒸发，或为了防止动物的侵害，叶子大都长成刺状。

5）相关性

系统的相关性即系统内部各组成部分之间存在一定的联系，它们相互依存、相互制约。对系统而言，若其中一个部分发生变化，其他部分也会受影响而发生相应的变化，这时需要做出相应的调整与改变，才会使系统整体保持最佳的状态。对系统工程而言，分析其内部的相关关系才能更好地把控整个系统，才能了解系统的内部反馈循环、因果关系，从而促进系统良性发展。

6）集合性

系统是由多个（两个以上）能够相互区别的要素组成的。其组成要素可以是具体存在的物质，也可以是一些抽象的或者非物质的系统或者软件。如电脑的计算机系统，不仅包括实质的零件设备，还包括数据库、操作系统等，所有的一切集合起来才真正形成一个完整的系统。

1.1.4 系统的发展历程

系统思想即在实践过程中，人们从系统性的角度去分析和处理问题的一种思想方法。朴素的系统思想是自人类社会以来，在人们认识世界和改造世界的过程中逐渐产生并且发展的。古代朴素主义思想是系统思想的萌芽，强调对自然界整体性和统一性的认识，但也存在一些不足，其对事物的认识还停留在表面，对整体性和统一性的认识是不完全的。

我国历史源远流长，早在公元前便早已有了系统的思维，如《孙子兵法》是我国同时也是世界军事理论史上最早的具有战略体系的兵学专著，涉及政治、经济、天文、地理等各方面的内容。

古代天文学家还将天象的变化与大自然季节变化相联系，将宇宙视为一个整体，编制出了二十四节气指导农业活动：

① 春季：立春、雨水、惊蛰、春分、清明、谷雨。

② 夏季：立夏、小满、芒种、夏至、小暑、大暑。

③ 秋季：立秋、处暑、白露、秋分、寒露、霜降。

④ 冬季：立冬、小雪、大雪、冬至、小寒、大寒。

古希腊唯物主义者德谟克利特在其所著的《世界大系统》一书中最早采用了“系统”一词，他对宇宙的构成要素进行了猜测，肯定了要素构成系统。哲学家赫拉克利特认为“世界是包括一切的整体”。亚里士多德曾提出“一般说来，所有的方式显示的整体并不是其部分的总和”，即“整体大于部分之和”的思想，该思想也是一般系统论的主要观点之一。

到了15世纪下半叶，随着各学科如物理学、力学、天文学、化学和生物学的兴起，人们开始使用科学的方法如实验、解剖和观察来进行研究，自然科学技术得到了迅速的发展。

到了19世纪上半叶，能量守恒定律、细胞学说以及进化论的发现，使我们对自然界中的联系有了更清晰的认识。恩格斯提出：“由于这三大发现和自然科学的其他巨大进步，我们现在不仅能够指出自然界中各个领域内的过程之间的联系，而且总的来说也指出了各个领域之间的关系了。这样，我们就能够依靠自然科学本身所提供的事实，以近乎系统的形式描绘出一幅自然界联系的清晰画面。”辩证唯物主义者也认为物质世界是相互联系、相互依赖、相互制约和相互作用的事物与过程所形成的统一整体。

1.2　系统工程

1.2.1　系统工程发展历程

系统工程这门学科作为一门现代科学,始于20世纪40年代的美国,其具体的发展历程可以分为3个阶段:萌芽时期、发展时期和成熟时期。

1) 萌芽时期

19世纪末20世纪初,美国工业高速发展,工厂由家庭小作坊式向社会大生产转化,劳动力不足,劳动率也比较低,浪费较高,缺乏良好的生产计划,工人们也只是按吩咐做事,没有经过统一的培训,作业方法基本没有什么改进。F. W. 泰勒(F. W. Taylor)是一名工程师也是一名效率专家,他当过工人、技工、总设计师以及总工程师,于是泰勒从自身的经验出发,致力于工作研究、方法改善,以探索科学的管理方法。1911年,泰勒公开出版《科学管理原理》一书,成为工业工程的开端,泰勒在美国管理史上被称为"科学管理之父"。

随后,美国贝尔电话公司于1940年正式采用"系统工程"这一名词。当时,在贝尔工作的莫利纳与丹麦哥本哈根公司的厄朗在研制电话自动交换机时,意识到应该从通信网络的总体来进行研究而不能只注意电话机和交换台设备技术的研究。于是,他们将整个工作分为5个阶段,即规划、研究、开发、应用和通用过程,之后又提出了排队理论并进行运用。第二次世界大战期间,随着军事的需要,运筹学诞生并崭露头角,英德对弈中,雷达报警系统及飞机降落等排队系统取得了很好的效果,系统工程的方法得到了很好的应用。再之后,运筹学及控制论逐渐成为系统工程的重要理论基础,在其他经济管理方面得到了更广泛的运用。

兰德公司成立于1945年,其通过研究复杂系统的数学方法及应用运筹学等理论在美国的国防系统、宇航技术以及电力、通信、交通以及其他经济建设领域内取得了很多成果,为系统工程的发展奠定了基础。

2) 发展时期

1957年,美国密歇根大学的两位教授H. 古德教授和R. 麦克教授合作发表了《系统工程学》,该书进一步阐述了系统工程的有关理论和方法,这也是系统工程形成的标志。此后,系统工程这一词便作为专业术语沿用至今。1958年,美国在北极星导弹潜艇的研制过程中,在进度安排及资源综合配置问题上采用计划评审法(PERT)并获得了成功,由此系统工程进入管理领域。20世纪60年代,美国成立了系统科学委员会,同时,计算机技术及现代控制理论的发展与广泛运用,为系统工程的运用与实施奠定了基础,它们也是系统工程的有力工具。

3）成熟时期

1965年，美国R. 马乔尔编著了《系统工程手册》，该书对系统工程学各方面如方法论、系统环境、系统元件、系统理论、技术与系统属性等进行了概括，更进一步体现了系统工程的规范化，也形成了一定的体系。美国继曼哈顿计划、北极星计划之后，在1961—1972年，实施了“阿波罗”登月计划，将3名宇航员送上了月球，其间参与整个计划的人数超过了30万人、20 000多家公司，涉及1 000万个零部件，耗资达255亿美元。这样一个巨大的工程，其中所包含的各项工作内容均十分浩大，这也见证了系统工程的成功运用，举世瞩目。

同时，日本也学习了大量的有关系统工程的技术与知识，在质量管理方面及其他各方面进行了运用并取得了显著的成果。1972年，国际应用系统分析研究所成立，系统工程在工程和社会领域也得到了很好的运用。20世纪70年代以来，系统工程的应用领域变得更加广泛，在社会、经济及生态等方面均得到了拓展。

“系统工程”早在19世纪40年代就被提出，而当时的中国还并未真正认识系统工程，但一些基础理论及系统思想的实践却早已开始。我国著名学者钱学森先生于1956年建立了第一个运筹学小组，在钱学森及诸多人士的努力下，国防尖端科研取得了一定的成果。“工程控制论”也是钱学森先生的一项重大成就，其中蕴含着科学的思想、理论与方法。运筹学的发展为我国系统工程的产生与发展提供了理论基础，而我国早期的航天事业也为钱学森的系统工程思想提供了一定的实践基础。

中国早期航天事业是钱学森先生回国之后才开始的，工作量巨大、任务重、要求高，需要众多人员共同协作完成，因此需要一套完善的组织管理方法。后来钱学森先生在组织国防部第五研究院的工作时，为了处理复杂的工作内容建立了总设计部，整体学科配套、队伍完善，由此形成了现在的航天系统总设计部。钱学森先生开创了中国的航天事业，也开创了中国系统工程的先河，开创了既具有中国特色又具有普遍科学意义的系统工程管理方法与技术。

我国的系统工程研究所成立于1980年，从此，学者们在系统科学这一领域开始各分支学科的研究，如灰色系统理论、泛系理论和物元分析等。钱学森从1986年开始研究开放复杂巨系统；1989年，钱学森创造性地提出“从定性到定量的综合集成方法”来研究开放复杂巨系统，这是一项综合集成技术或者也可以说是综合集成工程。1994年，顾基发提出物理-事理-人理（WSR）系统方法论，将物、事、人三者相结合以达到懂物理、明事理、通人理。此后，国内外涌现出一大批优秀的系统工程学者及系统工程师，系统工程也因此被广泛地应用于生产管理、社会治理、资源配置、风险预测等领域。

1.2.2 系统工程及系统工程师

系统工程作为一门处在发展中的学科，不同的学者有不同的理解，目前还没有统一的说法。以下几种关于系统工程的定义是国内外相关文献引用比较多的。

《大英百科全书》：系统工程是一门把已有学科分支中的知识有效地组合起来用以解决

综合性的工程问题的技术。

《英汉科学技术辞典》:系统工程是研究由许多密切联系的要素组成的复杂系统的设计科学。设计该复杂系统时,应有明确的预定目标与功能,并使各要素以及要素与系统整体之间有机联系、协调配合,以使系统总体能够达到最优目标。但是在设计时,要同时考虑系统中的人的因素与作用。

《苏联大百科全书》:系统工程是一门研究复杂系统设计、建立、实验和运行的科学技术。

《现代汉语词典》:系统工程(管理科学上)指运用数学和计算机技术等对一个系统内部的规划、设计、研究、试验、应用等环节进行组织管理,以求得最佳效益的措施。

《日本工业标准》(Japanese Industrial Standards,JIS):系统工程是为了更好地达到系统目标而对系统的构成要素、组织结构、信息流动和控制机构等进行分析与设计的技术。

寺野寿郎在《系统工程学》中提出:系统工程是为了合理开发、设计和运用系统而采用的思想、程序、组织和方法的总称。

美国质量管理协会系统工程委员会:系统工程是应用科学知识设计和制造系统的一门特殊工程学。

钱学森等在《组织管理的技术 —— 系统工程》一书中提出:系统工程是规划、研究、设计、制造、试验和使用组织管理系统的科学方法,是一种对所有系统都具有普遍意义的科学方法。

汪应洛认为:用定性与定量相结合的系统思想和方法处理大型复杂系统的问题,无论是系统的设计或组织建立,还是系统的经营管理,都可以统一地看作一类工程实践,统称为系统工程。

综上,我们可以看出,关于系统工程的定义,从不同的角度出发,其所表达的含义也各有不同。

系统工程的研究对象主要是大规模的复杂系统,以及人类社会复杂的各类活动等。这些系统结构复杂、规模庞大,不仅包含工程的因素,还包含人与社会的因素,是工程与思想方法的统一,也是一门组织与管理的技术。

"系统科学与工程研究"对系统工程的解释为:系统工程主要研究人类社会或大规模生产、科学技术和社会经济等活动,即以大系统为研究对象,用系统与控制的思想、观点和方法,并借助计算机工具来分析、揭示和预演各种复杂事物的发展演变过程,从而设计出一个或多个能够多、快、省地达到预期目标的系统化过程,然后精心组织这种过程的实施和实现,避免人们在各种大规模活动中的盲目性和失误,以获得巨大的经济效益和社会效益。

系统工程既是一门艺术,也是一门科学。大多数人都明白音乐是什么,但不是每个人都可以演奏乐器,因为每种乐器都需要不同的专业知识和技能。有些音乐家花费一生时间才掌握单一乐器,但许多优秀的音乐往往需要多种不同的乐器结合。将不同的乐器和谐地融合在一起,才能获得优美的音乐而不是杂音乱调。我们可以把交响乐想象成一个系统,演奏家将乐谱上的音符用乐器演奏出来,而乐团指挥家需要了解音乐的节奏,了解乐器与演奏家,需要解读作曲家的音乐,努力保持作曲家意图的完整性,组织并带领演奏。而系统工程师就像艺术大师一样,他知道音乐应该听起来像什么(外观和功能),并且具备领导团队达到理想演奏效果(满足系统要求)的技能。

系统工程师需要具备的能力有如下这些:

① 了解数学、物理和其他相关科学的基础知识,以及各种人员的能力。

② 掌握一门技术学科并学习多门学科。

③ 了解总体目标。

④ 为实现目标制订愿景和方法。

⑤ 选择和塑造多学科团队时要解决的技术问题。

⑥ 解释和传达目标、要求,了解系统架构和设计。

⑦ 负责技术完整性。

⑧ 组织和领导多学科团队。

⑨ 能够成功交付复杂的产品或服务。

系统工程师的特性,一些是天生的,另一些是我们可以开发的,一个优秀的系统工程师需要具备的特质有:

① 求知欲。

② 保持全局视角。

③ 能够建立全系统的连接。

④ 双向沟通。

⑤ 作为优秀的团队成员或领导者。

⑥ 适应变化。

⑦ 适当的固执。

⑧ 掌握多种技术技能。

⑨ 自信和果断。

⑩ 重视过程。

1.3 系统工程的运用与展望

1.3.1 系统工程的应用领域

从古至今,回顾过去我们可以看到在很早之前系统工程的思想就一直存在于劳动者的实践活动中。如上古时期,黄河发大水,传统用土筑堤的方法无法从根本上解决这个问题,而大禹则改堵为疏,利用地形将水引入疏通的河道、湖泊中去,最终解决了水患问题。面对这样的一个系统问题,大禹是从系统的整体出发,对系统进行分析从而找出最优方案,最终得到了理想的结果。又如四川都江堰水利工程，无坝引水，是集鱼嘴、飞沙堰和宝瓶口的分洪、排沙、引水为一体，建立起一套完善的系统。又如宋朝丁谓的“宫前大街修造工程”也是一套完善的运筹体系，该工程从挖沟取土到引水成河都通过水路来进行运输，建设完毕之后再使用余料修复街道，整个流程十分流畅，不仅节约了时间和资金，而且也没有太影响普通民众的正常生活。

系统工程是进行科学决策的有效工具，面对大型并且复杂的系统任务决策时，若建立在系统工程的基础之上，依靠领导者及各成员运用系统工程方法来进行分析论证，然后再进行科学的决策，其失误的可能性要低得多。

随着科学技术的不断进步，各学科相互学习借鉴，系统工程不断从其他学科吸收先进知识，其理论与方法日益完善，学科体系日益健全，应用领域不断拓展。近些年，系统工程学科的研究主要集中在3个方面：系统的基础理论、系统工程理论方法和系统工程的工程技术。系统的基础理论为系统工程理论方法提供理论指导；系统工程理论方法为系统工程的工程技术提供理论指导；系统工程的工程技术主要以社会实践来解决实际问题。

目前，系统工程不论是在工程类领域还是在经济、科技等方面都取得了很好的效果。大至国家、城市、地区的社会系统、社会经济发展战略、各种产业与服务系统，小至企业的供应链管理、经营计划、物流管理、库存管理等，系统工程均得到了应用。

从20世纪50年代运筹学开始兴起，到70年代末期，系统工程才开始慢慢发展，到如今系统工程的应用领域已经十分广泛。

(1) 社会系统工程

研究的是社会这个开放的复杂巨系统，有国家、地区、城市、公司、家庭等各个部分的子系统，具备不同层次、不同类型、不同结构。

(2) 交通运输系统工程

研究公路、铁路、航运、航空运输综合规划及发展战略，对交通运输系统调度分析、运输系统模型与仿真、运输系统预测、运输系统网络优化、运输系统综合评价、运输系统效益分析等进行决策。

(3) 经济系统工程

主要研究宏观经济系统的问题，如国家层面的经济发展战略、综合发展规划，以及产业结构、消费结构、经济政策、投资决策等各方面的问题。

(4) 区域规划系统工程

主要研究各区域或城市的发展战略及有关规划，如区域发展战略、区域综合发展规划、区域投资规划、城市规划、资源配置规划等。

(5) 能源系统工程

主要对能源的合理结构、能源的需求、能源的开发、能源的利用等方面进行研究，并对其进行合理的规划。

(6) 水资源系统工程

对水资源进行合理的开发利用，包括对水资源的治理、控制、保护和管理等。

(7) 环境生态系统工程

研究内容包括对各环境生态系统如大气、草原、海洋、森林等进行分析、规划、建设和防治,以及对环境进行观测和预测等。

(8) 工程项目管理系统工程

研究内容包括工程项目的总体设计、可行性分析、国民经济评价、工程进度管理、工程质量管理、风险投资分析、可靠性分析、工程成本效益分析等。

(9) 农业系统工程

主要是对农业系统进行规划、设计、试验、研究、调控和应用,如农业综合规划、农业区域规划、农业发展战略、农业结构分析、农业政策分析、农产品需求预测、农业投入 — 产出分析等。

(10) 企业系统工程

对企业生产经营活动进行组织与管理,如市场预测、新产品开发、库存管理、全面质量管理、成本效益分析、激励机制制定等。

(11) 人才开发系统工程

研究人才需求、人才规划、教育规划、人才结构、教育政策等。

(12) 军事系统工程

对军事系统进行规划、研究、设计、组织和控制,使各个组成部分成为一个和谐的整体。研究的内容包括国防战略、作战模拟、情报与通信指挥、军事运筹学、国防经济学等。

(13) 物流系统工程

从物流系统整体出发,把物流和信息流融为一体,同时把生产、流通和消费全过程看作一个整体,对物流系统进行规划、管理和控制,选择最优方案,以最低的物流费用、最高的物流效率、最好的顾客服务,达到提高社会效益和经济效益的目的。

(14) 人口系统工程

通过研究人口系统的特征和规律,制定人口规划目标和人口指标体系,并进行人口预测和仿真等。

(15) 信息系统工程

研究现代信息技术发展战略、规划、政策,以及各级各类信息系统的分析、开发、运行、更新及管理。

(16) 科技管理系统工程

研究的内容包括科学技术发展战略、科学技术预测、优先发展领域分析、科学技术评价、科技人才规划、科技管理系统等。

(17) 采矿系统工程

作为采矿工程学与系统工程学相结合所形成的一个新的学科分支,采矿系统工程是根据采矿工程的内在规律和基本原理,以系统论和现代数学方法研究和解决采矿工程综合优化问题的学科。采矿系统工程离不开现代数学方法与计算机应用,因此又称计算机在采矿中的应用、计算机和运筹学在采矿中的应用或计算机和数学方法在采矿中的应用。

这些都是复杂的系统工程的运用与实践。系统工程的运用在我国航天领域内也取得了非常好的成绩，比如神舟飞船的多次圆满成功。众所周知，载人飞船是一个十分复杂的系统，包含航天员、运载火箭、通信设备等13个子系统，正是因为系统工程在其中的应用，我们才获得了如今的成就。

1.3.2　系统工程未来发展方向

系统工程学科的研究除了基础理论和方法外，还涉及经济、军事、医疗卫生、交通、资源环境等诸多应用领域。本书围绕系统工程的重大前沿问题，结合我国在系统工程研究方面的现有基础和所积累的优势，梳理和凝练出以下若干未来重点发展方向。本书通过开展这些领域的研究，期望产生的研究成果对提高我国系统科学与系统工程学科的整体实力、推动社会经济的可持续发展能发挥重要的支撑作用。

1）复杂系统的相关理论和方法研究

对复杂系统和复杂巨系统的研究，一直是系统科学研究的核心问题，也是系统工程应用难以处理的问题。对复杂系统和复杂巨系统，人们首先遇到的是方法论和方法问题，它们不是已有科学方法所能处理的。研究内容主要包括复杂网络、复杂系统建模方法、挖掘方法、复杂系统软件优化计算方法、复杂系统集成方法、复杂系统综合集成研讨厅、复杂系统的控制与协调、复杂系统的管理与实施等。重要科学问题举例如下：

① 复杂网络的结构、功能和动力学研究。

② 平行执行与复杂系统的控制与管理。

2）复杂经济系统的建模、预测和决策研究

中国经过30多年的高速发展，经济面临着失衡问题：城乡发展失衡、区域发展失衡、行业发展失衡、收入分配失衡，以及消费投资结构失衡、财政失衡、货币失衡、贸易失衡等，并且伴随着严重的资源紧缺、环境容量急剧缩小等制约，原有的发展之路已经行不通，因为经济系统是一个多主体、多属性、多维度的复杂系统，可以说牵一发而动全身。实现经济的平衡转型与经济社会的可持续发展，需要应对大量的科学挑战，也需要突破原有的经济学与经济管理的研究范式，寻求新的理论与方法支撑。重要科学问题举例如下：

① 复杂经济系统的刻画与决策建模。

② 经济预测、风险预警的技术方法和工具开发。

3）大数据、互联网下金融复杂系统的特征刻画、系统建模与风险管理

金融系统工程相比传统的金融学理论最大的不同之处在于，前者需要运用系统科学的思维范式从整体的、全局的、系统的视角来研究金融系统中的相关问题，需要对传统的金融学研究进行深化，并且科学地运用系统科学的方法对传统的金融学研究成果进行整合和升华，而目前这方面的研究还处于发展完善阶段，因此，在大数据和互联网环境下研究和探索

相应的理论建模和分析方法就显得尤为重要。重要科学问题举例如下：

① 金融复杂系统中的市场特征和演化规律。

② 金融复杂系统的建模与实验。

4）医疗卫生复杂系统的建模、分析及综合干预策略研究

医疗卫生是系统跨度最大的学科，横跨自然科学与社会科学，是系统科学原理与系统工程技术应用的重要战场。量子、原子、分子、细胞、器官、个体、心理、社会、生态环境、宇宙都与医疗卫生研究和实践有关。医疗卫生系统的研究对象是由多个子系统构成的复杂系统。以系统思维和系统论原理为基础，重新建立健康、疾病、药物等概念，同时建立普适的诊断理论与干预理论，将构成医疗卫生系统工程学科的理论基础。重要科学问题举例如下：

① 适用于生命复杂系统的建模方法研究。

② 朝向诊断方面的系统分析方法研究。

③ 系统综合干预策略与方法研究。

5）一体化作战指挥信息系统与装备系统工程研究

随着军事斗争需求的变化，军事系统工程的理论方法、技术手段和应用方向都在不断变化。军事系统工程研究的对象将由单纯的军事问题，发展到军事与社会、经济、技术相互交叉影响的复杂问题。复杂系统理论将为军事系统工程的发展提供新的理论支持，尤其对指挥控制、作战模式等将会产生全新的指导思想。许多新的智能化方法和技术的发展，如神经网络、遗传算法、进化计算、模糊系统、数据挖掘等也将为军事系统工程实现更有效的系统集成提供保障。重要科学问题举例如下：

① 一体化作战指挥信息系统研究。

② 装备系统工程研究。

6）城市交通复杂系统的理论与技术研究

近年来，我国大城市普遍存在着交通拥堵问题，既严重影响了经济建设和社会运行效率，也增加了能源消耗和环境污染，已经成为制约大城市可持续发展的主要瓶颈。人们对城市交通发展的内在属性特征及交通出行者的行为特性缺乏足够的、准确的认识，导致实际交通规划与管理存在一定的盲目性。深入探讨我国城市交通系统的运行规律，建立符合我国交通流特性的交通流理论，并提出相应的管理控制方法，已成为一个至关重要的问题。重要科学问题举例如下：

① 大城市交通需求的引导理论与方法。

② 公交主导型交通网络的协同机理与耦合方法。

7）资源环境与社会系统的协调机制与优化

资源勘探开发、生产、使用和环境外部性等一系列的资源环境管理问题已经成为制约我

国社会稳定发展的关键。这些问题暴露在资源环境管理的各个环节，我们需要采用复杂系统的思维，从资源勘探开发、供应和终端消费各个层面建立系统框架，分析资源环境管理的作用机理和演化规律，对资源环境管理的各个环节进行建模，提出优化调控策略，实现资源环境的可持续发展。重要科学问题举例如下：

① 资源开发风险与社会系统的协调机制研究。

② 能源供应安全与区域资源环境配置优化策略研究。

③ 面向社会稳定的水资源安全策略仿真模型研究。

1.3.3　未来发展策略

随着信息技术及其产业的飞速兴起，人们步入互联网时代。经济全球化和社会信息化进程加快，科技、经济和社会虽然得到了非常迅速的发展，但是却并不稳定，且存在一定的不平衡。而我们所研究的对象和问题的复杂性也日益增长。面对这样的现状，复杂系统、复杂巨系统（如社会系统）仍将是系统工程关注的核心问题。

如今，在这样的一个互联网大数据时代，传统的研究方法已经很难解决我们所面对的问题，而利用大数据进行分析并进行决策将是我们解决问题的新选择。系统工程本身体现了多学科知识的交叉与融合，如数学、运筹学、管理学、经济学等。为了适应现代社会的需要，我们应进一步实现资源整合与技术集成，推进多学科、多技术领域的交叉与融合。只有这样，系统工程本身所具有的综合性、整体性和交叉性才能得到更好的体现。同时，系统工程在我国要保持源源不断的动力，必须以服务国家重大战略需求为牵引，以紧跟国际学科发展为导向，发挥多学科交叉的优势，才能解决我国所面临的实际问题。

1）进一步升华系统工程理论，明确方法体系

系统工程的研究对象涉及社会、自然、人文等领域，与各学科的交叉融合既促进了本学科的发展也丰富了其他学科的内容。但系统工程的研究方法往往专注于某个实际问题的解决，在科学意义上，尚未形成完整规范的方法体系。系统工程学科全面指导实践的统一方法论仍不完善。我们需要在总结和升华理论、成功应用方法和技术的基础上，学习和借鉴国外先进的理论和技术，早日在国际上形成有重大影响的系统科学与系统工程研究的中国流派。

2）立足于实践，与实业界合作交流

近年来，由于学术评价与考核激励指标的误导以及系统工程学科自身的应用链过长，系统工程学科在一定程度上存在着理论与实践脱节的现象，比如，学术界过多强调在国际期刊中发表论文，过分专注提升理论方法，而忽略了对实际问题的解决。因此，要解决理论与实践脱节的问题，在完善学术评价体系的同时，要积极倡导立足于中国的实际情况，从解决重大实践问题中提炼科学问题，鼓励学者深入企业生产一线，与实业界开展实质性的合作，力求解决实际问题的同时提出新理论、新方法和新技术。

3）进一步促进学科交叉，兼顾前沿理论的突破和实践问题的解决

随着时代的发展，系统科学与系统工程学科和数学、工程科学、信息科学、管理学、经济学等其他学科的交叉融合越来越深，因此，迫切需要不同分支、不同学科之间的学者开展更广泛的合作，培育新的学科生长点。

4）加大系统工程学科的普及，吸引更多年轻的科研工作者

社会对系统科学专业人才的需求越来越大，而最有创造力的思想往往来自年轻人，因此，系统科学与系统工程学科需要加大学科普及力度，吸引更多的青年科研人员参与到系统科学与系统工程学科的理论研究和实践领域中来，借此储备更多的高端人才，以满足未来系统科学与系统工程学科发展的需求。

5）进一步开展全方位的国际合作

系统科学与系统工程学科不仅需要充分吸收国际先进的理论研究成果和实践经验，取其精华，还要结合我国的国情，进行消化吸收，形成具有自己特色的理论和方法体系，用于解决我国重大实践问题，更要注重创新，增强本学科在国际学术界的对话能力和提高学术地位，走出一条具有自己学科特色的国际化发展道路。

思考题

1. 简述系统的基本概念。
2. 系统都有哪些基本属性？请举例说明。
3. 试从不同角度对系统进行分类。
4. 试分析系统结构与功能的关系。
5. 系统与环境的关系是什么？
6. 什么叫系统工程？它与传统的工程技术有什么区别？
7. 谈谈你现在对系统工程的认识。
8. 系统工程的应用领域有哪些？

第2章 系统工程基本理论与方法论

2.1 系统最优化理论

2.1.1 最优化理论的概念与发展

最优化理论是一个重要的数学分支,也是数量分析的基础。最优化理论是对各种生产活动进行规划,它是指拥有可利用资源,结合相应的技术约束最大限度地满足特定活动目标要求,帮助决策者或计算机构对其所控制的活动实现优化决策的应用性理论。最优化问题普遍存在,例如,物流选址时选择配送中心,应使区域配送区域中心位置、数目既满足区域需求,又能把运输成本降到最低。因此,选择配送中心时应注意以下几点:第一,交通便捷。配送中心通常有大量的货品运进运出,交通便捷是配送中心应具备的基础要素。第二,自然资源。通常一个配送中心需要拥有一定规模的土地,当地的自然气候、周边环境条件,以及土地的征用规定、地价等都是需要考虑的要素。第三,政策法规。政策法规条件是配送中心选址的重要评估要素,比如征地优惠政策、减免税收等,获得政府政策的鼓励和支持,更有利于公司物流的发展。最优化理论作为数学科学的一个分支,为解决此类问题提供了理论基础和近似求解方法,它的应用性和实用性得到了灵活的拓展。

人们对最优化问题的研究和探讨,可以追溯到 17 世纪,牛顿时代科学家们采用微积分近似求解极值问题,之后出现了拉格朗日(Lagrange)法。19 世纪 40 年代,法国数学家柯西提出最速下降法,该理论详细阐明了目标函数沿某个方向下降,函数值变化最快的问题。20 世纪 30 年代,苏联数学家康托洛维奇对物料问题和运输问题提出了相应的解决方案。随着科学的不断进步,人们处理最优化问题越加成熟。但是,科学的发展,受到时代的限制。至今,最优化问题仍旧是学者们需要探索的蓝海。

20 世纪以来,科学技术和生产技术的突飞猛进,以及计算机技术的逐步成熟,改变了传统人工计算方式,计算结果更加精准,时间大幅度降低,进一步促进了最优化问题的发展,并逐渐形成一门学科体系(主要分支结构有线性规划、非线性规划、动态规划、目标规划和随机规划等)。最优化理论在实际应用中越来越重要。

2.1.2 最优化的分类

最优化问题的数学表现形式为

$$\min f(x_1,x_2,\cdots,x_n) \tag{2-1}$$

$$\text{s.t. } g_i(x_1,x_2,\cdots,x_n) \geqslant 0(i=1,2,\cdots,m)$$

$$h_j(x_1,x_2,\cdots,x_n)=0(j=1,2,\cdots,k)$$

上式中, $f(x_1,x_2,\cdots,x_n)$ 称为目标函数,若具体问题是求 $\max f(x_1,x_2,\cdots,x_n)$,则令 $\varphi(x_1,x_2,\cdots,x_n)=-f(x_1,x_2,\cdots,x_n)$,于是最大值问题就转化为最小值问题 $\min \varphi(x_1,x_2,\cdots,x_n)$。

$h_j(x_1,x_2,\cdots,x_n)$ 称为等式约束条件, $g_i(x_1,x_2,\cdots,x_n)$ 称为不等式约束条件,如果约束条件中有 $s_i(x_1,x_2,\cdots,x_n)\leqslant 0$,则可令 $s_i(x_1,x_2,\cdots,x_n)=-g_i(x_1,x_2,\cdots,x_n)$,于是原来的"≤"就变为"≥"。满足约束条件的一组 $(x_1,x_2,\cdots,x_n)$ 称为一组可行解,而满足目标函数的可行解称为最优解,即我们需要寻求的答案。

许多现实和理论问题都可以按照这样的一般性框架建模,但最优化问题种类繁多,分类的方法也有许多。

1) 按照变量的性质分类

确定性规划:当最优化模型中所有变量都是确定性变量时,称为确定性规划。

随机性规划:当模型中包含随机变量时,称为随机性规划。

连续性规划:当模型中所有变量均是连续变量时,称为连续性规划。根据连续最优化模型中函数的光滑与否,又分为光滑最优化和非光滑最优化,如果模型中所有的函数都连续可微,则为光滑最优化问题,否则为非光滑最优化问题。

离散性规划:当模型中的变量取离散值时,称为离散性规划,又称组合优化。特别的,若问题的部分或所有的变量局限于整数值时,这一类问题为整数规划问题。

2) 按照有无约束条件分类

无约束规划:当最优化模型中不存在约束条件时,称为无约束规划。

有约束规划:当模型中存在约束条件时,称为有约束规划。

3) 按目标函数的个数分类

单目标规划:当只存在一个目标函数时,称为单目标规划。

多目标规划:当存在多个目标函数时,称为多目标规划。

4) 按约束条件和目标函数是否为线性函数分类

线性规划:当目标函数是线性函数,而且约束条件是由线性等式函数或线性不等式函数表示的,称为线性规划。

非线性规划:非线性规划研究的是目标函数或约束条件中含有非线性函数的问题。特别的,当目标函数是二次函数,而且约束条件是由线性等式函数或线性不等式函数来表示的,称为二次规划。

5) 根据目标函数是否和时间有关分类

动态规划:动态规划是解决多阶段决策过程的最优化问题的一种数学算法,主要用于以时间或地域划分阶段的动态过程的最优化问题。

静态规划:与时间无关的最优化问题。

不同类型的最优化问题具有各自的求解方法,下面的内容将着重说明最优化问题的求解方法及未来研究方向,并介绍最优化方法的应用及发展。

2.1.3　最优化的求解方法

1) 线性规划模型

线性规划模型的一般表达方式为

$$\min z = c_1x_1 + c_2x_2 + \cdots + c_nx_n \tag{2-2}$$

$$\begin{aligned} \text{s.t. } & a_{i1}x_1 + a_{i2}x_2 + \cdots + a_{in}x_n = b_i, i = 1,2,\cdots,p \\ & a_{i1}x_1 + a_{i2}x_2 + \cdots + a_{in}x_n \geqslant b_i, i = p+1,\cdots,m \\ & x_j \geqslant 0, j = 1,2,\cdots,q \\ & x_j \text{ 无约束}, j = q+1,\cdots,n \end{aligned}$$

其中,$x_j(j=1,2,\cdots,n)$ 为待定的决策变量,已知的系数 a_{ij} 组成的矩阵 $\boldsymbol{A}$ 称为约束矩阵,$\boldsymbol{A}$ 的列向量记为 $\boldsymbol{A}_j(j=1,2,\cdots,n)$,$\boldsymbol{A}$ 的行向量记为 $\boldsymbol{A}_i^{\mathrm{T}}(i=1,2,\cdots,m)$。目标函数记为 $\sum_{j=1}^{n} c_jx_j$,向量 $\boldsymbol{C}=(c_1,c_2,\cdots,c_n)^{\mathrm{T}}$ 为价值向量,c_j 为价值系数;向量 $\boldsymbol{b}=(b_1,b_2,\cdots,b_m)^{\mathrm{T}}$ 为右端向量;条件 $x_j \geqslant 0$ 称为非负约束;x_j 无约束表示变量可取正值、负值或零值,这样的变量为自由变量。

2) 非线性规划模型

20世纪50年代初,H. W. 库哈和A. W. 托克提出了非线性规划的基本定理。但非线性规划问题的求解一般要比线性规划问题的求解困难很多,目前尚没有适合于各类非线性规划问题的一般算法,且每种算法都有自己特定的使用范围。因此,在有些情况下,为方便计算,也会把非线性规划问题近似为线性规划问题进行求解。

对实际规划问题做定量分析,必须建立数学模型。建立数学模型首先要选定适当的目标变量和决策变量,并建立起目标变量与决策变量之间的函数关系,即目标函数。然后将各种限制条件加以抽象,得出决策变量应满足的一些等式或不等式,即约束条件。

$$\min f(x)$$
$$\text{s.t. } g_i(x) \geqslant 0, i = 1,2,\cdots,m$$
$$h_j(x) = 0, j = 1,2,\cdots,p$$

其中，$x = (x_1, x_2, \cdots, x_n)$ 属于定义域 D，min 表示求“最小值”，s.t. 表示“受约束于”。

定义域 D 中满足约束条件的点称为问题的可行解。全体可行解所组成的集合称为问题的可行集。对于一个可行解 x^*，如果存在 x^* 的一个邻域，使目标函数在 x^* 处的值 $f(x^*)$ 优于（指不大于或不小于）该邻域中任何其他可行解处的函数值，则称 x^* 为问题的局部最优解（简称局部解）。如果 $f(x^*)$ 优于一切可行解处的目标函数值，则称 x^* 为问题的整体最优解（简称整体解）。

实用非线性规划问题要求整体解，而现有解法大多只是求出局部解即可。

3）组合优化模型

组合优化是20世纪60年代逐渐发展起来的一个交叉学科分支，它的研究对象是有限集合上的极值问题。一个组合优化模型由三部分构成：已知条件的输入、可行解的描述、目标函数的定义。经典的组合优化问题包括网络流、旅行商、排序、装箱、图着色、覆盖、最短网络等。

组合优化的一个理论基础是计算复杂性理论，据此组合优化可以分为两类：P 问题类和 NP 问题类。前者可以用多项式时间算法，后者一般不存在多项式时间算法，通常采用精确算法、启发式算法和近似算法等方法求解。精确算法包括简单枚举法、分而治之法、分支定界法、动态规划法等；启发式算法包括贪婪策略法、局部搜索法、禁忌搜索法、神经网络法、模拟退火法、遗传算法等；近似算法包括贪婪策略法、局部搜索法、原始对偶法、划分法、松弛法、内点算法、半定规划法等。其中启发式算法在实际工程中应用较广。

4）多目标规划模型

多目标规划模型的直接解法通常是寻找它的整个最优解集，除了特殊情况，计算所有最优解是比较困难的。本节只介绍一些间接求解多目标规划问题的方法，这些方法的共同特点是将多目标规划问题转换成一个或多个单目标规划问题，然后通过求解单目标规划问题得到一个或多个最优解。一般来说，并不要求间接解法给出问题的所有最优解。

（1）基于一个单目标规划问题的方法

这类方法的基本思想如下：首先，将原来的多目标规划问题转换成一个单目标规划问题；然后，采用非线性优化算法求解该单目标规划问题，所求得的最优解即为该问题的最优解。这种方法的核心在于，保证所构造的单目标规划问题的最优解是有效解或弱有效解。求解方法包括线性加权和法、主要目标法、极小极大法。

线性加权和法：根据 p 个目标函数的重要程度，分别赋予一定的权系数，然后将所有的目标函数加权求和作为新的目标函数，在多目标规划问题的可行域上求出新的目标函数的最优值。

主要目标法：对于多目标规划问题，主要目标法是根据实际情况，首先确定一个目标函数作为主要目标，而把其余 $p-1$ 个目标函数作为次要目标，然后，借助决策者的经验，选定一定的界限值把次要目标转化为约束条件，通过求解这样一个单目标规划问题获得原问题的解。

极小极大法：基本思想是在目标函数的 p 个分量中，极小化目标函数的最大分量，并将该问题的最优解作为原问题的弱有效解。一般来说，可通过引入目标函数的权向量将原问题转换为单目标规划问题，然后该情况下的最优解即为原问题的极小化极大意义下的最优解。

(2) 基于多个单目标规划问题的方法

这类方法的基本思想是：根据某种规则，首先将多目标规划问题转换成有一定次序的多个单目标规划问题；然后，依次分别求解这些单目标规划问题，并且把最后一个单目标规划问题的最优解作为原问题的最优解。该方法的核心是，保证最后一个单目标规划问题的最优解是多目标规划问题的有效解或弱有效解。求解方法包括分层排序法、重点目标法、分组排序法。

分层排序法：根据目标的重要程度先将它们一一排序，然后，分别在前一个目标的最优解集中，寻找后一个目标的最优解集，并把最后一个目标函数的最优解作为原问题的最优解。

重点目标法：在 p 个目标函数中，首先确定最重要的目标，并求出其最优解集，然后在此最优解集上求其余 $p-1$ 个目标对应的多目标规划问题最优解。

分组排序法：根据某种规则，首先将多目标函数的目标分成若干组，使在每个组内的目标的重要程度差不多，此时，每组目标实际上对应着一个新的多目标规划问题，然后，依次在前一组目标对应问题的最优解集中，寻找后一组目标对应问题的最优解集，并把最后一组目标对应问题的最优解作为原问题的最优解。

在很多实际问题中，例如在经济、管理、军事、科学和工程设计等领域，衡量一个方案的好坏往往难以用一个指标来判断，而需要用多个目标来比较，而这些目标有时不互相协调，甚至相矛盾，因此有许多学者致力于这方面的研究。然而至今关于多目标规划问题的最优解尚无一种完全令人满意的方法，所以在理论上多目标规划问题的研究仍处于发展阶段。

5) 动态规划模型

当系统模型具备马尔科夫性质，同时目标函数可分且嵌套单调时，基于贝尔曼提出的最优化原理，可将多阶段全局最优决策问题分解为一系列在各个时间段上的局部优化问题进行求解，这种方法叫作动态规划法。

动态规划模型是求解最优化问题的一种途径和方法，而不是一种特殊算法，因此没有标准的数学表达式和明确清晰的解题方法。动态规划模型的设计往往是针对一种最优化问题，由于各种问题的性质不同，其最优解的条件也互不相同，因此动态规划模型根据不同的问题，有不同的解题方法，而不存在一种万能的解法。所以必须根据具体问题做具体分析处理。

值得注意的是,虽然动态规划模型主要用于求解以时间划分的动态过程的优化问题,但是一些与时间无关的静态规划(如线性规划、非线性规划),只要人为地引进了时间因素,并把它视为多阶段决策过程,就可以用动态规划模型方便地进行求解。

以下介绍两种常用的动态规划模型思路:

① 逆推解法:利用已知条件从最后一个阶段开始从后向前推算,求得各阶段的最优决策和最优目标函数,由此算出第一阶段的目标函数并得到最优目标函数值,然后再从第一阶段开始,利用状态转移方程确定最优轨线和最优策略。

② 顺推解法:和逆推解法的递推顺序正好相反,在顺推解法中是从第一阶段开始,利用状态转移方程从前向后推算。

相比其他解法,特别是在有扰动或在随机情况下,动态规划模型能有效地提供一个在当前信息集下的最优反馈控制策略。在过去的若干年里,动态规划模型取得了不少进展。动态规划模型在21世纪前后的一个重大突破是其在海量数据分析中的应用,特别是在人类基因组计划完成以后,它成为生物信息学的一个基本模型和工具。然而,在克服被贝尔曼称为"维数灾"的这一动态规划致命弱点的方面,至今尚未取得突破。所以,寻求克服维数灾的有效算法对动态规划模型在高维问题中的应用具有紧迫性。另外,求解不可分优化问题的最优策略时,动态规划模型并不满足最优化原理,或不具备时间一致性。因此怎样找出一组可分优化问题来逼近一个给定的不可分优化问题,也对动态规划模型的发展极其重要。

2.2 控制理论基础

2.2.1 控制理论的概念

控制理论已经发展了近百年,并在控制系统设计这一工程领域发挥着巨大的作用。例如,在现代社会的工业化、科学探索、国防军备的现代化,以及人们的日常生活中,控制理论变得越来越重要。目前,控制理论已经过了经典控制理论和现代控制理论阶段。

2.2.2 控制理论的发展

1) 经典控制理论

经典控制理论是以传递函数为基础的一种控制理论,研究对象一般是单输入、单输出的线性定常系统,对多输入、多输出系统,时变系统,非线性系统等则无法适用。经典控制理论主要的分析方法有频率特性分析法、根轨迹分析法、描述函数法、相平面法、波波夫法等。控制策略仅局限于反馈控制、PID控制等。这种控制不能实现最优控制。

在经典控制理论中,传递函数是最重要的数学模型,时域分析法、频域分析法和根轨迹分析法作为主要分析设计工具，它们共同构成了经典控制理论的基本框架。经典控制理论主要用于解决反馈控制系统中控制器的分析与设计问题。反馈控制系统的简化原理图如图 2-1 所示。

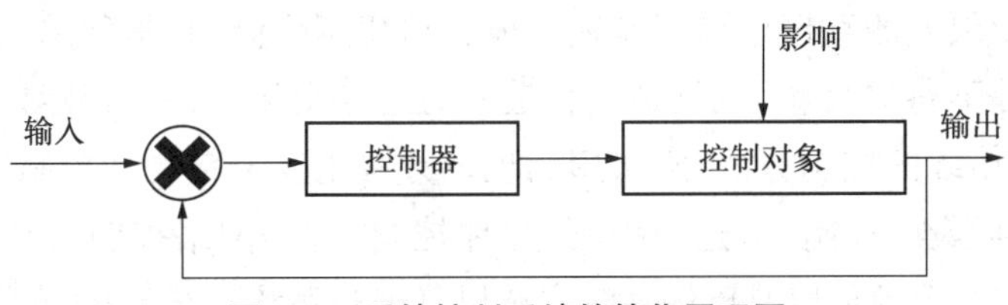

图 2-1　反馈控制系统的简化原理图

经典控制理论虽然具有很大的实用价值，但也有着明显的局限性，主要表现在：只适用于单输入、单输出的线性定常系统。用经典控制理论设计控制系统一般根据幅值裕度、相位裕度、超调量、调节时间等频率域里的指标进行设计和分析，对复杂且控制精度要求高的被控系统，并不能得到满意的效果。

2）现代控制理论

20 世纪 50 年代中期，航空航天技术和计算机技术开始兴起并发展，特别是空间技术的发展，迫切要求解决多变量系统、非线性系统的最优控制问题（例如，火箭和宇航器的导航、跟踪和着陆过程中的高精度、低消耗控制等）。俄国数学家李雅普诺夫 1892 年创立了稳定性理论。1956 年，美国数学家贝尔曼提出了离散多阶段决策的最优性原理，创立了动态规划。1956 年，苏联科学家列夫·庞特里亚金提出了极大值原理。美国数学家卡尔曼等人也于 1959 年提出了著名的卡尔曼滤波。这些理论成就推动了现代控制理论的发展。

现代控制理论主要利用计算机作为系统建模分析、设计乃至控制的手段，适用于多变量系统、非线性系统、时变系统。现代控制理论在本质上是一种“时域法”，即状态空间法。现代控制理论从理论上解决了系统的能控性、能观测性、稳定性以及许多复杂系统的控制问题，其控制对象可以是单输入、单输出控制系统，也可以是多输入、多输出控制系统；可以是线性定常控制系统，也可以是非线性时变控制系统；可以是连续控制系统，也可以是离散或数字控制系统。因此，现代控制理论的应用范围更加广泛，其主要的控制策略有极点配置、状态反馈、输出反馈等。因为现代控制理论的分析与设计方法具有精确性，所以可以实现最优控制。但是，大多数控制策略是建立在已知系统的基础之上，其实严格来说，大部分的控制系统是一个完全未知或部分未知的系统，包括系统本身参数未知、系统状态未知两个方面，同时被控制对象还受外界环境变化等因素的影响。

随着科学技术的发展以及工程技术的需要，越来越多的复杂机电系统出现在人们面前。而这些机电系统往往是非线性系统，采用传统的经典控制和现代控制方法已经不能满足解决工程问题中出现的非线性问题的需要。因此，今后的控制方法将会向解决非线性问题发展。一些非线性方法，比如微分几何方法、变结构控制方法、逆系统方法、神经网络方法、非线性频域控制方法、混沌动力学方法等将会成为以后控制理论发展的重点方向。

3）智能控制理论

智能控制是一种在无人干预的情况下能自主地驱动智能机器实现控制目标的自动控制技术。智能控制无须人的直接干预就能独立地驱动智能机器，其基础是人工智能、控制论、运筹学和信息论等学科的交叉，也就是说它是一门边缘交叉学科。智能控制是一种能更好地模仿人类的、非传统的控制方法，它采用的理论方法主要来自自动控制理论、人工智能和运筹学等，内容包括最优控制、自适应控制、鲁棒控制、神经网络控制、模糊控制、仿人控制等。智能控制的控制对象可以是已知系统也可以是未知系统。智能控制策略不仅能抑制外界干扰、环境变化、参数变化的影响，还能有效地消除模型化误差的影响。自从“智能控制”概念的提出到现在，自动控制和人工智能专家、学者们提出了各种智能控制理论，下面将对一些有影响的智能控制理论进行介绍。

控制理论发展至今，经历了“经典控制理论”和“现代控制理论”阶段，现在已进入“大系统理论”和“智能控制理论”阶段。智能控制理论的研究和应用是现代控制理论在深度和广度上的拓展。20 世纪 80 年代以来，信息技术、计算技术及其他相关学科的发展和相互渗透，也推动了控制科学与工程的研究，控制系统向智能控制系统发展已成为一种趋势。

近 20 年来，智能控制理论与智能化系统发展十分迅速。智能控制理论被誉为最新一代的控制理论，代表性的理论有模糊控制理论、神经网络控制理论、基因控制理论（即遗传算法）、混沌控制理论、小波理论、分级递阶控制理论、拟人化智能控制理论、博弈论等。应用智能控制理论解决工程控制系统问题的这类系统称为智能化系统，其被广泛应用于复杂的工业过程控制、机器人与机械手控制、航天航空控制、交通运输控制等领域。采用其他控制理论难以设计出符合要求的系统时，都可以期望应用智能控制理论获得满意的结果。

（1）分级递阶智能控制

美国乔治·萨里迪斯提出的分级递阶智能控制是最早的智能控制理论之一。它是以早期的学习控制系统为基础，并总结了人工智能与自适应控制、自学习控制和自组织控制的关系后逐渐形成的。分级递阶智能控制遵循“精度随智能降低而提高”的原理分级分布，由组织级、协调级、执行级组成。在递阶智能控制系统中，组织级主管智能，由人工智能起控制作用；协调级是组织级和执行级之间的接口，由人工智能和运筹学共同作用；执行级仍然采用现有数学解析控制算法，对相关过程起适当的控制作用，具有较高的精度和较低的智能。

（2）神经网络控制

神经网络最早是由 20 世纪 40 年代美国心理学家麦卡洛克和数学家沃尔特·皮茨研究提出的。而后，人工智能的兴起促进了人工神经网络的产生。人工神经网络是一种动态非线性系统，其将传统的 PID 控制算式，改写成适用于神经网络加权运算的算式。神经网络控制简称神经控制，是简单模拟人脑智力行为的一种新型控制方式。随着人工神经网络应用研究的不断深入，新的模型不断产生。在智能控制领域，应用最多的是 BP 神经网络、Hopfield 神经网络、自组织神经网络、动态递归神经网络等。神经网络能够应用于自动控制领域，主要因为：第一，存在隐层，这样只需三层网络便可以从任意精度逼近非线性函数；第二,拥有并行处理功能,这样既能解决大批量实际计算和判决问题,又有较强的容错能力且易于实现。

神经网络智能控制的优点:① 可以充分逼近任意复杂的非线性关系;② 具有很强的鲁棒性和容错性;③ 采用并行处理方法,使计算更加快速;④ 可以处理不确定或不知道的系统,因为神经网络具有自学习的特性。

(3) 模糊控制

美国加利福尼亚大学的 L. A. 扎德教授于 1965 年首先提出了"模糊集合" 的概念。之后,模糊控制理论得到了很快发展。模糊控制的基本思想是用机器去模拟人对系统的控制,是一种在被控对象的模糊模型的基础上,运用模糊控制器等手段,实现系统控制的方法。模糊模型是用模糊语言和规则描述一个系统的动态特性及性能指标,它是一个不需要知道被控对象(或过程) 的数学模型,易于对具有不确定性对象和具有强非线性对象进行控制,对被控对象特性参数的变化具有较强的鲁棒性,对控制系统的干扰也具有较强的抑制能力。

现代控制理论从理论上解决了系统的可观、可控、稳定性以及许多复杂系统的控制问题,但是各种智能控制理论都有一些学术上与工程技术上的难点,比如对难以建立数学模型的被控对象难以实施有效的控制等,造成这类结果的原因主要是:① 现代控制理论依赖理想化的数学模型;② 设计方法数学化,控制算法理想化;③ 缺乏人类思维的智能化。

基于以上的原因,促进控制理论走向智能化,由此逐渐形成较为完善的智能控制思想,需要更加认真地加以研究与解决。

2.3　信息论基础

2.3.1　信息论的概念

随着社会的发展和科学技术的不断进步,近些年信息论、控制论和系统论作为新的理论方法,在社会科学等各个领域中被加以运用。信息反馈控制机制等大量新概念和新名词被人们所接受,为社会科学各个领域带来了朝气。

信息论是关于信息的本质和传送规律的科学理论,是研究信息的计量、发送、传递、交换、接收和储存的一门新兴科学。人们通常将"信息论之父"C. E. 香农于 1948 年发表在《贝尔系统技术杂志》(*Bell System Technical Journal*) 上的论文《通信的数学理论》,作为现代信息论研究的开端。

1) 信息论名词

实际通信系统比较复杂,但是任何通信系统都可以抽象为信源、信道、信宿,它们构成了信息论的基本内容。信息论将信息的传递作为一种统计现象来考虑,给出了估算通信信道容量的方法。信息传输和信息压缩是信息论研究中的两大领域,这两个领域又因信息传输定理、信源—信道编码定理相互联系。

信息。从广义上讲,信息是指不同物质在运动过程中发出的各种信号;从狭义上讲,信息是指各种物质在运动过程中所反映出来的数据。信息论的创始人 C. E. 香农认为,信息就是用以消除随机的不定性的东西;控制论的创始人诺伯特·维纳认为,信息是人与环境相互交换内容的统称。

信息依赖于物质和能量,但是它与物质和能量又有明显的区别。信息不是独立的实体,不会因为输送和摄取而被消耗,也不会因为无人问津而累积;信息的作用与物质的多少也没有必然的联系,而且在许多情况下,信息的作用是物质和能量所不能代替的,可以说信息既不是物质,也不是能量,但又离不开物质和能量。

信息量。它是衡量信息多少的量度。许多科学家对信息进行深入的研究以后,发现事件的信息量与事件出现的概率有密切的关系:事件发生的概率越大,信息量就越小;反之,事件发生的概率越小,信息量就越大。例如:池塘周围的护栏越密,小孩或大人掉进池塘的可能性就越少;反之则反。

信源和信宿。信源即消息的来源,消息一般以符号的形式发出,通常具有随机性。自然界的一切物体都可以成为信源,例如:人在碰见歹徒时会发出救命的声音,这对其他人来说是一种信息,狗看见陌生人就会发出汪汪的叫声,告诉主人有朋友来了或者有盗贼入侵;草儿绿了,预示着春天来了。由此可见,信息的发出不仅仅是人类所具有的特质,其他动物、植物等也具有这一功能。如果信源发出的信号是不确定的,即时刻变化的随机事件,就可以用随机变量来表示,以随机变量来研究信息,是信息论的一个基本思想。信宿是信息的接收者,它能够接收消息,并使信息再现,以达到通信的目的。信宿可以是人,也可以是机器。例如:我们看电视,电视是信息的发出者,人从电视上了解各种各样的信息,人就是信宿;而电视相对于各个电视台来说,也是信宿,即信息的接收者。

信道和信道容量。在信源和信宿之间存在着传递信息的通道,即信道,其主要任务是传输信息和存储信息。信源发出的信息必须进行编码,并转化为能在信道中传输的信号。信道容量是指信道传输信息的多少以及速度。信息传递速度的快慢并不完全取决于信道的性质,它还随信源性质和编码方法的改变而改变。

编码和译码。"码"是用于表达的符号,运用这些符号,遵守相应的规则把信息变成信号,这一过程称为信源编码;将符号转换成为信道所要求的信号,这一过程称为信道编码。在通信系统里,消息往往要经过几次编码,才能变成适合信道传输的信号。当信号序列通过信道输出后,必须经过译码复制成消息,才能送达给接收者。译码过程正好与编码过程相反,所以译码就是编码的逆过程。

信息方法。所谓信息方法,是指用观察信息的方式来考察系统的行为结构和功能,通过对信息的获取、传递、存储、加工过程进行分析,达到对复杂系统运动过程的规律性认识。它不需要对系统的整体结构进行详细分析,只需要对信息的流程加以综合考察,就可获得关于系统的整体性知识。

信息与控制论方法是紧密相连的,没有信息就无所谓控制,控制就是通过信息来实现对系统行为、功能的调整。信息方法,不是用来说明客观对象,而是用来说明客观对象运动的过程,说明主、客体之间信息交换过程的方式。如果从物质构成和运动形态来看,生命系统、社会系统、人造技术系统是极为不同的,但是,它们的运动过程都可以抽象化为一个信息传递、加工、交换的过程。

2)信息论分类

信息论一般分为狭义信息论和广义信息论。

狭义信息论:用统计学的方法研究通信系统中关于信息的传输和变换规律的理论。

广义信息论:用数学和其他有关科学研究一切现实系统中关于信息传递、处理、识别和利用规律的理论。

2.3.2 信息论的发展

信息论的发展日新月异,从1978年第一代模拟蜂窝移动通信系统诞生至今,不过40多年就已经演变了四代,成为全球电信业最活跃、最具发展潜力的业务。尤其是近几年来,随着第五代移动通信系统(5G)的逐渐到来,以及各国政府、运营商和制造商等为之投入的大量人力、物力,移动通信又一次在电信业乃至全社会掀起了滚滚热潮。新一代移动通信网的到来是大势所趋,特别是数字移动通信系统出现后,各种数字信号处理技术(如多址技术、调制技术、信道编码技术、分集技术、智能天线技术、无线电技术等)得到了快速发展,人们对新的通信技术的研究热情也始终未减。

2.3.3 信息论的应用

信息论虽然很早就被人们所用,但真正作为一个科学概念被探讨,则是20世纪40年代以后的事,而被人们普遍认识和利用则是近几十年的事情。信息技术日新月异,其创新成果在社会各领域的应用被不断深化,日益深刻地影响着人类社会的发展。目前,信息产业已经发展成为世界上最大的产业。可以说,在当代高新技术群中,信息技术的发展速度最快,应用最广泛,对社会发展的贡献最突出。

在当今信息社会中,信息是人们认识世界的向导与智慧的源泉,也是社会发展的动力与资源。信息作为一种资源,如何开发、利用、共享是人们普遍关注的问题,它也是信息论中最基本、最重要的概念,而信息论的基本任务是为设计有效而可靠的通信系统提供理论依据,可以应用在数据压缩、密码学、统计以及信号处理等领域。

2.3.4 信息论的未来发展趋势

信息论是一门系统性和理论性很强的学科。在现代信息论发展的过程中,曾有许多专家和学者试图构造更好的理论来描述连续信源。但是,直到现在为止,在提出来的诸多方案中,没有一个是优于C.E.香农的。这就是说,信息论的理论体系还有待人们去完善和充实。

信息论的意义和应用范围已超出通信的领域。一方面,自然界和社会中的许多现象,如生物神经的感知、遗传信息的传递等,均与信息论中研究的信息传输和信息处理相类似。因此,信息论的思想对许多学科如物理学、生物学、遗传学、计算机科学、数理统计学、语言学、心理学、教育学、经济管理学、保密学等都有一定的影响和作用。另一方面,由于信息量只能反映符号出现的概率分布,不能反映信息的语义和语用层次,因此,现阶段信息论的应用又有很大的局限性。

2.4 系统工程方法论

2.4.1 系统工程的概念

系统工程是20世纪中后期发展起来的一门新兴学科,最早产生于20世纪40年代的美国,时至今日,系统工程已经成为促进现代社会高速发展不可或缺的一部分。系统工程让自然科学和社会科学中的思想、理论和方法联系起来,它是利用电子科学技术,对系统的结构、要素、信息等进行模拟、反馈,以实现整体最优规划、最优设计、最优管理和最优控制等目的。系统工程的发展日趋特色化、具体化,是现代国家国力竞争中制胜的法宝。近年来,中国社会飞速发展,同时也涌现出许多针对中国文化、社会、环境特点的系统工程方法论,这些系统工程方法论将继续朝着特色化及实用化方向发展。

2.4.2 系统工程方法论的发展

20世纪40年代,美国贝尔电话公司在设计电话通信网络时,应用了一些科学方法,按时间顺序把工作划分为规划、研究、开发、开发过程中的研究和通用工程5个阶段,取得了良好效果,他们把这种工作方法称为系统工程。20世纪50年代末、60年代初,形成了先有H. H. 古德和R. E. 麦克霍尔,后有A. D. 霍尔等提出的系统工程方法论。1969年A. D. 霍尔又提出一种三维结构(逻辑维、工作维、知识维)矩阵,即系统工程形态图,为系统工程提供了一种适合被广泛采用的方法论。20世纪50年代,美国兰德公司提出了系统分析的方法论。同时期,美国麻省理工学院的福雷斯特教授融控制论、系统论、信息论、计算机模拟技术、管理科学及决策论等学科的知识为一体,开发了系统动力学。20世纪50年代末,美国在研制北极星导弹时首先创新使用了计划协调技术(PERT)。20世纪60年代,美国国家航空航天局(NASA)在执行阿波罗登月计划中又把PERT发展成图解协调技术(GERT),并应用计算机仿真技术,确保各项试验项目按期完成。在解决各种复杂的社会技术系统和社会经济系统的最优设计和最优控制方面,系统工程被广泛应用,其研究领域也不断扩大。20世纪60年代初,中国在导弹研制过程中建立了总体设计部,采用了PERT。20世纪70年代后期,中国科学家钱学森、许国志等发表的《组织管理的技术——系统工程》一书,把系统工程看作系统科学中直接改造客观世界的工程技术。1980 年,中国系统工程学会成立,迅速推动了中国系统工程的研究和应用。

2.4.3　系统工程方法论及基本工作过程

1）霍尔三维结构

霍尔三维结构是由美国学者 A. D. 霍尔等人在大量工程实践的基础上,于 1969 年提出的,其特点是可以直观展示系统工程各项工作中的时间节点、逻辑内容及专业素养(如图 2-2 所示)。霍尔三维结构集中体现了系统工程方法的系统化、综合化、最优化、程序化和标准化等特点,是系统工程方法论的重要组成内容。

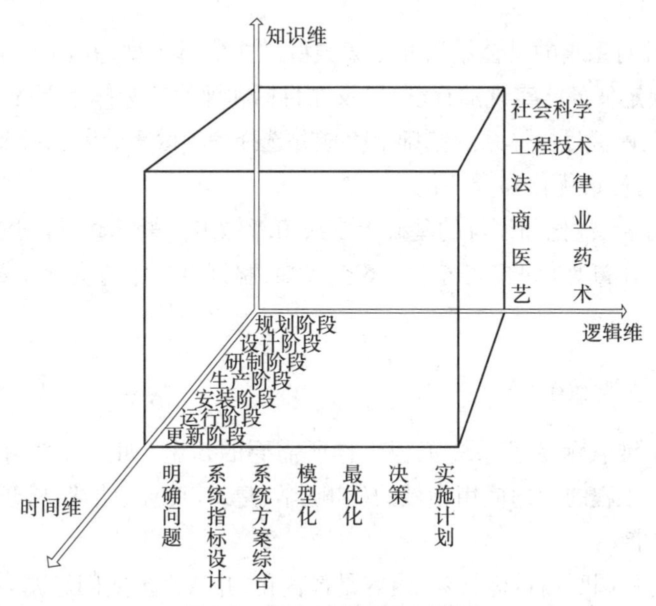

图 2-2　霍尔三维结构示意图

(1) 时间维

时间维表示系统工程的工作阶段或进程。系统工程工作从规划到更新的整个过程或生命周期可分为以下 7 个阶段。

① 规划阶段。根据总体方针和发展战略制订规划。

② 设计阶段。根据规划提出具体计划方案。

③ 研制阶段。根据具体计划方案,分析、制订出较为详细而具体的生产计划。

④ 生产阶段。筹划各类资源及生产系统所需要的全部“零部件”,并提出详细而具体的实施和“安装” 计划。

⑤ 安装阶段。把系统“安装” 好,制订出具体的运行计划。

⑥ 运行阶段。将系统投入运行,为预期目标服务。

⑦ 更新阶段。改进或取消旧系统,建立新系统。

其中规划、设计与研制阶段共同构成系统的开发阶段。

(2) 逻辑维

逻辑维是指系统工程每阶段工作所应遵从的逻辑顺序和工作步骤，一般分为以下7步。

① 明确问题。同提出任务的单位对话，明确所要解决的问题及其确切要求，全面收集和了解有关问题历史、现状和发展趋势的资料。

② 系统指标设计。确定目标并据此设计评价指标体系，即确定任务所要达到的目标或各目标分量，拟定评价标准。在此基础上，采用系统评价等方法建立评价指标体系，并设计评价算法。

③ 系统方案综合。设计能完成预定任务的系统结构，拟定政策、活动、控制方案和整个系统的可行方案。

④ 模型化。针对系统的具体结构和方案类型建立分析模型，并初步分析系统各种方案的性能、特点、对预定任务能实现的程度，以及在目标和评价指标体系下的优先次序。

⑤ 最优化。在评价目标体系的基础上生成并选择各项政策、活动、控制方案和整个系统方案，尽可能达到目标最优化和合理化。

⑥ 决策。在分析、优化和评价的基础上由决策者做出决策，选定行动方案。

⑦ 实施计划。不断地修改、完善以上6个步骤，制订出具体的执行计划和下一阶段的工作计划。

2) 知识维(专业维)

知识维或专业维表示从事系统工程工作所需要的知识(如运筹学、控制论、管理科学等)，也可反映系统工程的专门应用领域的(如医学、建筑、商业、法律、管理、社会科学、艺术等)各种知识和技能。

霍尔三维结构强调明确目标，核心内容是最优化，并认为现实问题基本上都可归纳成系统工程问题，并可采用定量分析手段，求得最优解。该方法论具有研究方法上的整体性和三维性、技术应用上的综合性(知识维或专业维)、组织管理上的科学性和合理性(时间维)、系统工程工作的问题导向性等特点。

3) 切克兰德方法论

随着应用领域的不断扩大和系统工程的不断发展，系统工程方法论也需要加以发展和创新。20世纪80年代，英国兰卡特斯大学的P. 切克兰德教授为解决社会问题或“软科学”问题中存在的局限性和逻辑差异性，在霍尔三维结构的基础上，进一步提出了用以解决“软科学”问题的软系统工程方法论，其主要内容和工作过程如图2-3所示。

(1) 认识问题

收集与问题有关的信息，描述问题现状，寻找构成或影响因素及其关系，以便明确问题结构、现存过程及其相互之间的不和谐之处，确定有关的行为主体和利益主体。

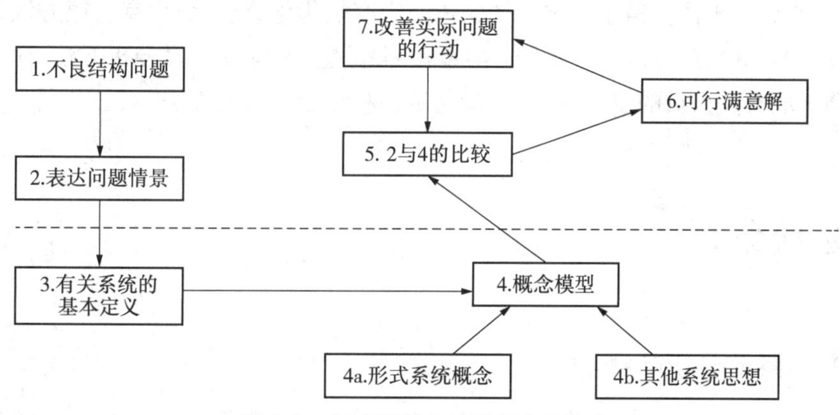

图 2-3　切克兰德方法论的主要内容

（2）根底定义

根底定义是该方法中较具有特色的阶段，其目的是弄清系统问题的关键要素以及关联因素，为系统的发展及其研究确立各种基本的看法，并尽可能选择出最合适的基本观点。

（3）建立概念模型

概念模型来自根底定义，是通过系统化语言对问题进行抽象描述的结果，其结构及要素必须符合根底定义的思想。在不能建立精确数学模型的情况下，可以用结构模型或语言模型来描述系统的现状。

（4）比较与探寻

将现实问题（归纳识别）和概念模型（推理演化）进行对比，找出符合决策者意图且可行的方案或途径。有时通过比较，需要对根底定义的结果进行适当修正。

（5）选择

针对比较的结果，考虑有关人员的态度及其他社会、行为等因素，选出现实可行的改善方案。

（6）设计与实施

根据详尽和有针对性的设计，形成具有可操作性的方案，使有关人员乐于接受并愿意为方案的实现竭尽全力。

（7）评估与反馈

根据在实施过程中获得的新的认识，修正问题描述、根底定义及概念模型等。

切克兰德方法论的核心不是"最优化"而是"比较与探寻"，它强调从模型和现状的比较来学习改善现状的途径。"比较与探寻"这一步骤，包括组织讨论、听取各方面有关人员的意见等，不限于非要进行定量分析，因此能更好地反映人的因素和社会经济系统的特点。

4）两种方法论的比较

霍尔三维结构与切克兰德方法论均为系统工程方法论，它们都以问题为起点，具有相应的逻辑过程。但两种方法论也有不同，主要有：第一，研究对象不同。霍尔三维结构主要以工程系统为研究对象，而切克兰德方法论更适合解决社会发展和经济管理等"软科学"问题。第二,核心思想不同。霍尔三维结构的核心内容是优化分析,而切克兰德方法论的核心内容是比较学习。第三,方法偏好不同。霍尔三维结构主要应用定量分析方法,而切克兰德方法论强调听取有关人员的意见,注重定量与定性相结合的研究方法。

2.5 系统分析

2.5.1 系统分析的概念

系统分析(Systems Analysis)一词最早是在20世纪30年代被提出的,当时是以管理问题为主要应用对象,也是管理信息系统的一个主要阶段,负责这个阶段的关键人员是系统分析员,完成这个阶段任务的关键是开发人员与用户之间的沟通。到了20世纪40年代,由于系统分析的应用获得了成功,系统分析发展更加迅速。以后的几十年,无论是研究大系统的问题,还是建立复杂的系统,都广泛应用了系统分析的方法。系统分析技术是系统工程方法论的核心环节,也是解决系统工程问题的基础。

系统分析方法是把要解决的问题作为一个系统,对系统要素进行综合分析,找出解决问题的可行方案。兰德公司认为,系统分析是一种研究策略,它能在不确定的环境下,确定问题的本质和起因,明确研究目标,找出各种可行方案,并通过一定标准对这些方案进行比较,帮助决策者在复杂的问题和环境中做出科学决策。

系统分析方法来源于系统科学,目前已成为咨询、研究等"软科学"研究领域的最基本的方法。例如,我们可以把一个复杂的咨询项目看成系统工程,通过系统目标分析、系统要素分析、系统环境分析、系统资源分析和系统管理分析,准确地诊断问题,深刻地揭示问题起因,提出有效的解决方案并满足客户的需求。

2.5.2 系统分析的特点

1)以系统整体最优化为目标

系统中的各分系统,都具有特定的目标和功能,只有相互分工协作,才能达到系统的整体目标。在系统分析时应以系统的整体综合最优为主要目标,如果只研究和改善某些局部问题,而忽略其他分系统,则可能无法保证系统的整体效益。因此,任何系统分析都必须以发挥系统整体的最大效益为准。

2)强调系统各要素之间的联系

用系统分析处理问题时总是以系统的观点看待所处理的事物。系统是由若干个相互联系、相互作用、相互制约的要素构成,各个要素相互协作才能实现系统的总目标。正确分析和处理系统内部各个要素之间的关系,是系统分析要处理的基本问题。

3）以寻求解决方案为目的

系统分析是一种处理问题的方法，有很强的针对性，其目的在于寻求解决问题的最优方案。许多问题都含有不确定因素，系统分析就是在不确定的情况下，研究各种可行方案的最优解的过程。

4）运用定量方法解决系统问题

用系统分析处理问题时，不是单凭分析人员的主观臆断、经验和直觉，而是需要借助相对可靠的数字资源及其所建立起来的系统模型作为分析判断的基础，以保证分析结果的客观性。定量化方法对于处理具有大量历史资料和数据的系统是十分有效的，特别是在相对微观的系统中的应用更是普遍。

5）凭借价值判断做出决策

系统分析不可能完全反映客观世界的所有情况，在系统分析的过程中需要对事物做某种程度的假设，或者是使用过去的历史资料来推断系统未来的发展趋势，然而未来环境的变化总是具有一定的不确定性，从而很难保证分析结果的完全客观性。因此，在进行方案评价时，仍要凭借系统工程师的知识和经验去判断，综合权衡，以便选择最优方案。

2.5.3 系统分析的步骤

系统分析的具体步骤包括：限定问题、确定目标、调查研究和收集数据、提出备选方案和评价标准、评估备选方案和提出最可行方案。

1）限定问题

所谓问题，是现实情况与计划目标或理想状态之间的差距。系统分析的核心内容有两个：其一是进行“诊断”，即找出问题及其原因；其二是“开处方”，即提出解决问题的最可行方案。所谓限定问题，就是要明确问题的本质或特性、问题存在的范围和影响程度、问题产生的时间和环境、问题产生的原因等。限定问题是系统分析中关键的一步，因为如果“诊断”出错，以后开的“处方”就不可能对症下药。在限定问题时，要注意区别症状和问题，探讨问题起因时不能先入为主，同时要判别哪些是局部问题，哪些是整体问题，问题的最终确定应该在调查研究之后。

2）确定目标

系统分析的目标应该根据客户的要求和对需要解决的问题加以确定，如有可能应尽量通过指标表示，以便进行定量分析。对不能定量描述的目标也应该尽量用文字说明清楚，以便进行定性分析和评价系统分析。

3）调查研究和收集数据

调查研究和收集数据应该围绕问题起因进行，一方面要验证限定问题阶段形成的假设，另一方面还要探讨产生问题的根本原因，为下一步提出解决问题的备选方案做准备。

调查研究常用的有4种方式，即阅读文件资料、访谈、观察和调查。收集的数据和信息包括事实（facts）、见解（opinions）和态度（attitudes）。同时，要对数据和信息去伪存真，交叉核实，以保证数据的真实性和准确性。

4）提出备选方案和评价标准

通过深入的调查研究，最终确定真正有待解决的问题，明确产生问题的主要原因，在此基础上就可以针对性地提出解决问题的备选方案。备选方案是为解决问题而提供的建议或设计。备选方案应有两种以上，以便进一步评估和筛选。为了对备选方案进行评估，要根据问题的性质和客户的条件，提出约束条件或评价标准，供下一步应用。

5）评估备选方案和提出最可行方案

根据上述约束条件或评价标准，对解决问题的备选方案进行评估。评估应该是综合性的，不仅要考虑技术因素，还要考虑社会、经济等因素；评估小组的成员应该有一定代表性，除咨询项目组成员外，也需要客户代表参加。最后，再根据评估结果确定最可行的方案。

思考题

1. 谈谈你对最优化的理解。
2. 简述控制论的基本观点及其应用。
3. 根据自己的理解，对信息的定义进行讨论，以及信息有哪些特性？
4. 信息论是如何产生的？
5. 简述两大系统工程方法论的差异性。
6. 简述系统分析的基本步骤。
7. 阐述系统分析的特点，并举一个例子说明。

第3章 系统预测

3.1 预测原理

3.1.1 预　测

预测是对未出现或者目前还不确定的事物进行预先的估计和推测，是一种在现时对未来可能出现的趋势进行探讨和研究的活动。

在社会经济和未来社会中，预测有广泛的发展前景，它的科学价值将更能引起人们的重视。社会经济对预测的需要程度，是由社会发展的速度所决定的。

预测在未来的发展趋势上，将会呈现如下特点：方法多元化（调查法、类比法、趋势法、模拟法、规范法、指标法）；手段技术化（计算机的使用，可以迅速分析和处理大量的数据和资料）；内容广泛化（包括科技、军事、社会经济、教育、自然灾害等方面）。

预测按照性质可以分为三类：定性预测、定量预测、定时预测。

3.1.2 系统预测

1）系统预测的定义

系统预测是系统工程理论的重要组成部分，它把系统作为预测对象，分析系统发展变化的规律性，预测系统未来发展变化的趋势，为系统规划设计、经营管理和决策提供科学依据。

所谓系统预测，就是根据系统发展变化的实际情况和历史数据、资料，运用现代的科学理论方法，以及积累的各种经验，对系统在未来一段时期内可能出现的变化情况进行推测、统计和分析，并得到有价值的系统预测结论。

系统预测一般有3种途径：一是因果分析，即通过研究事物的形成原因来预测事物未来发展变化的必然结果；二是类比分析，即将正在发展的事物同历史上的事件相类比来预测事物的未来发展；三是统计分析，即运用一些数学方法，通过对历史资料进行分析，找到事物发展的必然规律，来预测事物未来的发展趋势。

2）系统预测遵循的原则

（1）整体性原则

系统是由相互联系、相互制约、相互作用的若干部分组成的具有特定功能的有机整体。系统的发展是随过去、现在、将来的时间次序变化的，其过程也是一个有机整体。在这个过程中，系统发展遵循着一定的规律。因此，预测人员不能孤立地研究某个时间点，而应将系统作为一个发展的整体来预测其未来的状态。

（2）关联性原则

系统内部各要素之间存在着某种相互作用、相互依赖的特定关系。对一个系统来说，各种要素错综复杂，预测人员应该对要素间的联系做全面的分析，找到其中的包含关系、因果关系、隶属关系等，再进行科学预测。

（3）动态性原则

系统的发展不仅受到内部各个因素的制约，同时还受到外部环境的影响。整个系统是动态的，因此，预测人员要时刻关注系统内外环境要素的变化，采用相应的方法，及时调整相关的系统参量。

（4）反馈性原则

预测是为了更好地指导当前的工作，因此，预测人员要不断进行反馈，对预测进行修正，为决策提供可靠的依据。

3）系统预测方法

（1）定性预测法

定性预测法是人们对系统发展变化的规律进行把握、判断，用经验和直觉做出预测，如专家打分、主观评价、市场调查法等。常见的定性预测方法是德尔菲(Delphi) 法。

（2）因果关系预测法

因果关系预测法是以若干系统变量为分析对象，以样本数据为分析基础，建立系统变量之间的因果数学模型，然后根据因果数学模型，预测某些系统变量的变化对其他系统变量的定量影响。因果关系预测法主要有回归分析预测、状态空间预测等。

（3）时间序列分析预测法

时间序列分析预测法主要考察系统变量随时间变化的定量关系，给出系统的演变发展规律，并对未来做出预测。

其中第一类为定性预测法，第二、第三类为定量预测法。

4）系统预测的步骤

尽管不同的预测对象、不同的预测方法可能导致不同的预测结果，但总体看来，定量预测方法总体上仍可大致分为以下6个步骤。

(1) 明确预测目的

一般来说,系统预测不是系统工程研究的最终目的,而是为系统决策任务进行服务的。因此,在预测过程中,首先要在系统研究的总目标指导下,确定预测对象、预测指标、预测期限、可能选用的预测方法及需要的各项基本资料和数据。做好系统预测的准备工作以确保预测有正确的科学理论和方法进行指导。

(2) 收集、整理资料和数据

根据选用或可能选用的预测方法和预测指标,一方面,要把有关的历史资料、统计数据、试验数据等尽可能收集齐全,然后在此基础上进一步分析、整理,去伪存真,填平补齐,形成合格的样本数据;另一方面,要进行调查、访问以取得第一手的数据资料(这一点定性预测也需要)。

(3) 建立预测模型

根据所选择的预测方法,采用各种有关变量来建立预测用的数学模型。必要时可对样本数据进行适当处理,以符合模型本身的要求。

(4) 估计模型参数

按照各种模型的性质和可能的样本数据,采取科学的统计方法,对模型中的参数进行估计,最终识别和确认所选用的模型形式和结构。

(5) 模型检验

模型检验包括对模型的合理性及有效性进行验证。模型检验具体有两个方面:一是对有关假设的检验。例如,对线性关系、变量结构(变量选取)以及独立性的假设等必须进行统计检验,以保证理论、方法的正确性。另一方面是对模型精度即预测误差的检验,如对误差区间、标准离差等的检验。经检验一旦发现模型不合理,就必须对模型加以修正。

(6) 预测实施与结果分析

运用检验通过的预测模型,使用有关数据就可进行预测,并对预测结果进一步进行有关理论、经验方面的分析。此外,必要时还可对不同模型同时预测的结果加以分析对比,做出更加可信的判断,为系统决策提供更加可靠的科学依据。从实际预测工作来看,不可能仅靠上述步骤的实施就能完全达到目标,有时会需要若干次的反复和迭代,还要经过多次样本修改、信息补充、模型修正等,才能完成系统预测任务。

3.2　定性预测技术

3.2.1　定性预测技术定义

定性预测是以人的逻辑判断为主,并根据由各种途径收集到的意见、信息和有关资料,综合分析当前的政治、经济、科技等形势以及预测对象的内在联系,以判断事物发展的前景,并尽量把这种判断转化为可计量的预测。定性预测法一般适用于缺乏历史统计数据的系统，主要有德尔菲法、主观概率法等。

对一个系统来说，影响因素是多种多样的，有很多因素是难以用定量的方法描述的。特别是对机理不清的软系统(或称不良结构系统)，很难用明确的数学模型来描述，如社会系统和经济系统。同时，对一个系统做定量描述的前提是要获得有关对象完整的数据、资料、信息，还要有收集、处理、传送、存取这些数据资料的技术和方法。而在现实中，很多数据、资料是不完整的，甚至不存在或是无法得到，这时就只能依靠定性分析和预测。此外，为了保证预测质量，在进行定量预测时也要进行定性预测(以定性分析作为定量预测的基础)，才能使预测结果更加精确。

3.2.2 德尔菲(Delphi)法

1) 定义

德尔菲法是美国兰德公司于1964年首先用于技术预测的。德尔菲是古希腊传说中的神秘之地，城下有座阿波罗神殿可以预测未来，因而借用其名。德尔菲法是专家会议调查法的一种发展，它以匿名方式通过函询，征求专家意见，然后，预测领导小组对每一轮的意见进行汇总整理，将整理好的意见作为参考资料再发给每个专家，供他们分析判断、提出新的论证。如此多次反复，专家意见日趋一致，结论的可靠性也越来越大。德尔菲法在20世纪七八十年代是主要的预测方法，并得到了广泛的应用。其优点是方法简单、预测迅速；缺点是会忽略某些因素影响，数量概念较差。

2) 预测步骤

应用德尔菲法分配权重值的步骤是：

(1) 设计意见征询表

设计意见征询表时，需要特别注意两个问题：第一，表中所列的重要性等级如“很重要”“重要”“一般”“不重要”等必须有明确的定义，即需要明确说明在何种情况下是“很重要”，在何种情况下是“重要”等，以免专家对这些词语误解而造成误判，从而影响意见征询的科学性；第二，为了使专家容易将上面的重要性等级换算成权重值，应事先对这些重要性等级赋值。

(2) 选择专家并请他们填写意见征询表

专家填写意见征询表时应匿名。选择专家时应注意专家既要有权威性又要有代表性，即所选择的专家应对所要咨询的问题有深入了解；同时所选择的专家应涉及与要咨询问题有关的各个方面，如行政管理人员、科研人员、实际工作者等的代表。请专家填写意见征询表时应注意以书面或口头的形式(最好以书面的形式)提醒他们要完全按照规范和要求填写，不应随意展开或以其他不被允许的方式回答。

(3) 整理和反馈专家意见

待所有专家将意见征询表填好交回后，组织者要整理专家们的意见，求出某一项指标或某些指标的权重值平均数，同时求出每一位专家给出的权重值与权重值平均数的偏差，然后将结果反馈给各位专家，接着开始第二轮意见征询，以便确定专家们对这个权重值平均数的认可程度。

(4) 不断整理和反馈专家意见

再一次将权重值平均数反馈给各位专家并给出某些专家不同意这个平均数的理由，让各位专家在得知少数人不同意这个平均数的理由后再一次做出反应。重复进行上述整理和反馈专家意见的步骤，直至专家观点的集中程度或认识的统一程度不能再增加时停止。这样，各位专家对某一指标或某些指标的权重值的看法就会趋向一致，组织者也就可以由此得到比较可靠的权重值分配结果。

例3-1　某汽车的月销售量如表3-1所示，为预测2018年1月的销售量，从各相关领域选择8名专家，组成专家小组并进行三轮预测，其预测结果如表3-2—表3-4所示。

表3-1　2016年1月—2017年12月某汽车的月销售量　单位：万辆

月份	销量	月份	销量
2016年1月	3.5	2017年1月	6.3
2016年2月	3.2	2017年2月	3.7
2016年3月	4.1	2017年3月	6.2
2016年4月	5.0	2017年4月	5.7
2016年5月	5.0	2017年5月	5.6
2016年6月	4.7	2017年6月	5.4
2016年7月	4.4	2017年7月	4.8
2016年8月	5.0	2017年8月	6.0
2016年9月	6.1	2017年9月	7.3
2016年10月	4.8	2017年10月	5.9
2016年11月	5.6	2017年11月	6.8
2016年12月	5.4	2017年12月	6.5

表3-2　第一轮专家预测量　单位：万辆

专家号	1	2	3	4	5	6	7	8
最低数	6.5	7.2	6.9	5.9	7.4	7.7	7.0	7.5
最可能数	7.0	7.6	7.5	6.5	7.8	8.2	7.3	7.9
最高数	7.8	8.2	7.9	7.4	8.2	8.5	7.7	8.1

表 3-3　第二轮专家预测量　　单位:万辆

专家号	1	2	3	4	5	6	7	8
最低数	6.7	7.3	7.1	6.6	6.9	7.3	7.3	6.9
最可能数	7.2	7.6	7.5	6.8	7.4	7.9	7.8	7.3
最高数	7.7	8.2	8.1	7.3	7.9	8.2	8.3	7.6

表 3-4　第三轮专家预测量　　单位:万辆

专家号	1	2	3	4	5	6	7	8
最低数	7.0	7.2	7.3	6.8	6.9	7.3	7.2	7.2
最可能数	7.3	7.5	7.5	7.0	7.3	7.6	7.4	7.3
最高数	7.7	7.7	7.8	7.5	7.5	7.8	7.9	7.8

经过征求三轮专家意见,各位专家均表示不再变更意见。然后,对三轮专家意见进行汇总,数据处理后,结果如表 3-5 所示。

表 3-5　专家意见汇总表　　单位:万辆

专家号	1	2	3	4	5	6	7	8	平均值
最低数	6.5	7.2	6.9	5.9	7.4	7.7	7.0	7.5	7.012 5
最可能数	7.0	7.6	7.5	6.5	7.8	8.2	7.3	7.9	7.475
最高数	7.8	8.2	7.9	7.4	8.2	8.5	7.7	8.1	7.975
最低数	6.7	7.3	7.1	6.6	6.9	7.3	7.3	6.9	7.012 5
最可能数	7.2	7.6	7.5	6.8	7.4	7.9	7.8	7.3	7.437 5
最高数	7.7	8.2	8.1	7.3	7.9	8.2	8.3	7.6	7.912 5
最低数	7.0	7.2	7.3	6.8	6.9	7.3	7.2	7.2	7.112 5
最可能数	7.3	7.5	7.5	7.0	7.3	7.6	7.4	7.3	7.362 5
最高数	7.7	7.7	7.8	7.5	7.5	7.8	7.9	7.8	7.712 5

根据中位数计算公式,分别计算第三轮预测量的最低数、最可能数和最高数的中位数为 7.2、7.35、7.75,然后将最低数、最可能数和最高数的中位数按 0.2、0.5、0.3 进行加权平均,最后预测 2018 年 1 月某汽车销售量为:$\frac{7.2 \times 0.2 + 7.35 \times 0.5 + 7.75 \times 0.3}{0.2 + 0.5 + 0.3} = 7.44$(万辆)。

3.2.3　主观概率法

1) 定义

主观概率法又称空想预测法,是预测者对所预测事件的发生概率(即可能性大小)做出的主观估计,或者说对事件变化的一种心理评价,其间,需要计算出平均值,以此作为预测事件的结论,它是一种定性预测法。因为主观概率法是一种心理评价,所以判断过程具有明显的主观性。

主观概率与客观概率不同,客观概率是根据事件发展的客观性统计出来的一种概率。在很多情况下,人们没有办法计算事情发生的客观概率,因而只能用主观概率来描述事件发生的概率。但是主观概率和客观概率的区别是相对的,因为任何主观概率总带有客观性,而任何客观概率在测定过程中也难免带有主观的因素。

2)分类

① 累计概率中位数法:根据累计概率,确定不同预测值的中位数,再对预测值进行点估计和区间估计。

② 主观概率加权平均法:以主观概率为权数,对各种预测值进行加权平均,再计算最终预测值。

3)预测步骤

① 准备相关资料:主要是提供给专家的有关预测内容的一些背景资料。

② 编制主观概率调查表:调查表中要列出不同事件可能发生的不同概率。一般用累计概率。

③ 汇总整理:将填好的调查表进行整理,加以汇总。

④ 判断预测。

例 3-2　某笔记本电脑公司经理召集主管销售、财务、计划和生产等部门的负责人,让他们对下一年度某种型号笔记本的销售前景做预测,几个部门负责人的初步判断如表 3-6 所示,请估计下一年度的销售额。

表 3-6　初步判断表

部门	销售量估计	销售量	主观概率	期望值(台)
销售部门	最高销售量	18 600	0.1	1 860
	最可能销售量	11 160	0.7	7 812
	最低销售量	9 920	0.2	1 984
	总期望值		1	11 656
计划财务部门	最高销售量	12 400	0.1	1 240
	最可能销售量	11 160	0.8	8 928
	最低销售量	9 300	0.1	930
	总期望值		1	11 098

续表

部门	销售量估计	销售量	主观概率	期望值(台)
生产部门	最高销售量	12 400	0.3	3 720
	最可能销售量	10 540	0.6	6 324
	最低销售量	7 440	0.1	744
	总期望值		1	10 788

绝对平均法:下一年度某种型号笔记本电脑的销售量预测值为

$$\frac{11\,656+11\,098+10\,788}{3}\approx 11\,181(\text{台})$$

加权平均法:根据各部门负责人对市场情况的熟悉程度以及他们对以往的预测判断中的准确程度,分别给予不同部门负责人不同的评定等级,在综合处理时,采用不同的加权系数。如定销售部门负责人的加权系数为2,其他两个部门负责人的加权系数为1,那么下一年度笔记本电脑的销售预测值为

$$\frac{11\,656\times 2+11\,098+10\,788}{4}\approx 11\,300(\text{台})$$

例3-3 某商业银行采用主观概率法进行预测,选定了一些专家并拟出未来几种可能出现的经济条件提交给各位专家。专家需要利用有限的数据资料和自己的经验,对每种经济条件发生的概率和每种经济条件下商业银行某种业务发生经济损失的概率做出估计。然后,某商业银行对各位专家的估计值进行汇总再加权平均,计算出该种经济条件下经济损失的概率。假定该商业银行选定5名专家,并拟出 B_1 和 B_2 两种可能出现的经济条件,请各位专家对未来每种经济条件发生的概率和在每种经济条件下该商业银行某种业务发生损失 A 的概率做出主观估计,详细数据如表3-7所示。

表3-7 各专家预测值

随机事件		专家1	专家2	专家3	专家4	专家5	主观概率估计值的平均值
B	B_1	0.09	0.11	0.11	0.10	0.09	0.10
	B_2	0.38	0.40	0.41	0.40	0.41	0.40
A	$A\mid B_1$	0.20	0.19	0.21	0.20	0.20	0.20
	$A\mid B_2$	0.29	0.30	0.31	0.31	0.29	0.30

解 $P(B_1)=0.09,P(B_2)=0.38,P(A\mid B_1)=0.20,P(A\mid B_2)=0.29$。

由全概率公式可以计算出:$P(A)=P(A\mid B_1)P(B_1)+P(A\mid B_2)P(B_2)=0.13$。即该商业银行某种业务在未来风险中经济损失发生的概率为0.13。

3.2.4　领先指标法

社会各种经济现象之间的内在联系是十分紧密的,表现在经济指标上则反映为时间序列上的先后关系。例如,原材料价格的变动,优先于制成品价格的变动;教育事业的发展,优先于科学技术的发展;科学技术的发展又优先于生产建设的发展等。领先指标法就是利用经济指标之间的时间差异,将各种经济时间序列分为领先指标型、同步指标型和滞后指标型。根据这种分类,可以通过领先指标来预测同步指标或滞后指标。领先指标法,既可用于经济发展趋势预测,又可用于转折点预测;既可用于微观经济预测,又可用于宏观经济预测。

(1) 分类

第一类是变化时间早于预测对象,这类变量称为领先指标(或先行指标);第二类是变化时间与预测对象完全同步,这类变量称为同步指标(或同行指标);第三类是变化时间迟于预测对象,这类变量称为滞后指标(或后行指标)。

我们以“住宅建设拨款的增加”指标为例,当这一经济指标变动,随后市场会发生一系列的变化。首先,要建住宅,必定要购买钢材、水泥、木材等建筑材料,这就使基建材料市场需求增加,从而引起供求关系的变化。其次,建设住宅需要有建筑工人,工人用支付给他们的报酬来购买生活用品,由此会引起个人消费品市场需求的增加。再次,住宅竣工后,或者由居民购买,或者由单位购买,便会引起住宅市场的变化。最后,居民迁入新居,需要进行装潢,还需要购买家具、电器等,这又会引起装修市场、家具和电器市场的变化。由此可见,“住宅建设拨款的增加”这一经济指标的变化,在时间上先于市场的变化,从而引起后续市场的一系列变化。基本建设与钢材、水泥和木材三大材料的需求量是同步指标,并且各需求量之间还有较为固定的比例关系。如果其中某种材料的生产或供应能力有限,则另外两种材料的需求也将受到限制。因此,通过研究“短线”(供应能力不足)材料可供数量的变化情况,可以预测供应能力有余的材料的需求量。另外,滞后指标有助于验证领先指标所表达的经济趋向是否真实。

(2) 应用条件

必须指出,指标之间的伴随关系是根据以往的经验和历史数据来确定的,而如今国家的某些政策很可能已改变了指标之间的关系,领先指标与预测对象之间的提前时间也不一定是常数。认真分析现有情况,确认指标之间的伴随关系是否仍然存在,间隔时间有什么变化,是应用领先指标法进行预测的必要条件,也是减少预测风险的前提。领先指标法适用于诸如原材料价格的变动先于制成品价格的变动、教育事业的发展先于科学技术的发展等中短期预测。

(3) 预测步骤

① 根据预测的目标和要求找出领先指标。一般应根据经济理论、经济关系、实践经验以及实证分析,找出与预测对象有直接关系并起领先变化作用的经济变量作为领先指标。例如,预测汽车的价格变动,可把钢材价格变动作为领先指标。

② 收集和处理统计数据。为了较正确地揭示领先指标和预测对象的变动关系和规律，一般来说，应收集15类以上的数据。

③ 绘制领先落后关系图。画出领先指标、同步指标、滞后指标的时间序列图。

④ 进行预测。通过领先指标来预测同步指标或滞后指标。预测时应注意，领先指标一般只能用于预测走势或转折点，或者说只能指示未来落后指标的变动方向，而不能直接预测变化的幅度。

3.3 计量经济模型预测

3.3.1 概　述

广义计量经济学是指利用经济理论、统计学和数学定量研究经济现象的经济计量方法，包括回归分析方法、投入产出分析方法、时间序列分析方法等。这些方法，尽管都是经济理论、统计学和数学的结合，但是它们之间也有明显区别。狭义计量经济学，也就是我们通常所说的计量经济学，以揭示经济现象中的因果关系为目的，在数学上主要应用回归分析方法进行研究。本节中的计量经济模型就是狭义范畴内的数学模型。

计量经济模型广泛应用于宏观经济和微观经济的分析和预测。在实际应用中，可以用单一方程式的计量经济模型，描述企业产品的需求函数，在已知消费者收入、竞争品价格、广告费用和企业拟定的产品售价等各种估计量的条件下，来预测产品未来的销售额；也可以用多个方程式的计量经济模型，描述产业部门或整个国民经济运行过程中复杂的经济关系。

单个方程式的模型与运用回归分析方法建立一元或多元方程式的模型原理相同。大型的计量经济模型提供了较为全面的经济信息，有利于提高宏观经济决策的科学性。而宏观经济模型，能使企业认清宏观经济发展前景，从而预测未来市场的前景、竞争形势，为企业制订发展计划和经营管理决策提供基本依据。

3.3.2 经济变量种类

计量经济模型中所使用的变量可分为内生变量、外生变量和前定变量等。内生变量（因变量）是表明研究对象运行状态的变量，可由经济模型本身决定；外生变量（自变量）是反映影响研究对象运行状态的外部因素，不由模型本身决定，而是通过其他途径求得的变量；前定变量（先决变量）是计量经济模型中不受其他变量制约，预测时其取值能被确定的变量。例如，预测方程中用到的前一期或前几期数据就是前定变量。内生变量与外生变量按变量值统计期与预测期的不同可分为同期变量与前期变量。

3.3.3 预测步骤

1) 建立计量经济模型

首先,根据预测对象的经济活动规律,确定预测目标,找出与预测目标有关的主要影响因素,然后,明确经济变量之间的因果关系,并选定内生变量、外生变量与前定变量。任何计量经济模型都要建立在某种经济理论(如生产理论、消费理论)和相关信息的基础上,只有了解相关的经济理论,才能找出预测目标及影响其变化的主要变量间的因果关系形式,从而确定这些主要变量间的数量变化关系。其次,还需判别建立的计量经济模型的合理性。所谓判别合理性,就是判定计量经济模型中经济变量的个数、性质和待定参数是否是唯一的。

2) 确定模型中的待定参数

选择适当的预测方法并确定模型中的待定参数。在此阶段,需搜集和整理用于估算参数所需的各类数据资料,比如,时间序列资料、静态资料和虚拟变量。其中,虚拟变量是由研究者根据待定参数而构造的,一般取 0 或 1。

当在模型中要考虑某些因素的影响时(如自然灾害、战争、政治运动等),就需要引入虚拟变量。例如,针对农业生产问题,可以引入一个虚拟变量来反映气候条件对农业生产的影响,如果是灾年,该变量值为 1。在模型中使用虚拟变量常常可以提高模型参数的估算效果。

3) 模型的检验

(1) 经济理论检验

主要考察结构参数的符号(正、负号) 和大小,看其是否违背经济理论和人们所熟知的经济常识。如果结果与人们的经验及经济理论所拟定的期望值不一致,则需要查找原因并采取必要的措施进行修正。

(2) 统计检验

主要考察回归计量经济模型中参数估计值的统计显著性和可靠性。

(3) 计量经济学检验

该检验是为了检验模型是否违背了计量经济学的基本假定(包括随机干扰项的序列相关检验、异方差检验和多重共线性检验等)。

一般来说,如果模型通过了统计检验而不能通过计量经济学检验,则模型参数估计值不是最佳的,需要采取措施对模型加以调整。

(4) 平衡方程式的检验

通常采用实验检验的方法,将收集的观察期数据代入模型,以检验模型的正确性。如果模型的平衡关系得不到满足,应寻找原因并进行调整。平衡方程式的优点,就是可以直接检验模型的正确性。

4）利用模型预测市场未来

例 3-4　预测上海车牌价格。上海是国内唯一实行私家车牌照限额拍卖的城市，这一借鉴新加坡模式的做法，在质疑声中已经坚持了10多年，现用计量经济模型来预测2005年9月上海车牌价格。分析2003年1月—2005年8月上海车牌拍卖价格，以当月平均中标价（A_t）作为被解释变量。虽然投标人最想知道的是最低中标价，但是最低中标价不如平均中标价稳定，因此，选择平均中标价作为被解释变量来反映投标人的平均预期。投标人会注意到前一个月的拍卖价格，由于竞拍成功和失败的成本不对称（成功者若不购牌成本为2 100元，而竞标失败成本为100元），所以多数人会倾向往低价拍，因而会更注意前一个月的最低中标价。因此，前一个月的最低中标价（L_{t-1}）对本月的平均中标价有较大影响，故选为解释变量。

将当月平均中标价（A_t）对前一个月最低中标价（L_{t-1}）和2004年5月的政策虚拟变量（D）做一个线性回归，用EViews软件估计方程，得到

$$A_t = 10\,837 + 0.753\,7\,L_{t-1} - 9\,923D$$

用前一个月的最低中标价就可以预测当月的平均中标价，除非出现类似2004年5月的政策因素影响，那次的政策争论使上海车牌竞拍者们平均下调了预期价格9 923元。2005年9月17日的竞标在下午3点结束，超过10 000人通过网络、电话或者拍卖行竞拍了9月份的6 700张牌照。下午6点网上公布了结果，模型预测的平均中标价为29 680元，实际的平均中标价为28 927元，两者仅相差753元，由此可知，利用计量经济模型来预测不失为一种有效的经济预测方法。

3.4　时间序列模型预测

3.4.1　概　念

时间序列是指将同一经济现象或特征值按时间先后顺序排列而成的数列。时间序列分析法，也称历史延伸法或趋势外推法，是通过对时间序列的分析和研究，运用科学的方法建立预测模型，预测市场现象未来的发展变化趋势。

3.4.2　特　点

时间序列模型预测（法）是根据市场过去的变化趋势预测未来的发展，它的前提是假定事物的过去同样会延续到未来。正是由于这一特点，它比较适合短期和近期预测。此外，时间序列数据的变动存在规律性与不规律性。时间序列观察值是各种不同因素共同作用的结果，在诸多因素中，有的对事物的发展起长期的、决定性的作用，致使事物的发展呈现出某种趋势和一定的规律性；有些则对事物的发展起着短期的、非决定性的作用，致使事物的发展

呈现出某种不规律性。一个时间序列通常由4种要素组成:长期变动趋势、季节变动、循环变动、不规则变动。

1)长期趋势变动

长期趋势变动指市场现象在长时期内持续发展变化的一种趋势或状态,它表示时间序列中的数据不是由意外的冲击因素所引起,而是会随着时间的推移逐渐发生变动。长期变动趋势描述了一定时期内经济关系或市场活动中持续的潜在稳定性,反映了预测目标的基本增长趋势,或者基本下降趋势,或者平稳发展趋势。例如,工农业的生产发展、国内生产总值、收入水平、社会商品零售额等。因此,时间序列的长期变动趋势有水平趋势、上升趋势、下降趋势。

2)季节变动

季节变动一般指时间序列在一年内由于受到自然因素和生产生活条件的影响,而产生的比较有规律的变动。季节变动中的"季节",不仅仅指一年中的四季,还指任意一种周期性变化,诸如气候条件、生产条件、节假日或人们风俗习惯等,农业生产、交通运输、建筑业、旅游业、商品销售等都有明显的季节变动规律。

3)循环变动

循环变动指时间序列有近乎规律性的周期性变动。循环变动不同于长期趋势变动,因为它不是朝着单一方向持续运动,而是涨落相间交替波动;它也不同于季节变动,季节变动有比较固定的规律,且变动周期多为1年,而循环变动则无固定规律,变动周期多在1年以上,且周期长短不一。

4)不规则变动

不规则变动是时间序列在短期内由于偶然因素而引起的无规律的变动,如战争、自然灾害、政治或社会动乱等。当对时间序列进行分析,采取某种预测方法时,往往要剔出偶然因素的影响,才好观察各种变动。

把这些影响因素同时间序列的关系用一定的数学关系式表达出来,就构成了时间序列的分解模型。按4种要素对时间序列的影响方式不同,模型可分为乘法模型、加法模型、混合模型等。

3.4.3 预测步骤

1)编制时间序列

时间序列分析法是根据时间序列来预测的,收集和整理研究对象的历史资料,并将其整理编制成时间数列是预测的关键。预测前必须对原始数据进行严格的规范。

2）分析原时间数列的变化特点

分析原时间数列的变化特点，准确判断其随时间变化的趋势和规律。

3）构建模型进行预测

根据时间数列的规律和特点，构建与预测对象相适合的模型进行预测。

3.4.4 分　类

时间序列分析法可用于短期、中期和长期预测。根据对资料分析方法的不同，又可分为：平均法、几何平均法、移动平均法、趋势外推法、季节指数预测法等。

1）平均法

(1) 简单算术平均法

$$\bar{X} = \frac{X_1 + X_2 + \cdots + X_n}{n} = \frac{\sum_{i=1}^{n} X_i}{n} \tag{3-1}$$

当时间序列呈现出一种趋势变动时，如果其增减量大致相当，则可以用算术平均法求出其平均增长量。

(2) 加权算术平均法

$$\bar{X} = \frac{\sum X_i W_i}{\sum W_i}, \sum W_i = 1 \tag{3-2}$$

该方法的关键在于确定适当的权数。权数的确定可以采用等比、等差，以及程度权数等形式。

权数为等比数列：历史资料变动较大时采用，如1，2，4，8，16，…。

权数为等差数列：历史资料变动较小时采用，如1，2，3，4，5，…。

2）几何平均法

几何平均法分为简单几何平均法和加权几何平均法。

(1) 简单几何平均法

$$G = \sqrt[n]{\frac{X_1}{X_0} \times \frac{X_2}{X_1} \times \frac{X_3}{X_2} \times \cdots \times \frac{X_n}{X_{n-1}}} \tag{3-3}$$

上式中，X_i 为第 i 期观察值；$\frac{X_i}{X_{i-1}}$ 为第 i 期环比发展速度；G 为几何平均数，即预测期平均发展速度。由对数找出真数，即为几何平均数，则第 $n+1$ 期预测值 $\hat{X}_{n+1} = X_n \times G$。

(2) 加权几何平均法

$$G = \sqrt[W_1+W_2+\cdots+W_n]{\left(\frac{X_1}{X_0}\right)^{W_1} \times \left(\frac{X_2}{X_1}\right)^{W_2} \times \cdots \times \left(\frac{X_n}{X_{n-1}}\right)^{W_n}} \tag{3-4}$$

上式中,X_i 为第 i 期观察值;$\frac{X_i}{X_{i-1}}$ 为第 i 期环比发展速度;W_i 为变量 X_i 重复出现的次数,又称权数。

例 3-5　某商场2003—2015 年销售资料如表3-8 所示,试用几何平均法预测该商场2016年的销售额。

表 3-8　某商场 2003—2015 年销售额及环比发展速度

年份	销售额(万元)	环比发展速度
2003	87	—
2004	92	105.7
2005	96	104.3
2006	100	104.2
2007	95	95.0
2008	125	131.6
2009	105	84.0
2010	120	114.3
2011	142	118.3
2012	147	103.5
2013	150	102.0
2014	149	99.3
2015	156	104.7

先计算各期环比发展速度,然后计算 2016 年发展速度的几何平均数:

$$G = \sqrt[12]{105.7\% \times 104.3\% \times \cdots \times 104.7\%} = 106.3\%$$

则 2016 年销售额预测值为 $156 \times 106.3\% = 165.8$(万元)。

3) 移动平均法

移动平均法的准确程度主要取决于平均期数或移动期数 n 的选择。常用的移动平均法有一次移动平均法、二次移动平均法。一次移动平均法中又包括简单移动平均法和加权移动平均法两种。

(1) 一次移动平均法

① 简单移动平均法。

$$\hat{X}_{t+i}^{(1)} = M_t^{(1)} = \frac{X_t + X_{t-1} + \cdots + X_{t-n+1}}{n} \tag{3-5}$$

关于移动期数 n 的确定:若时间序列观察值越多,移动期数应越长;若时间序列存在周期性波动,则以周期长度作为移动期数。在实际预测中,通常不直接将移动平均值作为预测值,而要进行误差分析,选取误差最小的那个移动平均期数。误差分析包括绝对误差和标准误差分析。

例 3-6 表3-9是一组某商品历史销售数据,试用一次移动平均法预测第12期销售量。

表 3-9 某商品历史销售数据

期数	销售量	$n=3$		$n=5$	
		预测值 $\hat{X}_t$	绝对误差 $\lvert e_t \rvert$	预测值 $\hat{X}_t$	绝对误差 $\lvert e_t \rvert$
1	2 000				
2	1 350				
3	1 950				
4	1 975	1 767	208		
5	3 100	1 758	1 342		
6	1 750	2 342	592	2 075	325
7	1 550	2 275	725	2 025	475
8	1 330	2 133	833	2 065	765
9	2 200	1 533	667	1 935	265
10	2 770	1 683	1 087	1 980	790
11	2 350	2 090	260	1 915	435

首先,分别计算 $n=3$ 和 $n=5$ 的移动平均值,当 $n=3$ 时,

$$M_3 = \frac{X_3 + X_2 + X_1}{3} = \frac{1\,950 + 1\,350 + 2000}{3} = 1\,767$$

$$M_{11} = \frac{X_{11} + X_{10} + X_9}{3} = \frac{2\,350 + 2\,770 + 2\,200}{3} = 2\,440$$

当 $n=5$ 时,

$$M_5 = \frac{X_5 + X_4 + X_3 + X_2 + X_1}{5} = \frac{3\,100 + 1\,975 + 7\,950 + 1\,350 + 2000}{5} = 2\,075$$

$$M_{11} = \frac{X_{11} + X_{10} + X_9 + X_8 + X_7}{5} = \frac{2\,350 + 2\,770 + 2\,200 + 1\,330 + 1\,550}{5} = 2\,040$$

其次,比较 $n=3$ 和 $n=5$ 时的平均绝对误差 $\lvert \bar{e} \rvert$,取误差小的移动期数作为预测值:

$$|\bar{e}|_{n=3}=\frac{208+1\ 342+592+725+833+667+1\ 087+260}{8}=714$$

$$|\bar{e}|_{n=5}=\frac{325+475+765+265+790+435}{6}=509$$

故取 $n=5$ 进行预测，则

$$\hat{X}_{12}=M_{11}^{(1)}=\frac{X_{11}+X_{10}+X_9+X_8+X_7}{5}=\frac{2\ 350+2\ 770+2\ 200+1\ 330+1\ 550}{5}=2\ 040$$

② 加权移动平均法。

$$\hat{X}_{t+1}^{(1)}=M_{tW}^{(1)}=\frac{W_1X_t+W_2X_{t-1}+W_3X_{t-2}+\cdots+W_nX_{t-n+1}}{W_1+W_2+W_3+\cdots+W_n} \tag{3-6}$$

（2）二次移动平均法

$$M_t^{(1)}=\frac{X_t+X_{t-1}+\cdots+X_{t-n+1}}{n} \tag{3-7}$$

$$M_t^{(2)}=\frac{M_t^{(1)}+M_{t-1}^{(1)}+\cdots+M_{t-n+1}^{(1)}}{n} \tag{3-8}$$

上式中，$M_t^{(1)}$ 为第 t 期一次移动平均值，$M_t^{(2)}$ 为第 t 期二次移动平均值，n 为移动期数。

二次移动平均法的预测模型为

$$\hat{X}_{t+T}=a_t+b_tT \tag{3-9}$$

其中，$a_t=2M_t^{(1)}-M_t^{(2)}$，$b_t=\frac{2}{n-1}(M_t^{(1)}-M_t^{(2)})$。$\hat{X}_{t+T}$ 为第 $t+T$ 期预测值；a_t 为截距，即第 t 期现象的基础水平；b_t 为斜率，即第 t 期现象单位时间变化量；T 为从本期到预测期的期数。

例 3-7　对某地区某种商品的销售量进行预测，其商品销售资料如表 3-10 所示。

表 3-10　某地区某种商品的销售资料

时间 t	销售量 X_t	$n=3$ $M_t^{(1)}$	$n=3$ $M_t^{(2)}$	a_t	b_t	预测值 $\hat{X}_t$	预测误差 $X_t-\hat{X}_t$	预测误差平方 $(X_t-\hat{X}_t)^2$
1	10							
2	12							
3	17	13.00						
4	20	16.33						
5	22	19.66	16.33	22.99	3.33			
6	27	23.00	19.66	26.34	3.34	26.32	0.68	0.46
7	25	24.67	22.44	26.90	2.23	29.68	−4.68	21.90
8	29	27.00	24.89	29.11	2.11	29.13	−0.13	0.02
9	30	28.00	26.56	29.44	1.44	31.22	−1.22	1.49

续表

时间 t	销售量 X_t	$n=3$ $M_t^{(1)}$	$n=3$ $M_t^{(2)}$	a_t	b_t	预测值 $\hat{X}_t$	预测误差 $X_t-\hat{X}_t$	预测误差平方 $(X_t-\hat{X}_t)^2$
10	34	31.00	28.67	33.33	2.33	30.88	3.12	9.73
11	33	32.33	30.44	34.22	1.89	35.66	-2.66	7.08
12	37	34.67	32.67	36.67	2.00	36.11	0.89	0.79

① 计算 $M_t^{(1)}$、$M_t^{(2)}$ 的值。

$M_t^{(1)}$、$M_t^{(2)}$ 的计算过程略，但应注意其排列的位置。当 $n=3$ 时，第一个一次移动平均数 $M_3^{(1)}$ 对应第三个原值，第一个二次移动平均数 $M_5^{(2)}$ 对应第五个原值或第三个一次移动平均数。

② 计算 a_t、b_t 的值。

$$a_5 = 2M_5^{(1)} - M_5^{(2)} = 2\times 19.66 - 16.33 = 22.99$$

$$\vdots$$

$$a_{12} = 2M_{12}^{(1)} - M_{12}^{(2)} = 2\times 34.67 - 32.67 = 36.67$$

$$b_5 = \frac{2}{n-1}(M_5^{(1)} - M_5^{(2)}) = \frac{2}{3-1}(19.66 - 16.33) = 3.33$$

$$\vdots$$

$$b_{12} = \frac{2}{n-1}(M_{12}^{(1)} - M_{12}^{(2)}) = 34.67 - 32.67 = 2$$

③ 计算观察期内的预测值。

$$\hat{X}_6 = a_5 + b_5\times 1 = 22.99 + 3.33\times 1 = 26.32$$

$$\vdots$$

$$\hat{X}_{12} = a_{11} + b_{11}\times 1 = 34.22 + 1.89\times 1 = 36.11$$

④ 应用预测模型计算预测值。

$$\hat{X}_{13} = a_{12} + b_{12}\times 1 = 36.67 + 2\times 1 = 38.67$$

$$\vdots$$

$$\hat{X}_{15} = a_{12} + b_{12}\times 3 = 36.67 + 2\times 3 = 42.67$$

应该注意的是，观察期内各期预测值的 a,b 值不同，而在预测期各期预测值的 a,b 值是一致的，都是最后一个观察期的 a,b 值，该例中，$a=36.67$，$b=2$。预测误差为 $\sigma = \sqrt{\frac{\sum (X_t-\hat{X}_t)^2}{n}} = \sqrt{\frac{41.4722}{7}} = 2.434$（吨），可以看出，与实际值相比，误差较小，因此预测值可以采纳，该模型可以用于预测。

4）指数平滑法

指数平滑法是一种特殊的加权移动平均法。简单移动平均法是对移动期内的各组数据都用相同权数，加权移动平均法改进了这一做法，对移动期内各组数据都采用不同的权数，但是确定一个权数需要预测者花费大量的时间和精力反复计算、比较，从经济的角度来讲是不划算的。指数平滑法是对加权移动平均法的改进，它只确定一个权数，即距离预测期最近的那期数据的权数，其他时期数据的权数按指数规律推算出来，并且权数由近及远逐期递减。

（1）特点

第一，对离预测期最近的实际值给予最大的权数，而对离预测值渐远的实际值给予递减的权数。第二，对于同一市场现象连续计算其指数平滑值，对较早的实际值不是不予考虑，而是给予递减的权数。实际值对预测值的影响，由近及远按等比数列减小，其首项是 α，公比为 $1-\alpha$。这种市场预测法之所以被称为指数平滑法，就是因为这个等比数列若绘成曲线是一条指数曲线，而不是说这种预测法的预测模型是指数形式。第三，指数平滑中的 α 值是一个可以调节的权数值，它的大小在0—1之间。预测值可以通过调节 α 的大小，来调节近期实际值和远期实际值对预测值的不同影响程度。因为指数平滑法具有连续运用、所需资料少、计算方便、短期预测精确度高等优点，所以是市场预测中经常使用的一种预测方法。

指数平滑法在实际应用中可分为一次指数平滑法和多次指数平滑法。

（2）一次指数平滑法

一次指数平滑法，是以预测目标的本期实际值和本期预测值为基础，分别给予二者不同的权数，计算出以一次指数平滑值作为下期预测值的一种预测方法。

$$\hat{X}_{t+1} = \alpha X_t + (1-\alpha) S_t^{(1)} \tag{3-10}$$

其中，$\hat{X}_{t+1}$ 为第 $t+1$ 期预测值；X_t 为第 t 期实际值；α 为平滑系数；$S_t^{(1)}$ 为第 t 期预测值。

其计算步骤如下：

① 确定初始预测值 S_1。令 $S_1 = \dfrac{X_1 + X_2 + \cdots + X_t}{t}$，即取前几期实际值的平均值作为初始值，适用于时间序列数据较少的情况（$t < 50$ 时）。

② 若预测者没有过去数据，可采用专家评估法进行估计。估计的原则是：若样本容量 $t \geqslant 50$，由于初始值对预测结果影响很小，可以用第一期观察值作为初始值，即令 $X_1 = S_1$。

③ 选择平滑系数（加权因子）α。可采用理论计算法，即 $\alpha^{(1)} = \dfrac{2}{n+1}$；也可采用经验判断法，即在实际预测中，常常根据经验确定 α。经验判断法的原则是：当时间序列变化较大时，宜选择较大的 α（0.6 ~ 0.8）；当时间序列变化较为平缓时，宜选择较小的 α（0.1 ~ 0.3）；当时间序列呈水平趋势变化时，α 的取值居中；在不能做出很好的判断时，可分别用几个不同的 α 值加以试算比较，取其预测误差较小者用之。通常对同一市场现象的预测中，会同时选择几个 α 进行预测，并分别测算出各 α 值预测结果的预测误差，然后选择误差最小

时的 α 值。

④ 确定预测值。

例 3-8 某自行车生产厂自行车销售资料如表 3-11 所示，用一次指数平滑法预测第 10 期产量。

表 3-11 某自行车生产厂自行车销售资料

期数	销售额	$\alpha=0.1$ $\hat{X}_{t+1}$	预测值 $\hat{X}_t$	$\alpha=0.6$ $S_t^{(1)}$	$\alpha=0.9$ $\hat{X}_{t+1}$
1	4 000	4 566.70		4 566.70	4 566.70
2	4 700	4 510.03	4 510.03	4 226.68	4 056.67
3	5 000	4 529.03	4 529.03	4 510.67	4 635.67
4	4 900	5 476.13	5 476.13	4 804.27	4 963.07
5	5 200	4 608.52	4 608.52	4 861.27	4 906.30
6	6 600	4 667.67	4 667.67	5 064.68	5 170.63
7	6 200	4 860.90	4 860.90	5 985.87	6 457.06
8	5 800	4 994.81	4 994.81	6 114.35	6 225.71
9	6 000	5 057.33	5 057.33	5 925.74	5 842.57
10		5 167.80	5 167.80	5 970.30	5 984.26

采用 $\hat{X}_{t+1}=S_{t+1}^{(1)}=\alpha X_t+(1-\alpha)S_t^{(1)}$ 模型进行预测。因为 $\hat{X}_{t+1}=S_{t+1}^{(1)}$，所以只要求出 S_{t+1}，即可求出 $\hat{X}_{t+1}$。令 $S_1=\dfrac{X_1+X_2+X_3}{3}=4\,566.7$，当 $\alpha=0.1$ 时，则

$$S_2=0.1\times4\,000+0.9\times4\,566.70=4\,510.03$$
$$S_3=0.1\times4\,700+0.9\times4\,510.03=4\,529.03$$
$$S_4=0.1\times5\,000+0.9\times4\,529.03=5\,476.13$$
$$\vdots$$
$$S_9=0.1\times5\,800+0.9\times4\,994.81=5\,057.33$$
$$S_{10}=0.1\times6\,000+0.9\times5\,057.33=5\,167.80$$

比较实际值与预测值的绝对平均误差大小，选择误差小的平滑系数作为预测指标。

(3) 二次指数平滑法

二次指数平滑法是对一次指数平滑序列再进行一次指数平滑，以求得二次指数平滑值，适用于具有明显上升或下降趋势的线性时间序列的预测。其计算公式为

$$S_{t+1}^{(1)}=\alpha X_t+(1-\alpha)S_t^{(1)} \tag{3-11}$$

$$S_{t+1}^{(2)}=\alpha S_t^{(1)}+(1-\alpha)S_t^{(2)} \tag{3-12}$$

其中，$a_t = 2S_t^{(1)} - S_t^{(2)}$，$b_t = \frac{\alpha}{1-\alpha}(S_t^{(1)} - S_t^{(2)})$。然后进行预测，预测模型为

$$\hat{X}_{t+T} = a_t + b_t T \tag{3-13}$$

例 3-9　某公司 2004—2015 年的实际销售额如表 3-12 所示，据此资料预测 2016 年和 2017 年的销售额。

表 3-12　某公司 2004—2015 年的实际销售额　　单位:亿元

年份	实际销售额	$S_t^{(1)}$	$S_t^{(2)}$	a_t	b_t	$\hat{X}_{t+T}$
2004	33.0	33.7	33.7	33.7	0	—
2005	36.0	33.3	33.5	33.1	-0.2	33.7
2006	32.0	34.9	34.3	35.5	0.9	32.9
2007	34.0	33.2	33.6	32.8	-0.7	36.3
2008	42.0	33.7	33.7	33.7	0	32.1
2009	40.0	38.7	36.7	40.7	3.0	33.8
2010	44.0	39.5	38.4	40.6	1.7	43.7
2011	48.0	42.2	40.7	43.7	2.3	42.3
2012	46.0	45.7	43.7	47.7	3.0	46.0
2013	50.0	45.9	45.0	46.8	1.3	50.7
2014	54.0	48.4	47.0	49.8	2.0	48.1
2015	58.0	51.8	49.9	53.7	2.9	51.8

由于观察值变动基本呈线性趋势，选用二次指数平滑法，取 $\alpha = 0.6$，初始值用前三期实际观察值的平均值。

① 计算一次、二次指数平滑数。

$$S_1^{(1)} = S_1^{(2)} = \frac{33 + 36 + 32}{3} = 33.7$$

$$S_2^{(1)} = 0.6 \times 33 + 0.4 \times 33.7 = 33.3$$

$$S_2^{(2)} = 0.6 \times 33.3 + 0.4 \times 33.7 = 33.5$$

② 计算 a_t、b_t 的值。

$$a_{12} = 2S_{12}^{(1)} - S_{12}^{(2)} = 2 \times 51.8 - 49.9 = 53.7$$

$$b_{12} = \frac{\alpha}{1-\alpha}(S_{12}^{(1)} - S_{12}^{(2)}) = \frac{0.6}{1-0.6} \times (51.8 - 49.9) = 2.85$$

所以预测模型为

$$\hat{X}_{t+T} = 53.7 + 2.85T$$

再用模型进行预测，则 2016 年、2017 年的销售额分别为 56.6 亿元、59.4 亿元。

3.5 灰色模型预测

3.5.1 灰色系统

1）概念

灰色系统产生于控制理论的研究中。若一个系统的内部特征是完全已知的，即系统的信息是完全充足的，则为白色系统；若我们对一个系统的内部信息一无所知，只能从它同外部的联系来观测研究，这种系统便是黑色系统；灰色系统介于二者之间，灰色系统的一部分信息是已知的，一部分是未知的。区别白色和灰色系统的重要标志是系统各因素间是否有确定的关系。

2）灰色预测

灰色预测是通过鉴别系统因素之间发展趋势的相似或相异程度，即进行关联度分析，并通过对原始数据的生成处理来寻求系统变动的规律。其生成的数据序列有较强的规律性，因此可以用它来建立相应的微分方程模型，从而预测事物未来的发展趋势和未来的状态。灰色预测是用灰色模型 GM(1,1) 来进行定量分析的，通常分为以下几类。

(1) 灰色时间序列预测

灰色时间序列预测是用等时距观测到的反映预测对象特征的一系列数量（如产量、销量、人口数量、存款数量、利率等）来构造灰色预测模型，并预测未来某一时刻的特征量，或者达到某特征量的时间。

(2) 畸变预测（灾变预测）

畸变预测可以通过模型预测异常值什么时候出现在特定时区内。

(3) 波形预测

波形预测又称为拓扑预测，它是通过灰色模型预测事物未来变动的轨迹。

(4) 系统预测

系统预测是对系统的行为特征指标建立一组相互关联的灰色预测理论模型，在预测系统整体变化的同时，预测系统各个环节的变化。

上述灰色预测方法的共同特点是：第一，允许少数据预测。第二，允许对灰因果律事件进行预测。比如“灰因白果律”事件：在粮食生产预测中，影响粮食生产的因子很多，多到无法枚举，故为“灰因”，然而粮食产量却是具体的，故为“白果”。粮食预测即为灰因白果律事件预测。“白因灰果律”事件：在开发项目的前景预测时，开发项目的投入是具体的，为“白因”，而项目的效益暂时不清楚，为“灰果”。项目前景预测即为灰因白果律事件预测。第三，具有可检验性，包括建模可行性的级比检验（事前检验）、建模精度检验（模型检验）、预测的滚动检验(预测检验)。

3)GM(1,1)模型

GM(1,1)模型是基于灰色系统的理论思想。该模型是将离散变量连续化,用微分方程代替差分方程,将按时间累加后所形成的新的时间序列呈现的规律,用一阶线性微分方程的解来逼近,然后用生成数序列代替原始时间序列,弱化原始时间序列的随机性,这样可以对变化过程做较长时间的描述,进而建立微分方程形式的模型。其建模的实质是建立微分方程的系数,将时间序列转化为微分方程,通过灰色微分方程可以建立抽象系统的发展模型。经证明,用一阶线性微分方程的解逼近所揭示的原始时间数列呈指数规律变化时,GM(1,1)模型的预测将是非常成功的。

(1)GM(1,1)模型的建立

GM(1,1)模型是指一阶、一个变量的微分方程预测模型,是一阶单序列的线性动态模型,用于离散形式的时间序列预测。设时间序列 $X^{(0)}$ 有 n 个观察值,$X^{(0)}=\{x^{(0)}(1),x^{(0)}(2),\cdots,x^{(0)}(n)\}$,为了使其成为有规律的时间序列数据,对其做一次累加生成运算,即令

$$x^{(1)}(t)=\sum_{n=1}^{t}x^{(0)}(n) \tag{3-14}$$

从而得到新的生成数列 $X^{(1)}$,$X^{(1)}=\{x^{(1)}(1),x^{(1)}(2),\cdots,x^{(1)}(n)\}$,称

$$x^{(0)}(k)+ax^{(1)}(k)=b \tag{3-15}$$

为GM(1,1)模型的原始形式。新的生成数列 $X^{(1)}$ 一般近似地服从指数规律。则生成的离散形式的微分方程具体形式为

$$\frac{\mathrm{d}x}{\mathrm{d}t}+ax=u \tag{3-16}$$

式(3-16)表示变量对时间的一阶微分方程是连续的。求解上述微分方程,解为

$$x(t)=ce^{-a(t-1)}+\frac{u}{a} \tag{3-17}$$

当 $t=1$ 时,$x(t)=x(1)$,即 $c=x(1)-\dfrac{u}{a}$,则可根据上述公式得到离散形式的微分方程具体形式为

$$x(t)=\left(x(1)-\frac{u}{a}\right)e^{-a(t-1)}+\frac{u}{a} \tag{3-18}$$

其中,ax 项中的 x 为 $\dfrac{\mathrm{d}x}{\mathrm{d}t}$ 的背景值,也称初始值。a、u 是待识别的灰色参数,a 为发展系数,反映 x 的发展趋势;u 为灰色作用量,反映数据间的变化关系。按白化导数定义有

$$\frac{\mathrm{d}x}{\mathrm{d}t}=\lim_{\Delta t\to 0}\frac{x(t+\Delta t)-x(t)}{\Delta t} \tag{3-19}$$

显然,当时间密化值定义为1时,即当 $\Delta t\to 1$ 时,上式可记为

$$\frac{\mathrm{d}x}{\mathrm{d}t}=\lim_{\Delta t\to 1}(x(t+\Delta t)-x(t)) \tag{3-20}$$

这表明$\frac{\mathrm{d}x}{\mathrm{d}t}$是一次累减生成的，因此该式可以改写为

$$\frac{\mathrm{d}x}{\mathrm{d}t}=x^{(1)}(t+1)-x^{(1)}(t) \tag{3-21}$$

当Δt足够小时，变量x从$x(t)$到$x(t+\Delta t)$是不会出现突变的，所以取$x(t)$与$x(t+\Delta t)$的平均值作为当Δt足够小时的背景值，即$x^{(1)}=\frac{1}{2}[x^{(1)}(t)+x^{(1)}(t+1)]$[紧邻均值(MEAN)生成序列]将其值代入式子，整理得

$$x^{(0)}(t+1)=-\frac{1}{2}a[x^{(1)}(t)+x^{(1)}(t+1)]+u \tag{3-22}$$

由其离散形式可得

$$\begin{pmatrix} x^{(0)}(2) \\ x^{(0)}(3) \\ \vdots \\ x^{(0)}(n) \end{pmatrix}=a\begin{pmatrix} -\frac{1}{2}[x^{(1)}(1)+x^{(1)}(2)] \\ -\frac{1}{2}[x^{(1)}(2)+x^{(1)}(3)] \\ \vdots \\ -\frac{1}{2}[x^{(1)}(n-1)+x^{(1)}(n)] \end{pmatrix}+u\begin{pmatrix} 1 \\ 1 \\ \vdots \\ 1 \end{pmatrix} \tag{3-23}$$

令

$$\boldsymbol{Y}=(x^{(0)}(2),x^{(0)}(3),\cdots,x^{(0)}(n))^{\mathrm{T}}$$

$$\boldsymbol{B}=\begin{pmatrix} -\frac{1}{2}[x^{(1)}(1)+x^{(1)}(2)] & 1 \\ -\frac{1}{2}[x^{(1)}(2)+x^{(1)}(3)] & 1 \\ \vdots & \vdots \\ -\frac{1}{2}[x^{(1)}(n-1)+x^{(1)}(n)] & 1 \end{pmatrix}$$

$$\boldsymbol{\alpha}=(au)^{\mathrm{T}}$$

这里$\boldsymbol{Y}$为数据向量，$\boldsymbol{B}$为数据矩阵，$\boldsymbol{\alpha}$为参数向量，则以上式子可简化为线性模型

$$\boldsymbol{Y}=\boldsymbol{B\alpha} \tag{3-24}$$

由最小二乘估计方法得

$$\boldsymbol{\alpha}=\begin{pmatrix} a \\ u \end{pmatrix}=(\boldsymbol{B}^{\mathrm{T}}\boldsymbol{B})^{-1}\boldsymbol{B}^{\mathrm{T}}\boldsymbol{Y} \tag{3-25}$$

上式即为GM(1,1)模型中参数a、u的矩阵辨识算式，式中$(\boldsymbol{B}^{\mathrm{T}}\boldsymbol{B})^{-1}\boldsymbol{B}^{\mathrm{T}}\boldsymbol{Y}$事实上是数据矩阵$\boldsymbol{B}$的广义逆矩阵。

将求得的a、u值代入微分方程的解式，则

$$\hat{x}^{(1)}(t)=\left(x^{(1)}(1)-\frac{u}{a}\right)e^{-a(t-1)}+\frac{u}{a} \tag{3-26}$$

其中,上式是 GM(1,1) 模型的时间响应函数形式,将它离散化得

$$\hat{x}^{(1)}(t)=\left(x^{(0)}(1)-\frac{u}{a}\right)e^{-a(t-1)}+\frac{u}{a} \tag{3-27}$$

对序列 $\hat{x}^{(1)}(t)$ 再做累减生成可进行预测的方程式,即

$$\hat{x}^{(0)}(t)=\hat{x}^{(1)}(t)-\hat{x}^{(1)}(t-1)=\left(x^{(0)}(1)-\frac{u}{a}\right)(1-e^{a})e^{-a(t-1)} \tag{3-28}$$

上式便是用 GM(1,1) 模型进行预测的具体计算式。

(2)GM(1,1) 模型的检验

GM(1,1) 模型的检验包括残差检验、关联度检验、后验差检验3种形式。每种检验对应不同功能:残差检验属于算术检验,是对模型值和实际值的残差进行逐点检验;关联度检验属于几何检验,是通过考察模型曲线与建模序列曲线的几何相似程度来进行检验,关联度越大模型越好;后验差检验属于统计检验,是对残差分布的统计特性进行检验,用来衡量灰色模型的精度。

① 残差检验。即对模型值和实际值的残差进行逐点检验。设模拟值的残差序列为 $e^{(0)}(t)$,则

$$e^{(0)}(t)=x^{(0)}(t)-\hat{x}^{(0)}(t) \tag{3-29}$$

令 $\varepsilon(t)$ 为残差相对值,即残差百分比为

$$\varepsilon(t)=\left[\frac{x^{(0)}(t)-\hat{x}^{(0)}(t)}{x^{(0)}(t)}\right]\% \tag{3-30}$$

令 $\bar{\Delta}$ 为平均残差,有 $\bar{\Delta}=\frac{1}{n}\sum_{t=1}^{n}|\varepsilon(t)|$。

一般要求 $\varepsilon(t)<20\%$,最好是 $\varepsilon(t)<10\%$,才能符合检验要求。

② 关联度检验。关联度是用来定量描述各变化过程之间的差别。关联系数越大,说明预测值和实际值越接近。

设 $\hat{X}^{(0)}(t)=\{\hat{x}^{(0)}(1),\hat{x}^{(0)}(2),\cdots,\hat{x}^{(0)}(n)\}$,$X^{(0)}(t)=\{x^{(0)}(1),x^{(0)}(2),\cdots,x^{(0)}(n)\}$,则序列关联系数定义为

$$\xi(t)=\begin{cases}\dfrac{\min\{|\hat{x}^{(0)}(t)-x^{(0)}(t)|\}+\rho\max\{|\hat{x}^{(0)}(t)-x^{(0)}(t)|\}}{|\hat{x}^{(0)}(t)-x^{(0)}(t)|+\rho\max\{|\hat{x}^{(0)}(t)-x^{(0)}(t)|\}}, & t\neq 0\\ 1, & t=0\end{cases} \tag{3-31}$$

其中,$|\hat{x}^{(0)}(t)-x^{(0)}(t)|$ 为第 t 个点 $x^{(0)}$ 和 $\hat{x}^{(0)}$ 的绝对误差;$\xi(t)$ 为第 t 个数据的关联系数;ρ 称为分辨率,即取定的最大差百分比,且 $0<\rho<1$,一般取 $\rho=0.5$。则 $x^{(0)}(t)$ 和 $\hat{x}^{(0)}(t)$ 的关联度为

$$r=\frac{1}{n}\sum_{t=1}^{n}\xi(t) \tag{3-32}$$

关联度大于60,便满意了,原始数据与预测数据关联度越大,模型越好。

③ 后验差检验。即对残差分布的统计特性进行检验。首先,计算原始时间数列 $X^{(0)}=\{x^{(0)}(1),x^{(0)}(2),\cdots,x^{(0)}(n)\}$ 的均值和方差分别为 $\bar{x}^{(0)}=\frac{1}{n}\sum_{t=1}^{n}x^{(0)}(t)$,$S_1^2=\frac{1}{n}\sum_{t=1}^{n}(x^{(0)}(t)-\bar{x})^2$。然后,计算残差数列 $e^{(0)}=\{e^{(0)}(1),e^{(0)}(2),\cdots,e^{(0)}(n)\}$ 的均值 $\bar{e}$ 和方差 S_2^2 分别为 $\bar{e}=\frac{1}{n}\sum_{t=1}^{n}e^{(0)}(t)$,$S_2^2=\frac{1}{n}\sum_{t=1}^{n}(e^{(0)}(t)-\bar{e})^2$,其中 $e^{(0)}(t)=x^{(0)}(t)-\hat{x}^{(0)}(t)$,为残差数列。接着,计算后验差比值,即 $C=\frac{S_2}{S_1}$。最后,计算小误差频率 $P=P\{|e^{(0)}(t)-\bar{e}|<0.674\,5S_1\}$。令 $S_0=0.674\,5S_1$,$\Delta(t)=|e^{(0)}(t)-\bar{e}|$,有 $P=P\{\Delta(t)<S_0\}$。若对给定的 $C_0>0$,当 $C<C_0$ 时,称模型为方差比合格模型;若对给定的 $P_0>0$,当 $P>P_0$ 时,称模型为小残差概率合格模型。

(3)GM(1,1) 模型修正

当原始数据序列 $X^{(0)}$ 建立的 GM(1,1) 模型检验不合格时,可以用 GM(1,1) 残差模型来修正。如果原始数据序列建立的 GM(1,1) 模型不够精确,也可以用 GM(1,1) 残差模型来提高精度。

若用原始序列 $X^{(0)}$ 建立 GM(1,1) 模型,根据 $\hat{x}^{(1)}(t+1)=\left[x^{(0)}(1)-\frac{u}{a}\right]e^{-at}+\frac{u}{a}$,可获得生成序列 $X^{(1)}$ 的预测值,来定义残差序列 $e^{(0)}(k)=x^{(1)}(k)-\hat{x}^{(1)}(k)$。若取 $k=t,t+1,\cdots,n$,则对应的残差序列为 $e^{(0)}(k)=\{e^{(0)}(1),e^{(0)}(2),\cdots,e^{(0)}(n)\}$,计算其生成序列 $e^{(1)}(k)$,并据此建立相应的 GM(1,1) 模型,即

$$\hat{e}^{(1)}(t+1)=\left[e^{(0)}(1)-\frac{u_e}{a_e}\right]e^{-a_ek}+\frac{u_e}{a_e} \tag{3-33}$$

可由上述条件得修正模型为

$$x^{(1)}(t+1)=\left[x^{(0)}(1)-\frac{u}{a}\right]e^{-ak}+\frac{u}{a}+\delta(k-t)(-a_e)\left[e^{(0)}(1)-\frac{u_e}{a_e}\right]e^{-a_ek} \tag{3-34}$$

其中,$\delta(k-t)=\begin{cases}1, & k\geqslant t\\0, & k\leqslant t\end{cases}$为修正参数。

例 3-10 2008—2017 年某市民用汽车保有量的数据如表 3-13 所示,分别预测 2018 年与 2024 年该市民用汽车保有量。

表 3-13 2008—2017 年某市民用汽车保有量 单位:万辆

年份	2008	2009	2010	2011	2012	2013	2014	2015	2016	2017
汽车保有量	24.41	26.731 6	30.387 8	36.380 7	41.016 1	43.73	48.41	61	57	63.1

第一步,构造累加生成序列 $X^{(1)}$,有

$X^{(1)}=(x^{(1)}(1),x^{(1)}(2),x^{(1)}(3),x^{(1)}(4),x^{(1)}(5),x^{(1)}(6),x^{(1)}(7),x^{(1)}(8),x^{(1)}(9),x^{(1)}(10))$
$=(24.41,\ 51.141\,6,81.529\,4,117.910\,1,158.926\,2,202.656\,2,251.066\,2,312.066\,2,369.066\,2,$

432.166 2)

第二步,计算系数值。对 $X^{(1)}$ 做紧邻均值生成,令 $Z^{(1)}(k)=0.5x^{(1)}(k)+0.5x^{(1)}(k-1)$,得

$$\begin{aligned}Z^{(1)}&=(z^{(1)}(2),z^{(1)}(3),z^{(1)}(4),z^{(1)}(5),z^{(1)}(6),z^{(1)}(7),z^{(1)}(8),z^{(1)}(9),z^{(1)}(10))\\&=(37.776\,25,66.335\,5,99.719\,75,138.418\,15,180.791\,2,226.861\,2,281.566\,2,\\&\quad 340.566\,2,400.616\,1)\end{aligned}$$

则数据矩阵 $\boldsymbol{B}$ 及数据向量 $\boldsymbol{Y}$ 分别为

$$\boldsymbol{B}=\begin{pmatrix}-z^{(1)}(2) & 1\\-z^{(1)}(3) & 1\\-z^{(1)}(4) & 1\\-z^{(1)}(5) & 1\\-z^{(1)}(6) & 1\\-z^{(1)}(7) & 1\\-z^{(1)}(8) & 1\\-z^{(1)}(9) & 1\end{pmatrix}=\begin{pmatrix}-37.776\,25 & 1\\-66.335\,5 & 1\\-99.719\,75 & 1\\-138.418\,15 & 1\\-180.791\,2 & 1\\-226.861\,2 & 1\\-281.566\,2 & 1\\-340.566\,2 & 1\\-400.616\,1 & 1\end{pmatrix},\boldsymbol{Y}=\begin{pmatrix}x^{(0)}(2)\\x^{(0)}(3)\\x^{(0)}(4)\\x^{(0)}(5)\\x^{(0)}(6)\\x^{(0)}(7)\\x^{(0)}(8)\\x^{(0)}(9)\end{pmatrix}=\begin{pmatrix}26.730\,7\\30.387\,8\\36.380\,7\\41.016\,1\\43.73\\48.41\\61\\57\\63.1\end{pmatrix}$$

对参数列 $\hat{\boldsymbol{a}}=(a,u)^{\mathrm{T}}$ 进行最小二乘估计,得

$$\hat{\boldsymbol{a}}=(\boldsymbol{B}^{\mathrm{T}}\boldsymbol{B})^{-1}\boldsymbol{B}^{\mathrm{T}}\boldsymbol{Y}=\boldsymbol{B}^{\mathrm{T}}\boldsymbol{Y}=\begin{pmatrix}-0.101\,624\\25.290\,111\end{pmatrix}=(a,u)^{\mathrm{T}}$$

即 $a=-0.101\,624,u=25.290\,111$,计算求得平均相对误差为4.685 749。

第三步,根据上述数据,得出时间响应预测函数模型为

$$X^{(1)}(k+1)=273.269\,896e^{0.101\,624k}-248.858\,996$$

第四步,进行灰色关联度检验。真实值为{24.41,26.731 6,30.387 8,36.380 7,41.016 1,43.73,48.41,61,57,63.1},预测值为{24.41,29.23,32.357 8,35.819 0,39.650 4,43.891 7,48.586 7,53.783 9,59.537 1,65.905 6},通过计算得到关联系数为{1,0.906 6,0.444 2,0.416 5,0.823 77,0.357 1,0.715 6,0.843 1,0.333 3,0.770 986},于是灰色关联度 $r=0.661\,163$。关联度 $r=0.661\,163$ 满足分辨率 $\rho=0.5$ 时的检验准则 $r>0.60$,因此关联性检验通过。

第五步,后验差检验。计算真实值的均值与标准差分别为 $\bar{X}^{(0)}=43.216\,6,S_1=14.025\,4$,再计算残差的均值和标准差分别为 $\bar{\Delta}=1.929\,5,S_2=4.613\,4$,于是方差比 $C=S_2/S_1=0.328\,9<0.35,S_0=0.674\,5\times S_1=9.460\,1$,有 $e_k=|\Delta(k)-\bar{\Delta}|=\{1.929\,5,0.570\,8,0.040\,5,1.367\,8,0.563\,8,1.767\,7,1.752\,7,S.2866,0.6076,0.8761\}$。可以看出,所有 e_k 都小于 S_0,故小误差概率 $P=p\{e_i<S_0\}=1$,又因为 $C<0.35$,所以后验差检验通过。

第六步,残差检验。得到的模拟值、残差和相对误差如表3-14所示。

表 3-14　模拟值、残差和相对误差表

序号	模拟值	残差	相对误差
1	24. 410 900	0	0
2	29. 230 986	2. 500 286	9. 353 612
3	32. 357 751	1. 969 951	6. 482 704
4	35. 818 976	- 0. 561 724	- 1. 544 016
5	39. 650 442	- 1. 365 658	- 3. 329 566
6	43. 891 749	0. 161 749	0. 369 881
7	48. 586 737	0. 176 737	0. 365 084
8	53. 783 938	- 7. 216 062	- 11. 829 610
9	59. 537 068	2. 537 068	4. 450 996
10	65. 905 597	2. 805 597	4. 446 271

相对误差序列中有的相对误差很大，所以要对原模型

$$X^{(1)}(k+1)=273.269\,896e^{0.101\,624k}-248.858\,996$$

进行残差修正，以提高精度。

利用残差对原模型进行修正，我们取

$$e^{(0)}=\{2.500\,2,1.969\,9,0.561\,7,1.365\,6,0.161\,7,0.176\,7,7.216\,0,2.537\,0,2.805\,597\}$$

同样可求得 $\alpha=-0.183\,488$，$\mu=0.481\,549$。则有

$$\hat{e}^{(1)}(k+1)=\left[e^{(0)}-\frac{\mu_n}{a_n}\right]e^{0.183\,488k}-2.624\,42=5.124\,706e^{0.183\,488k}-2.624\,42$$

对上述求导，有 $[\hat{e}^{(1)}(k+1)]'=0.940\,3e^{0.183\,488k}$。这样就得到经过残差修正后的灰色预测 GM(1,1) 模型，即

$$X^{(1)}(k+1)=273.269\,896e^{0.101\,624k}-248.858\,996+\delta(k-1)0.940\,3e^{0.183\,488k}$$

其中，$\delta(k-1)=\begin{cases}1, & k\geqslant 2\\0, & k<2\end{cases}$ 为修正系数（$k=0,1,2,\cdots$）。修正后，精度有所提高。修正后的残差如表 3-15 所示。

表 3-15　残差修正表

序号	修正灰色预测	年份	$X^{(1)}(k)$	相对误差
0	24. 410 9	2008	24. 410 9	0
1	53. 641 808 46	2009	51. 141 6	0. 048 887 959
2	87. 356 659 08	2010	81. 529 4	0. 071 474 328
3	123. 448 862	2011	117. 910 113 8	0. 046 974 326
4	163. 427 558 2	2012	158. 926 207 4	0. 028 323 527

续表

序号	修正灰色预测	年份	$X^{(1)}(k)$	相对误差
5	207. 713 673 5	2013	202. 656 207 4	0. 024 955 891
6	256. 774 206 1	2014	251. 066 207 4	0. 022 735 034
7	311. 127 365 5	2015	312. 066 207 4	- 0. 003 008 470
8	371. 348 303 5	2016	369. 066 207 4	0. 006 183 433
9	438. 075 510 3	2017	432. 166 207 4	0. 013 673 681

因此,可用上述经过残差修正后的灰色模型来预测 2018 年及 2024 年该市民用汽车保有量的估计值,因为 $k=8, X^{(1)}(9)=438.0755; k=9, X^{(1)}(10)=512.0180$。于是得到 2018 年该市民用汽车保有量的预测值为 $X^{(1)}(10)-X^{(1)}(9)=73.9425$(万辆)。同理可以得到 2024 年该市民用汽车保有量的预测值为 137. 203 5 万辆。

综上所述,灰色系统预测是针对多因素经济系统的预测,它依赖于灰色 GM(1,m) 模型群,其中关键一步是确定各因素之间的灰色关系(即建立微分方程组),但求解状态方程一般需要上机计算。本章也介绍了灰色模型建模的思想和方法,它是利用定性和定量相结合的手段,通过控制并调整参数使系统达到优秀品质。灰色关联分析理论具有相当丰富的内容,尤其是对经济系统中各因素之间相互影响程度的分析是经济评估中重要的一环。

思考题

1. 试阐述系统预测的步骤。

2. 试阐述定性系统预测的方法及其优缺点。

3. 2006—2017 年硕士研究生的报考与录取人数如表 3-16 所示,请采用德尔菲法,预测 2018 年硕士研究生的报考与录取人数。

表 3-16　2006—2017 年研究生报考与录取人数　　单位:万人

	2006	2007	2008	2009	2010	2011	2012	2013	2014	2015	2016	2017
报考	127	128	123	124	140	151	165	176	172	165	177	201
录取	40	36	39	48	47	50	52	54	57	49	52	72

4. 利用表 3-1 中 2016 年 1 月 —2017 年 12 月的销售数据,采用计量经济学模型预测 2018 年 1 月某汽车的销售量。

5. 利用表 3-16 中 2006—2017 年研究生报考与录取人数的数据,采用计量经济学模型预测 2018 年中国硕士研究生的报考与录取人数。

6. 利用表 3-1 中 2016 年 1 月 —2017 年 12 月的销售的数据,采用一次指数平滑法预测 2018 年 1 月某汽车的销售量。

7. 利用表 3-16 中 2006—2017 年研究生报考与录取人数的数据,采用二次指数平滑法预测 2018 年与 2019 年中国硕士研究生的报考与录取人数。

8. 利用表 3-16 中 2006—2017 年研究生报考与录取人数的数据,采用灰色预测法预测 2018 年与 2022 年中国硕士研究生的报考与录取人数。

第4章 系统建模与分析

4.1 系统建模原理

4.1.1 概　述

系统模型是以某种形式,如文字、图表、实物以及数学公式等,对现实系统的本质属性进行描述,以揭示系统的功能和作用,并提供有关系统的知识。

从系统概念来看,模型是关系的表达形式,因此,建立系统模型需要从过程和状态两个方面去寻求各要素之间的关系。而从认识论来看,模型化过程是人们从对现实世界的观察中获得概念,形成认识,再将这种认识用某种信息载体表达出来,当这种模型被确定为行动方案之后,又以产品和服务的形式加入现实世界中去。由此,所谓模型化,只是运用某种信息载体来外在地显示人们对现实世界中事物的认识,以及显示客观事物的状态和状态变化,它反映了人们对客观事物认识的思维过程,即模型是思维形式的外在表现。

系统模型不是系统本身,它不可能把系统中的一切属性、各种关系都包括进去,若是这样,不但不利于问题的解决,反而会把问题复杂化,且无法突出重点。因此,建立模型必须抓住系统的本质要素及要素间的关系,从实际出发,并能充分体现同类系统的共性。

系统模型是重要的,因为它不受约束,可以灵活操作,可以模拟,可以优化,从而节约大量的人力、财力、物力和时间。对于大型、复杂且无法直接实验的系统和带有危险性的系统而言,如社会经济、战争、载人航天等,模型化技术可以确保社会稳定和人身安全。总之,系统模型是人类认识和改造世界的有用工具,是系统工程中的常用方法。

4.1.2 模型分类

在不同的文献资料里,由于视角不同,可能存在不同的模型分类方式,其中常用的有两种分类方式。

1）按照构造模型的成分或表达形式分类

按此分类方式，模型一般可粗略分为实体模型和符号模型两大类。

实体模型由具体的有形的实体材料构成，一般包括实物模型和模拟模型两种。实物模型是一个有形的几何等价物。实体模型以实体系统的功能和构造作为模型的组成要素，其尺寸可放大或缩小，变成与实际系统本身相似的模型，如地球仪、作战沙盘、建筑模型、飞机的风洞试验模型、实验工厂及环境模型等。模拟模型与某些系统在运动关系或性质上具有相似性，从而有利于用易于控制或求解的系统去模拟另一系统。例如，用电路模拟机械系统的运动，或模拟水力系统、经济系统的运动规律。模拟计算机就是一种用电子部件组成的模拟系统，可模拟电网运行特性、化工生产过程，也可用于模拟建筑物在受到震动和动态负载时的状况。

符号模型也叫抽象模型，是由纯信息而非实体材料构成的模型。其中包括概念模型、图表模型、计算机仿真模型和数学模型等。

（1）概念模型

实体在主观世界中形成“实体概念”，并可以用属性和属性值描述，这就是实体的概念模型；实体系统在主观世界中形成“系统概念”，由要素和影响关系来描述，这就是系统的概念模型。概念模型一般是在缺乏资料的情况下，凭借人们的经验、知识和直觉而形成的思维或文字描述。

（2）图表模型

图表模型是用少量的文字、简明的数字和线条等构成的模型。它能够直观形象地表示实体系统的一些本质和特征，如流程图、组织结构图、网络图等。

（3）计算机仿真模型

计算机仿真模型是用计算机程序定义的模型。构建这类模型首先要明确构成系统的“构件”，并将实际系统的运行演化规律和思维活动规律，提炼成若干数学模型与简单的行为逻辑推理规则，然后用计算机程序表示出来，以便在计算机上对实际系统进行模拟。这类模型的特点是以问题为导向、以人-机模型系统观点为基础，通过运用计算机技术，实现对实体系统运行演化规律或人的思维活动的模拟。

（4）数学模型

数学模型是运用数学的表达形式来描述实际系统的组成部分、系统结构以及系统与环境的相互作用。原则上讲，现代数学所提供的一切表达形式，包括几何图形、代数结构、拓扑结构、序结构、分析表达式等，均可作为一定的数学模型。相对于其他模型而言，数学模型最具抽象性，有时很难说清其实际意义，但是它也有以下优点：

① 明确性。明确地表示了各种因素、变量和它们之间的关系。

② 可以计算求解。通过计算结果可了解到一些直观上难以得到的答案。

③ 适应性强。一种数学模型可以有多种用途或用于不同的实际问题。

④ 可变动性好。修改参数或改变计算关系十分方便。

⑤ 分析问题速度快。数学推演一般要比用物理模型快得多,特别是能使用计算机来进行处理。

⑥ 成本低。计算机技术的发展与普及降低了成本。

虽然数学模型缺乏直观的形象,但由于以上优点,它在众多分类模型中仍是发展最为迅速、内容最为丰富、被人们最广泛使用的研究和分析工具。因此,对数学模型进行必要的类型划分,明确各种类型的特点,对合理使用数学模型是有帮助的。数学模型一般可从数学的构成、问题性质、解的形式、算法与应用等几个方面进行综合划分。

从数学的构成来看,数学模型可分为分析模型、非分析模型和图模型 3 类。所谓分析模型,是指用无穷小量的概念来研究函数的一类模型,如微分方程、积分变换、级数等;非分析模型包括代数模型和几何模型,代数的含义是变换表达式和方程,几何是研究各种量的"空间"关系,如向量、距离、夹角、相似系数等;图模型中的图不是物体的形象图,也不是几何图,而是由点和连接这些点的线组成的、用以表示各种关系的图,如状态图、结构图、决策树、信号流程图等。

从被研究问题的某些性质来看,数学模型有如下划分:按系统模型与时间的依赖关系,有静态和动态模型之分;按系统内部结构和性能清楚程度,有"白箱""灰箱"和"黑箱"模型之分;按变量性质,有确定和不确定模型之分;按变量取值,有连续和离散模型之分;按变量之间的关系,有线性和非线性模型之分。

从模型解的特征来看,数学模型可划分为解析模型和数值模型。所谓解析模型,简单地说就是它的解必将是一个有特定形式的公式;所谓数值模型,是在研究未知函数时,用数值参数的问题代替本来问题,只要知道了这些参数,便可近似计算未知函数。

从算法与应用的关系来看,数学模型可划分为经典工程数学模型、运筹学模型及离散数学模型。经典工程数学包括微分方程、积分方程、积分方程变换、变分、矩阵等,这些均来自对物理系统对象的研究;而在社会活动中,常常需要研究包含人的活动规律及准则在内的问题,于是发展了运筹学模型和包含数理逻辑、组合分析在内的一些离散数学模型。

2) 按照模型的功能分类

按此分类方式,模型可分为解释模型、预测模型和规范模型 3 种。

(1) 解释模型

解释模型是对实体系统的行为特征和运行演化规律进行解释的一类模型,进一步可分为结构模型和功能模型。

(2) 预测模型

基于系统的组成部分、结构、环境和现在的行为,能够对系统的未来行为特性做出预测的模型是预测模型。预测模型严格地讲也是一种解释模型,因为预测是特殊的解释。

(3) 规范模型

规范模型的功能在于提供影响和改变系统行为特性的思路和方式,进一步可分为评价模型、规划模型与计划模型。

模型的价值在于它的适用性和有效性。相对于实体模型、图表模型而言,数学模型的直观性较差,但其可调整性较强,成本较低,操作速度较快。作为定量描述系统的工具,数学模型是以正确认识系统的性质为前提,并遵循了一切科学的方法论原则,因此也可以作为定性描述系统的工具,但图表模型、实体模型在定性描述方面还是比数学模型更有效,应用也更普遍。现在,由于工程活动的复杂性,经常会将数学模型、图表模型和实物模型等结合起来使用,互为补充。只有在对研究的系统了解得很透彻的情况下,才可以只用数学模型。

4.1.3 建模的原则和方法

1）建模的一般逻辑

人们的认识不是一次性完成的,它是一个由此及彼、由表及里、由浅入深、由片面到全面,不断反复深化与展开的过程。因此,建模过程有可能是一次性的,但更多地则可能是多次的,在建模过程中经常伴随着对被研究系统的重新认识与学习,其过程可用图 4-1 来表示。

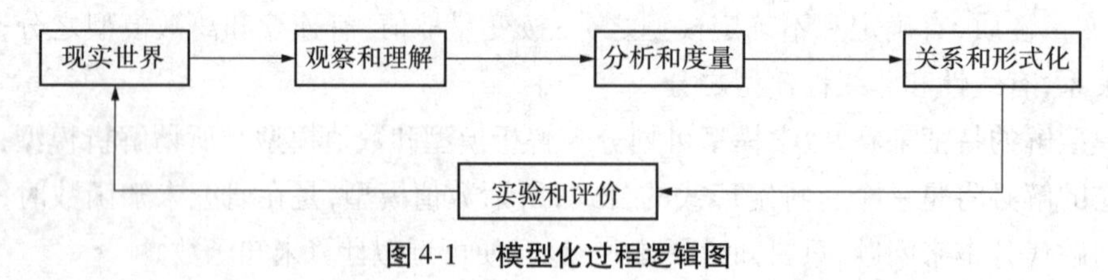

图 4-1 模型化过程逻辑图

(1) 观察和理解

在全面的、深入细致的调查和研究的基础上,要对实际问题的历史背景和内在机理有更深刻的了解。首先要明确所要解决问题的目的和要求,据此搜索各种信息,确定主要资源的限制并提出概念性的方案。

(2) 分析和度量

通过对解决问题的各种途径和设想进行分析,明确系统和环境的各种因素,分析它们的性质(是否为常量、变量、可控制量等),推断所需的某些数据,建立效能评价准则。

(3) 关系和形式化

判定问题性质、找出重要影响因素、研究各主要因素之间的关系并简化它们,选择合适的模型并制作。

(4) 实验和评价

根据模型得出结论,将所得结论与实际系统相对照,验证模型是否“真实”地描述了系统的本质属性和演化规律。

构造模型常常是一个不断深化的过程,需要引入适当的反馈策略来改进模型的质量,直至满足要求。

2）建模的原则

（1）现实性

模型应充分立足于现实问题的描述上，逻辑要严密，符合现实。建模的目的就是要将模型应用于现实问题，否则便失去其存在的意义。

（2）目的性

建立模型仅仅是种分析与解决问题的手段，对于同一个系统，基于不同的目的可以建立不同的模型。

（3）拟合良好性

模型与现实问题的原型应保证必要的一致性。由于现实问题常对精度有所要求，建模和收集资料时要充分考虑拟合良好性。

（4）简洁经济性

如果一个模型与原型一致到不能将二者分辨开来时，这个模型就意味着与原型一样复杂，它也就失去了存在的意义。因此，模型应在允许的范围内尽可能地简化，能不采用高深的数学知识就尽量不采用，只要能解决问题，则模型越简单越好。当然，有时实际问题非常复杂，该原则与前面的拟合良好性原则往往相互制约，这时需要权衡处理，以免顾此失彼。

（5）操作适应性

应结合模型的处理和计算来选择恰当的模型形式，尽量选择那些易于处理和计算的模型，以提高操作适应性。

3）常用建模方法

（1）推理法

对于内部结构和特性已经清楚的系统，即“白箱”系统，可以利用已知的定律和定理，经过一定的分析和推理，得到系统模型。相应的模型又称为机理模型。

（2）模拟法

对于那些内部结构和特性不太清楚的系统，即“灰箱”系统，可以通过建立计算机仿真模型，来模拟实际系统的行为，也可以通过模拟输入和输出结果，来确认和评价系统模型。相应的模型又称为半机理模型。

（3）辨识法

对于那些内部结构和特性不清楚的系统，即“黑箱”系统，若允许进行实验性观察，则可以通过实验方法测量系统的输入和输出，然后按一定的辨识方法，建立系统模型。相应的模型又称为经验模型。

（4）统计分析法

对于那些内部结构和特性不清楚的系统，又不允许直接进行实验观察的系统，可以采用数据收集和统计分析的方法来建造系统模型。

由于模型种类繁多,特别是数学模型的分支很多且相互交叉渗透,具体应该用什么样的模型,不但与现实问题紧密相关,还常常因人而异。因为不同的人有不同的知识背景,发挥着各自的优势和想象力。因此建模既是一门科学,也是一门艺术。对于复杂的现实系统,建模人员需多实践、多体会,善于揣摩,并具有丰富的想象力和创造力,再综合上述的各种建模方法,就可建出实用的、满意的系统模型。

4.2 系统建模过程

(1) 根据系统的目的,提出建立模型的目的

建立模型必须目的明确,该步骤需回答“为什么建立模型？”等问题。例如,建立统计核算自动化系统中的统计报表子模型,其目的就是要实现统计报表自动化。

在不同的建模目的下,同一个行为有时可定义为系统的内部作用,有时又可定义为系统边界上的输入变量。因此,如果仅需了解系统与外界的相互作用关系,那么可以建立一个以输入与输出为主的系统外部行为模型。而若希望了解系统的内在活动规律,就要设法建立一个描述系统输入、输出及状态关系之间的内部结构状态模型。可以说,建模的目的规定了建模过程的方向,是建模过程的重要信息来源之一。

(2) 根据建立模型的目的,提出要解决的具体问题

该步骤应明确回答“能解决哪些问题？”之类的提问,也就是将建模目的具体化。提出问题实质上是对系统中影响建模目的的各种要素进行详细分析的过程。例如,要实现统计报表自动化,就必须详细分析报表种类、核算过程、核算方法、数据来源等,从而提出需要解决的问题。

(3) 根据所提出的问题,构思所要建立的模型系统

为了达到建模目的,解决所提出的问题,一般要建立多个模型(特殊情况下可建立一个模型),因此该阶段需回答“建什么样的模型？”“模型之间的关系是什么？”等问题。例如,在统计报表自动化模型中需要建立总产值统计模型和劳动生产率核算模型等,它们之间存在相互关系,只有在计算出总产值之后,才能计算劳动生产率,这样就构成了一个模型体系。

该步骤与提出问题阶段是一个反复修正的过程,提出问题是构思模型系统的基础,而构思的模型系统又可进行问题补充,经过多次反馈,能使提出的问题更全面、模型的结构更合理。

(4) 根据所构思的模型体系,收集有关资料

为了实现所构思的模型,必须根据模型的要求收集有关资料。该步骤主要应回答“模型需要哪些资料？”等问题。例如,总产值核算模型需要价格、商品数量和种类等资料;劳动生产率模型需要职工数量等资料。

该步骤与构思模型体系阶段也有反馈关系,有时,构思的模型所需的资料很难收集,这

就需要重新修改模型,进而可能影响到提出问题等。但是经过多次反馈,就可尽量收集齐建模所需的资料。

(5) 设置变量和参数

变量是构思模型时提出的,参数是在资料的收集、加工、整理后得出的。该步骤一般要用一组符号表示,并整理成数据表和参数表的形式,并应回答“需要哪些变量和参数?”这类问题。

(6) 模型具体化

模型具体化就是将变量和参数,按变量之间的关系和模型之间的关系连接起来,并用规定的形式进行描述。该步骤应回答“模型的形式是什么?”之类的问题。

(7) 检验模型的正确性

模型正确与否将直接影响建模目的。该步骤应回答“模型正确吗?”这类问题。模型的正确性分析是一个十分复杂的问题,它既取决于模型的种类,又取决于模型的构造过程。模型的正确度就是指模型的真实程度。检验模型的正确性应先从各模型之间的关系来研究所构成的模型体系是否能实现建模目的,然后研究每个模型是否正确地反映了所提出的问题。一般的检验方法是试算,若试算不正确,则应重新审查所构思的模型系统,并从中找出问题。因此,这一步骤与构思模型阶段又构成反馈关系。

(8) 模型标准化

模型标准化是很重要的,一般情况下模型要对同类问题具有指导意义,因此需要具有通用性。该步骤应回答“该模型通用性如何?”等问题。例如,统计报表自动化系统模型应在一个行业、部门内通用才有实用价值。

(9) 根据标准化的模型编制计算机程序,使模型运行

该步骤应回答“计算时间短吗?”“占用内存少吗?”等问题。

4.3　系统静态模型与分析

4.3.1　静态模型

所谓静态系统,就是指系统处在相对静止的状态,这时系统中的变量不随时间变化而变化,达成了相对的平衡状态。所谓系统静态模型,也就是反映各变量在静态下的关系的模型。对于单输入、单输出的系统来说,输出 y 与输入 x 之间的关系一般可表述为

$$y = h(x) \tag{4-1}$$

当二者之间存在线性关系时,有

$$y = ax + b \tag{4-2}$$

在 $b = 0$ 的情况下,有

$$y = ax \tag{4-3}$$

在多输入、多输出的情况下,输出$(y_1, y_2, \cdots, y_q)$与输入$(x_1, x_2, \cdots, x_p)$之间的关系可表达为

$$\begin{aligned} y_1 &= h_1(x_1, x_2, \cdots, x_p) \\ y_2 &= h_2(x_1, x_2, \cdots, x_p) \\ &\vdots \\ y_q &= h_q(x_1, x_2, \cdots, x_p) \end{aligned} \tag{4-4}$$

写成向量形式,即

$$y = h(x) \tag{4-5}$$

其中,$x = (x_1, x_2, \cdots, x_p)$为输入变量,$y = (y_1, y_2, \cdots, y_q)$为输出变量。

在先行情况下,有

$$y = Ax + b \tag{4-6}$$

这里有必要对向量做一些解释。向量来自力学,是指有方向的量,后来引入解析几何,按坐标轴可分解为各个分量。分量数大于3之后,就不再单纯追求空间的直观意义,而成为具有多个分量的有序数组的代表。因此近年来,"价格向量""产值向量"这样的名词也就逐渐流行起来。借助向量、矩阵运算,我们可以用在单变量情况下的简洁公式,来描述多变量情况。由于计算机的威力,即使向量维次很高,也不会有很大的计算困难,所以向量与矩阵在模型的数学表达式中应用很广。

对于复杂的大系统,一般是将其分解成多个子系统或单元,先写出它们的数学表达式,然后再进行合并,最终形成整个系统的模型。对于工程科学,有不少分解和描述的方法。在生物学、生态学中,分解出来的单元叫作房室,这些房室不一定是明显的空间区域,但却可按某些形态加以分解。然后对各房室加以描述,把各房室间的关系找到,并把它们合并起来,最后形成整个系统的模型。例如,研究一棵植物中水的路径,则可把土壤、根、茎、叶与大气各看作一个房室;研究森林中的食物链,则可把植物、食草动物、食肉动物、微生物各看作一个房室。

对于工业和经济系统来说,也有一些划分基本单元的办法。例如,有一种划分"生产分配单元"的办法,这种单元可以小到一个生产装置(反应器、精馏塔),大到一个车间、一个工厂,甚至一个行业,它总是有输入(原料、燃料、水、劳动力),也有输出(产品、副产品、废气、废液、废渣等)的。建模时需要对单元加以描述,然后按生产顺序加以连接,最终合并出系统模型方程。

4.3.2 静态模型方程

如果系统中共有n个生产分配单元,我们试研究其中第i个单元(如图4-2所示)。

其中,变量x_i可以是某种成分的质量、浓度,也可以是某项产品的产量。在一定时期(例如一个周期)内,从单元j流入单元i的物质或能量流用f_{ji}表示,由单元i流向单元j的用f_{ij}表

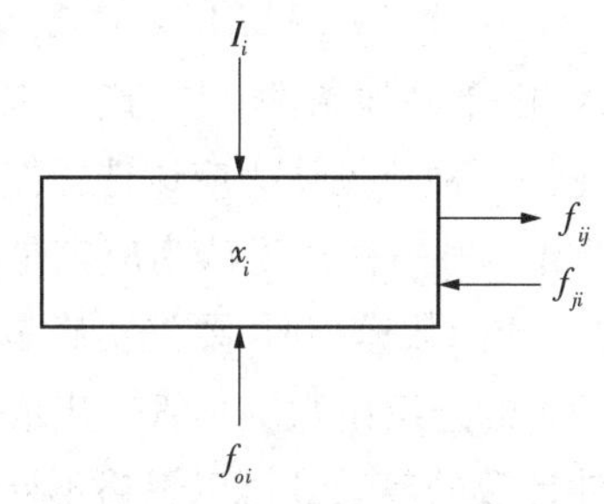

图 4-2　静态模型方程模型

示，而 $a_{ij}=\dfrac{f_{ij}}{x_j}$ 表示转运系数。再用 I_i 表示外环境对单元 i 的输入，f_{oi} 表示单元的输出，而且 $\dfrac{f_{oi}}{x_i}=a_{oi}$，则根据平衡条件，有

$$\sum_{j=1,j\neq i}^{n} a_{ij}x_j + I_i - a_{oi}x_i - \sum_{j=1,j\neq i}^{n} a_{ji}x_i = 0 \tag{4-7}$$

把各单元的方程式合并起来，便是系统静态模型方程。合并的过程主要应该考虑各单元之间的联系。为了使静态模型方程看起来简洁，常使用矩阵与向量方程。这也为在计算机上计算提供了方便。

典型的静态系统模型有两种，一种是投入产出模型，另一种是生产函数模型，这两种都是在技术经济分析中常用到的。这些模型都不局限于应用在某一特定部门中，其中投入产出模型多用于具有多个部门的经济或生产分析，特别适合用于研究部门间的关系。生产函数模型则适用于各式各样的生产过程，特别是由于它的非线性特点，它更容易用于描述生产规模或投入发生变化的情况，因此其应用很广泛。

广义的投入产出模型包括了很多种类型的静态模型，只要每个单元有投入、有产出，不论这种投入产出是物质（原料、半成品、成品）、能量（热能、电能、化学能）还是资金，描述这个单元静态的投入产出关系的模型都可以叫作投入产出模型。例如前面讲过的房室型单元模型、生产分配单元模型，都属于这一类。

但是经济学中一般所说的投入产出模型，则主要是指对整个国家或某一地区、某一行业或某一大型综合企业的全部产品的投入产出进行描述的模型。这种模型在进行国民经济宏观分析或规划时是经常使用的。

4.3.3　生产函数模型

任何生产过程都可以看作在一定的社会、经济、技术条件下，一组投入要素转化为产出的过程，生产函数表达的正是这个过程中的投入与产出的关系。一般来说，生产函数表达的是一种产出和多种投入（物质资源、劳动力资源）之间的关系，而不像投入产出模型描述了多种产品以及它们之间的关系。

最早建立的生产函数模型描述的是产出 Y 和投入的资本（固定资产或生产资金）K、劳动（劳力数或工时）L 的关系，即

$$Y = F(K, L) \tag{4-8}$$

但是,同样的资本和劳动投入,由于其他条件不同,产出也不同,那么为了使生产函数是唯一确定的,应该怎样选择条件呢?一种意见认为应该选择能使产出最大的条件,也就是使生产函数描述的是最大可能的产出。另一种意见认为应该是平均的情况,这样容易根据经验建立模型。所以在使用和建立生产函数模型时,要先明确是哪一种条件。

生产函数一般是自变量(非负)的连续函数。尽管产出或者资源有时是成件计算的,但与总产出或总投入相比,这种按件计数的离散性可以忽略不计,因此认为函数是连续的。此外,生产函数还须满足几个假设。

假设1:任何一种资源缺乏都会使产出为0,即当任何 $x_i = 0$ 时,$y = f(x_1, x_2, \cdots, x_n) = 0$。

假设2:任何资源增加都不会使产出减少,即$\frac{\partial f}{\partial x_i} \geqslant 0, i = 1, 2, \cdots, n$。

事实上有时会产生 x_i 增加导致f减少的情况。例如,化肥施用过多而烧死禾苗会引起减产。但生产函数描述的是正常的、合乎经济规律的情况,是不包括上述情况在内的。

假设3:一般来说,随着一种资源投入的增加,产出虽增加了,但增长率却是递减的,即$\frac{\partial}{\partial x_i}\left(\frac{\partial f}{\partial x_i}\right) \leqslant 0, i = 1, 2, \cdots, n$。

假设4:规模报酬可以是任意的。

规模报酬是生产投入要素成比例增加时,产出变化的大致趋势,可以分3种情况,例如对式(4-8)来说,若$F(\lambda K, \lambda L) = \lambda F(K, L)$,则规模报酬不变;若$F(\lambda K, \lambda L) > \lambda F(K, L)$,则规模报酬递增;若$F(\lambda K, \lambda L) < \lambda F(K, L)$,则规模报酬递减。

生产函数中最简单的一种是单因素生产函数,即只有一个自变量X的生产函数,它在研究单一生产要素的产出效果时很有用,常用的形式有$Y = a_0 + a_1 X$(线性型)、$Y = a_0 + a_1 X - a_2 X^2$(平方型)、$Y = a_0 X^\alpha$(幂型)、$Y = a_0 - K^{\alpha_1 X}$(指数型)等,而重要的生产函数却是多变量型的,例如最早的生产函数:

$$Y = AK^\alpha L^\beta \tag{4-9}$$

该函数表述了产出和资本、劳动投入的关系。显然这是非线性的。后来,有人为了把技术进步考虑进去,便有了

$$Y = A_0 K^\alpha L^\beta \mathrm{e}^{rt} \tag{4-10}$$

其中,指数项 e^{rt} 描述了技术进步对效率提高的影响。

也有人为了研究教育对经济的影响,使用$Y = A_1 K^\alpha L^\beta \mathrm{e}^{kb}$这个生产函数。其中,k是常数,$b$代表受教育面的参数。

函数形式的非线性给按照统计数据求参数A、α、β、γ造成了困难。因此,我们可以对上面的公式取对数,变成线性形式,对式(4-9)取对数,有$\ln Y = \ln A + \alpha \ln K + \beta \ln L$,而对式(4-10)取对数,有$\ln Y = \ln A_0 + \alpha \ln K + \beta \ln L + rt$。这样就可以根据历年的$Y$、$K$、$L$数值,利用回归分析方法得出参数$A$、$\alpha$、$\beta$、$\gamma$的值。

前面列举的投入产出模型与生产函数模型只是为数众多的系统静态模型中较为典型的

两种。由于各专业的技术文献中对自己专业的系统静态模型已有较多的介绍，而系统参数的求法已如前所述，或从技术、经济资料中经过推算得出，或用参数辨识的方法根据统计数据算出，各种算法都有专门书籍介绍，这里不再赘述。

4.3.4　系统的静态分析（边际分析）

1）静态分析

系统的静态分析是研究系统在静态条件下，一定的输入对输出的影响，或者给出一定的输出，求出相应的输入。当然，有时候也研究系统结构与参数对系统的输入与输出之间的关系有什么影响。

下面对生产函数模型应用于经济分析时的几个概念做一些说明。

第一个需要提的是关于规模报酬（规模效益）的概念。前面已经讲到了一些，这里我们假定各投入要素 X_i 都增加为原来的 λ 倍，则

$$f(\lambda X_1,\lambda X_2,\cdots,\lambda X_n)=\lambda^k f(X_1,X_2,\cdots,X_n) \tag{4-11}$$

k 大于、等于和小于 1，分别对应规模报酬递增、不变、递减的情况。

在工程经济分析中，人们常用

$$\text{成本}=\text{常数}\times(\text{设备容量})^{\alpha} \tag{4-12}$$

这个公式可以初步估算不同规模下设备成本的大致数字，一般取 $\alpha<1$，取值在 0.4 ~ 0.9，最常用的是 $\alpha=0.6$。如果对上式进行变换，则有

$$\text{设备容量}=\text{常数}\times(\text{成本})^{1/\alpha}=\text{常数}\times(\text{成本})^{k} \tag{4-13}$$

$k=\dfrac{1}{\alpha}>1$ 对应规模报酬是递增的，在一般实用范围内是如此，但在其他领域问题却不尽然，有时候超过一定范围，规模报酬是递减的。为了详细研究它的变化，就涉及边际分析问题了。$Y=f(X)$ 曲线如图 4-3(a) 所示。当投入量为 X_1 时，产出量为 Y_1。我们把单位投入

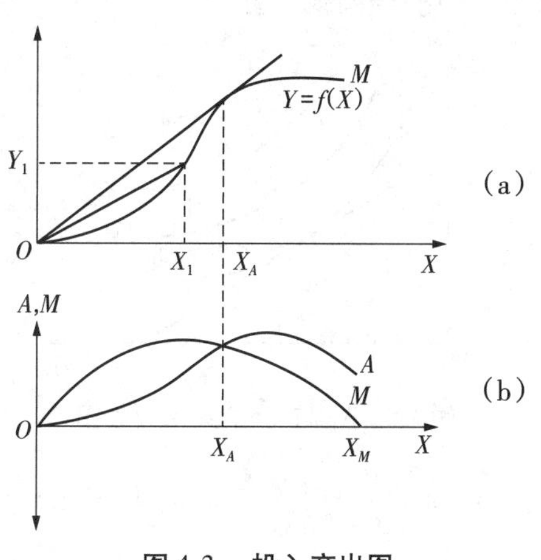

图 4-3　投入产出图

量所能获得的产出量称为平均产出 A,即 $A=\frac{Y_1}{X_1}$。由于 $Y=f(X)$ 的非线性,在不同 X 值下的平均产出 A 值是不同的,如图 4-3(b) 所示。

2)边际分析

如果某一点(如 X_1、Y_1 点)使投入变化 ΔX,我们先来研究图 4-3 的单变量生产函数,这时 Y 相应地要变化 ΔY,我们把 $\frac{\Delta Y}{\Delta X}$ 叫作边际产出 M,当 ΔX 趋于 0 时,这个比值正是函数 $f(X)$ 的导数,即 $M=\frac{\mathrm{d}f(X)}{\mathrm{d}X}$。

A 与 M 之间的关系随着 X 值的变化而变化。在初始阶段(X 由 0 到 X_1),边际产出是上升的,这时对应边际报酬递增;随着 X 进一步增加(当 $X>X_1$ 时),边际产出减小,对应边际报酬递减;直到 $M=0(X=X_M)$ 再发展下去,M 为负,则边际报酬为负;在图 4-3(a) 中,由原点向 $f(X)$ 曲线做切线,切点对应的 X 值下,$A=M$(这时 $X=X_A$)。

前面在讲述生产函数一般满足的几个假设时,曾谈到那是在正常的、合乎经济规律的情况下,实际上这里就是指 X 值在 X_A 与 X_M 之间的情况。

如果说,研究平均产出 A 有助于从全局研究投入产出关系,那么研究边际产出则有助于研究在原有条件下增减投入对产出的影响。当然不限于生产函数,其他类似投入产出关系也可利用边际产出的概念来进行分析。这在后面讲优化方法时还用得着。

在多种投入的生产函数中,还有一个资源替代性问题。例如,在 $Y=f(K,L)$ 中,为了达到同样的 Y 值,可以有不同的 K 与 L 值组合,从经济意义上说,可以多投入资金、少用劳动力,也可以少投入资金、多用劳动力。两种资源是可以互相替代的。如果我们研究一般化的二元情况,则有 $Y=f(X_1,X_2)$。

面对 Y 由一组相等数值组成时,我们可以在 X_1、X_2 平面上画出 X_1 与 X_2 的关系曲线,如图 4-4 所示,这是等 Y 值线,像地图中的等高线一样。

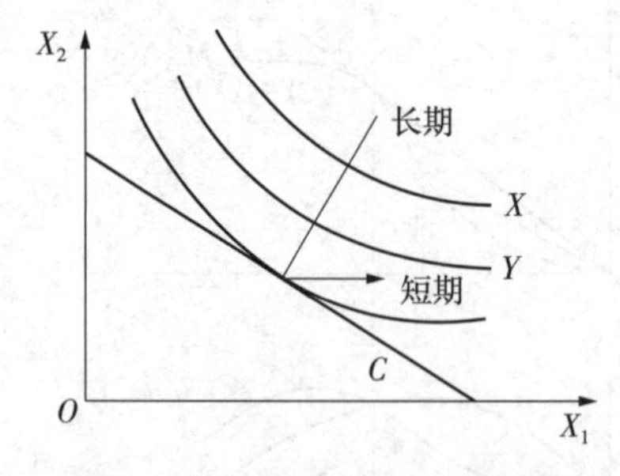

图 4-4　X_1 与 X_2 的关系曲线图

由于 $\mathrm{d}Y=\frac{\partial Y}{\partial X_1}\mathrm{d}X_1+\frac{\partial Y}{\partial X_2}\mathrm{d}X_2$,而 $\frac{\partial Y}{\partial X_1}$ 与 $\frac{\partial Y}{\partial X_2}$ 正是 X_1 与 X_2 的边际产出,令 $\frac{\partial Y}{\partial X_1}=MX_1$,$\frac{\partial Y}{\partial X_2}=MX_2$,因为 $\mathrm{d}Y=0$,所以

$$\frac{dX_2}{dX_1} = -\frac{MX_1}{MX_2} \tag{4-14}$$

我们将$\frac{dX_2}{dX_1}$叫作边际替代率，它代表了两种资源相互代替时的比值，从上式可见，它恰好是二者边际产出之比的负值（负号表示一个增加对应另一个减少）。

在图4-4中还画出了等成本线，即$C = W_1X_1 + W_2X_2$，是图中的斜线。上式中的W_1、W_2分别为投入资源X_1与X_2的单价，C为不同X_1、X_2组合下的成本，显然，斜线的斜率为$\frac{dX_2}{dX_1} = -\frac{W_1}{W_2}$。与边际替代率公式对比，可知当$\frac{MX_1}{MX_2} = \frac{W_1}{W_2}$时，对应图4-4中斜线$C$与等$Y$线相切的切点，这是在给定产出下的最小成本点，因为沿等Y值线从这一点向两边移动，都会使成本增加。在进行经济分析时，应该注意上述性质。

当企业要扩大投入时，短期可能只有一种投入（如X_1）可以增加，而X_2不增加，这时只是从切点沿水平方向变化，显然这会偏离最小成本点。如果是长期发展，则应使X_1、X_2按一定比例发展，并使其发展的轨迹总是沿着各条总成本线与斜线的切点变化，这样就总是会在投入的最好配置下来发展生产。随着技术进步和社会条件变化，斜线斜率也是会变动的。

4.4　系统动态模型与分析

4.4.1　系统的动态与动态模型

所谓系统的动态，指的是系统在不断运动时的状态。我们知道，系统总是处在运动和变化状态之中的，平衡和静止只是暂时的、相对的。对相对静止状态来说，可用之前讲过的处理静态模型与优化的方法。但是当系统及其组成部分处于运动和变化状态时，系统中的各个变量都不是固定不变的，而是随着时间流逝在不断变化的，或者说是关于时间的函数。我们要研究系统的运动规律，就需要建立系统的动态模型。

要建立系统的动态模型数学方程式，首先要建立各单元或子系统的动态模型方程，再按各单元或子系统之间的关系，构成系统模型。各单元的运动规律，如果是物理变化，则可用力学中的牛顿定律、拉格朗日方程，或者热力学中的傅立叶定律、热力学第二定律等，以及它们的各种变形来加以描述。我们从物理学、工程力学、电工学、控制工程、流体力学等基础科学与应用科学的教程中，已学到过许多。上述规律多半是用微分方程、积分方程或差分方程的形式来描述的。

对生态系统来说，一个单一种群的增长，在世代之间有完全重叠的情况下，可用$\frac{dN}{dt} = rN$这个微分方程来进行描述。其中，N是种群值（个体数），r是平均增长率（出生率减去死亡率)。上述方程描述的是增长不受密度限制的情况,如果环境容纳有限,则可用$\frac{dN}{dt}=rN\left(1-\frac{N}{k}\right)$来描述,其中$k$是环境容纳量。如果连续两个世代之间没有重叠,则可用$N(k+1)=\lambda N(k)$差分方程来描述。如果是两个相互作用的种群,则要看它们之间相互作用的形式。例如,对"食饵-捕食者"情况来说,食饵N与捕食者P的数量增长可用下列方程组描述(这便是著名的Lotka-Volterra方程),即

$$\frac{dN}{dt}=aN-\alpha NP,\frac{dP}{dt}=-bN+\beta NP \tag{4-15}$$

至于生产或经济活动(对比前面提到的物理学的规律来说,这些活动的规律有人叫作"事"理学规律),它们的一些基本环节也可用简单数学规律描述。例如,存款的复利计算就可用差分方程$y(k+1)=(1+r)y(k)$来描述,其中r为利率,k是存款期数。

现代的系统都是由各种元素或子系统构成的,因此描述这些系统的方程不可能是同一物理或事理规律。我们要按它们之间的联系和制约,把它们统一组合起来成为系统模型方程。

对整个系统来说,模型方程有内描述与外描述两种类型。从图4-5可以看出,整个系统有多个输入变量和多个输出变量。所谓外描述,是只描述输入与输出之间的关系。在控制理论与电路(电子)理论发展初期,为了突出研究输入对输出的影响,便暂时不去研究中间环节的变化细节。但是随着技术的进一步发展,对系统功能的要求越来越高,我们就不能不研究中间环节中各变量的运动细节,因而也就要采用同时考虑所有变量变化情况的描述方式,即内描述形式。

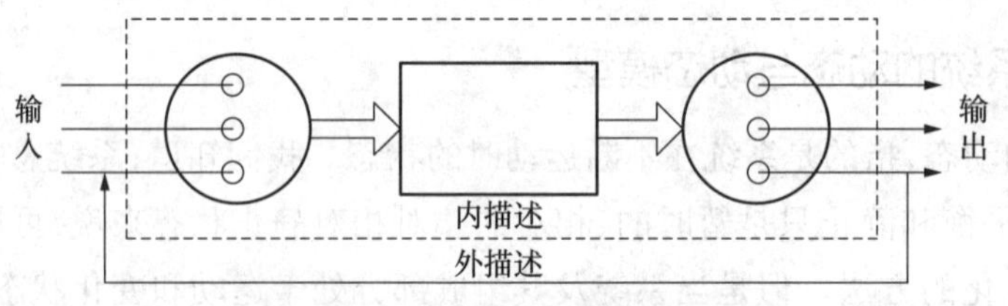

图4-5　模型方程的两种类型

4.4.2　系统的动态方程

因为绝大多数系统的运动规律可以用微分方程组或差分方程组来描述,所以在系统理论中,常使用以微分方程组或差分方程组为基础的状态空间描述和分析法。利用这种方法,我们选择系统中的若干变量作为状态变量。所谓状态变量就是当已知系统在$t=t_0$的初始条件和在$t\geqslant t_0$时的输入值时,便能够确定系统在$t\geqslant t_0$时的所有行为需要的最少的一组变量$x_1(t),x_2(t),\cdots,x_n(t)$。例如,在外力作用下质点做直线运动时,如果要知道质点在某一时刻的状态,仅知道质点在该时刻的位移x是不够的,还要知道它在该时刻的速度才行。质点运动方程为$m\frac{d^2x}{dt^2}=f$,如果取$x_1=x,x_2=\frac{dx}{dt}$,则上式变成$\frac{dx_1}{dt}=x_2,\frac{dx_2}{dt}=\frac{1}{m}f$,其中,$x_1,x_2$是状态

变量,上面两个方程是状态方程。

对一个系统来说,有一些变量是可以人为改变的,我们称这种变量为决策变量或控制变量,用 $u_1(t),u_2(t),\cdots,u_r(t)$ 表示。当系统的运动可以用有限个状态变量完全描述时,这类系统称为有穷维系统。这类系统的状态方程形式为

$$\begin{aligned}\dot{x}_1 &= f_1(t,x_1,x_2,\cdots,x_n;u_1,u_2,\cdots,u_r)\\ \dot{x}_2 &= f_2(t,x_1,x_2,\cdots,x_n;u_1,u_2,\cdots,u_r)\\ &\vdots\\ \dot{x}_n &= f_n(t,x_1,x_2,\cdots,x_n;u_1,u_2,\cdots,u_r)\end{aligned} \tag{4-16}$$

写成向量形式为

$$\dot{x} = f(x,u,t) \tag{4-17}$$

对线性定常(参数不随时间变化)系统来说,状态方程常用现代控制理论中惯用的形式,即

$$\dot{x} = Ax + Bu \tag{4-18}$$

$$y = Cx + Du \tag{4-19}$$

后一个方程为输出方程,y 是输出向量。对于时间只能取离散值($t = 0,T,2T,\cdots$)的系统来说,状态方程是差分方程组,即

$$x(k+1) = F[x(k),\ u(k),k] \tag{4-20}$$

而离散线性系统的方程则为

$$x(k+1) = Ax(k) + Bu(k) \tag{4-21}$$

$$y(k) = Cx(k) + Du(k) \tag{4-22}$$

我们在系统中还会碰到一些单元或子系统,其中的变化过程需要用偏微分方程来描述。例如,在热传导方程 $\frac{\partial u}{\partial t} = k\frac{\partial^2 u}{\partial t^2}$,或者波动方程 $\frac{\partial u^2}{\partial t^2} = a^2\frac{\partial^2 u}{\partial x^2}$ 中,状态变量 u 不仅是时间 t 的函数,而且还是坐标 x 的函数,也就是说 u 会随空间位置 x 变化而变化。上面的方程只与 x 有关,即只与空间中的一维坐标有关系。有时过程要用 $\frac{\partial u}{\partial t} = a^2\left(\frac{\partial^2 u}{\partial x^2} + \frac{\partial^2 u}{\partial y^2} + \frac{\partial^2 u}{\partial z^2}\right) + f(t,x,y,z)$ 这样的方程来描述,这就和空间的三维坐标有关了,这类系统称为分布参量系统,其状态变量同时是时间和空间坐标的函数。那些用常微分方程描述的系统则称为集总参量系统。

除了状态方程形式外,也可采用在控制理论与电路理论中常用的传递函数形式。

例4-1　最简单市场模型。在简单的市场(如集市)中,商品的需求量 d 依赖于价格 p,消费者的需求量随价格的上升而下降,$d(p)$ 函数关系如图4-6(a)所示。生产者供应的商品量 s 也依赖于价格,一般是随价格的上升而增加,$s(p)$ 函数关系也如图4-6(a)所示。为了便于分析,假定这两个函数都是线性的,即 $d(p) = d_0 - ap$, $s(p) = s_0 + bp$,其中 a、b 均为正数。当供需平衡时,两条线相交于一点,这时平衡价格为 $p_0 = \frac{d_0 - s_0}{a + b}$。

当市场上价格高于 p_0 时,生产者会提供更多商品而需求却减少,形成供过于求,促使生

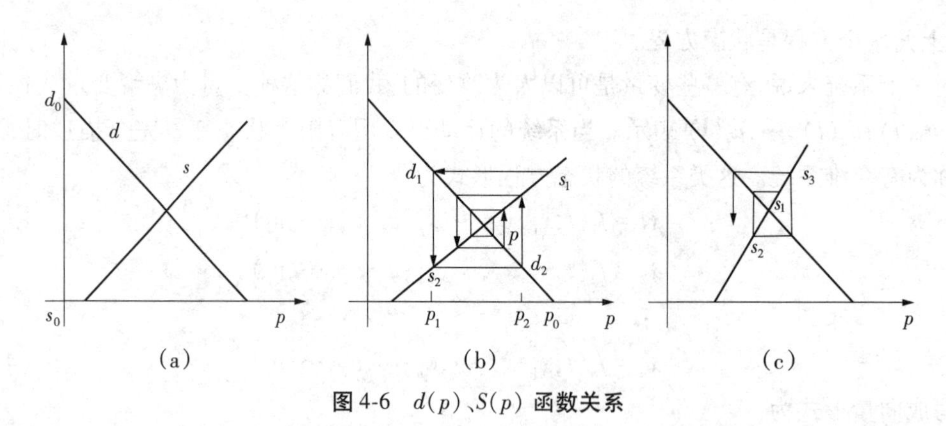

(a) (b) (c)

图 4-6 $d(p)$、$S(p)$ 函数关系

产者降价；而当价格低于 p_0 时，则需求大、供应少，形成供不应求，促使消费者愿意接受较高价格。这便是市场调节的基本机制。

假设在第 k 个周期(拿集市贸易来说，即第 k 个集)，流行价格为 $p(k)$，生产者把这个价格作为生产的依据。然而，由于生产或流通的准备过程需要时间，因此这样确定的供应量是下一个周期的供应量，即 $s(k+1)$，或者说 $s(k+1)=s_0+bp(k)$。

但消费者是根据当时的价格决定需求量的，即 $d(k+1)=d_0-ap(k+1)$，所以在市场上若商品全部销完，必有 $s_0+bp(k)=d_0-ap(k+1)$，把这个式子加以整理，就得到以价格 $p(k)$ 为变量的市场动态模型，即 $p(k+1)=-\frac{b}{a}p(k)+\frac{d_0-s_0}{a}$。

当给定了 $k=0$ 时的价格 $p(0)$，就可以算出 $k=1$ 时的价格 $p(1)$，再由 $p(1)$ 计算 $p(2)$，一直这样迭代下去，可得 $p(k)=\left(-\frac{b}{a}\right)^k p(0)+\frac{1-\left(-\frac{b}{a}\right)^k}{a+b}(d_0-s_0)$。

从这个式子可以看出，如果 $b<a$，则当 $k\to\infty$ 时，$\left(-\frac{b}{a}\right)^k\to 0$，因而价格趋于平衡价格，即 $p_0=\frac{d_0-s_0}{a+b}$。这种情况如图 4-6(b) 所示。但如果 $b\geqslant a$ 就会导致价格波动，失去稳定，如图 4-6(c) 所示。

4.4.3 线性系统的动态分析

有了系统的动态模型方程，要想研究系统在某种特定情况下的运动(也就是系统各变量的变化情形)，只要对方程求解，把初始条件(有时还有边界条件)代入方程便可得出结果。对于动态方程形如式(4-18)与式(4-19)的系统来说，待求的是输出向量 y 和状态向量 x。而 y 可以通过 x 与 u 由式(4-19)算出，所以问题在于求出状态向量 x，即求解状态方程。

1) 线性连续系统的方程解

当 $u=0$ 时，将式(4-18)变成齐次方程，即

$$\dot{x} = Ax \tag{4-23}$$

利用幂级数解法，设

$$x(t) = b_0 + b_1 t + \cdots + b_k t^k + \cdots \tag{4-24}$$

其中，待定系数 k、b 均为 n 维列向量，代入式(4-23)得

$$\begin{aligned} b_1 &= Ab_0 \\ b_2 &= \frac{1}{2}Ab_1 = \frac{1}{2!}A^2 b_0 \\ &\vdots \\ b_k &= \frac{1}{k}Ab_{k-1} = \frac{1}{k!}A^k b_0 \end{aligned} \tag{4-25}$$

而初始状态 $x(0) = b_0$，代入式(4-24)，得 $x(t) = \left(I + At + \frac{1}{2!}A^2t^2 + \cdots + \frac{1}{k!}A^kt^k + \cdots\right) \cdot x(0)$，由于矩阵指数函数 e^{At} 展开成幂级数形式为 $e^{At} = \left(I + At + \frac{1}{2!}A^2t^2 + \cdots + \frac{1}{k!}A^kt^k + \cdots\right)$，所以

$$x(t) = e^{At}x(0) = \phi(t)x(0) \tag{4-26}$$

其中，$\phi(t) = e^{At}$，$\phi(t)$ 叫作状态转移矩阵。在 A 与初始条件向量 $x(0)$ 已知时，便可求出状态向量 $x(t)$。

当 $u \neq 0$ 时，式(4-18)可写为 $\dot{x} - Ax = Bu$，两端左乘 e^{-At}，得 $e^{-At}(\dot{x} - Ax) = e^{-At}Bu$。因为 $\frac{d}{dt}(e^{-At}x) = e^{-At}(\dot{x} - Ax)$，所以 $\frac{d}{dt}(e^{-At}x) = e^{-At}Bu$。如果初始时刻为 $t=0$，则将上式在 $[0,t]$ 区间进行积分，即 $\int_0^t d(e^{-At}x) = \int_0^t e^{-A\psi}Bu(\psi)d\psi$，得 $e^{-At}x(t) - x(0) = \int_0^t e^{-A\psi}Bu(\psi)d\psi$，两端左乘 e^{At} 并加整理，得到 $x(t) = \phi(t)x(0) + \int_0^t \phi(t-\psi)Bu(\psi)d\psi$，这便是状态方程式(4-18)的解。

2）线性离散系统的方程解

至于模型方程形如式(4-21)与式(4-22)的离散线性系统，它们的动态方程求解就比连续系统容易一些，因为差分方程可用迭代方法来解。

当 $u = 0$ 时，将式(4-21)变成齐次方程，即

$$x(k+1) = Ax(k) \tag{4-27}$$

因而

$$\begin{aligned} x(1) &= Ax(0) \\ x(2) &= Ax(1) = A^2x(0) \\ &\vdots \\ x(k) &= A^kx(0) \end{aligned} \tag{4-28}$$

当 $u \neq 0$ 时，式(4-21) 的解经过同样推算可得

$$x(k) = A^k x(0) + \sum_{i=0}^{k-1} A^{k-l-1} Bu(l) \tag{4-29}$$

在分析一个系统时，我们有时并不需要知道每个变量的变化细节，只需要知道系统是否具备某些性质。通常人们关心的有系统的可控性、可观测性、稳定性等。

4.4.4 非线性系统的动态分析

1) 非线性系统的动态特性

本节将讨论非线性系统的某些动态特性。一般的连续非线性系统的状态方程为

$$\begin{aligned}
\dot{x}_1(t) &= f_1[x_1(t), x_2(t), \cdots, x_n(t), t] \\
\dot{x}_2(t) &= f_2[x_1(t), x_2(t), \cdots, x_n(t), t] \\
&\vdots \\
\dot{x}_n(t) &= f_n[x_1(t), x_2(t), \cdots, x_n(t), t]
\end{aligned} \tag{4-30}$$

或写成向量形式，即 $\dot{x}(t) = f[x(t), t]$，同样，非线性离散系统的状态方程的向量形式为 $x(k+1) = f[x(t), k]$。在上面式子中，f 是 n 维向量函数，x 是 n 维状态向量。非线性特性给系统带来许多新的变化形式。例如，我们在本章一开始讲过，一个单一种群(如微生物) 在世代之间如果有完全重叠的情况，则可用一阶常微分方程进行描述，即 $\frac{\mathrm{d}N}{\mathrm{d}t} = rN$，其解(当初始值为 N_0 时) 为 $N = N_0 \mathrm{e}^{rt}$，即 N 按指数规律增长，逐步趋向无穷大，但我们知道这是不可能的。由于环境容纳量(k) 有限，所以增长方程为 $\frac{\mathrm{d}N}{\mathrm{d}t} = rN\left(1 - \frac{N}{k}\right)$，而其解为 $N = \frac{k}{1 + c\mathrm{e}^{-rt}}$，其中 c 是由初值条件决定的。这个式子表明，在开始时刻，当 t 较小时，N 的变化近乎指数上升；当时间 t 趋于无穷大时，N 趋于 k。这个解所对应的曲线，便是著名的逻辑斯蒂曲线。从这个例子可以看出，描述客观事物单靠线性模型是不够的，而非线性关系的描述提供了更广泛的建模可能性。

严格地说，相当多的客观事物中各因素之间的关系都是非线性的，但在一定条件、一定范围内可以近似看成线性的。由于线性系统分析的方法比较成熟，因此许多问题都用线性模型来进行近似研究。但有些本质是非线性关系的，或者超出了线性范围的，就不能不从非线性的角度来进行分析了。可是到目前为止，非线性问题还没有像线性问题那样有通用的解法，当前还是只能就几类问题进行一些分析。另外，由于无法进行细节上的分析，研究常常仅限于一些关键性的性态，如稳定性、振荡(波动) 等。

和线性模型一样，非线性模型的分析也着重研究平衡条件以及平衡点附近系统的性能。从状态方程可知，平衡点是代数方程组 $f(\bar{x}, t) = 0$ 或(离散系统) $\bar{x} = f(\bar{x}, k)$ 的解。

2) 相空间与相迹

由于直接求解非线性状态方程很困难，因此人们常常在状态空间中去研究系统运动时

各状态变量间的关系，而不直接研究状态变量本身的变化。有时候，人们希望研究某一变量 x 及其各阶导数$(\dot{x},\ddot{x},\cdots)$之间的关系，便可在由 x 与其各阶导数构成的所谓的相空间中来分析问题。相空间可看作状态空间的一种特例，其中常用的是相平面，即由 x 与 $\dot{x}$ 构成的二维空间。

例如，有非线性动态方程

$$\ddot{x} + f(x,\dot{x}) = 0 \tag{4-31}$$

将上式改写成$\frac{\mathrm{d}\dot{x}}{\mathrm{d}t} = -f(x,\dot{x})$，由于$\frac{\mathrm{d}x}{\mathrm{d}t} = \dot{x}$，两式相除，得$\frac{\mathrm{d}\dot{x}}{\mathrm{d}x} = -\frac{f(x,\dot{x})}{\dot{x}}$。在以 x 为横坐标、$\dot{x}$ 为纵坐标的相平面上，相迹曲线是当时间 t 变化时，以 t 为参变量的 $\dot{x}$ 与 x 的函数关系曲线，而上面的$\frac{\mathrm{d}\dot{x}}{\mathrm{d}x}$表达式正是该曲线的斜率。

如果要想画出相迹曲线，可对式(4-31)直接积分求解，得出 $\dot{x} = F(x)$ 的关系，即可画出曲线；也可以用图解法逐点寻求，因为相平面上任何一点$(\dot{x},x)$都对应相迹的一个斜率，按式(4-31)逐点计算便可连成相迹曲线。

下面研究一个非线性系统，其状态方程为

$$\dot{x}_1 = f_1(x_1,x_2) \tag{4-32}$$

$$\dot{x}_2 = f_2(x_1,x_2) \tag{4-33}$$

假定原点是它的平衡点，试研究原点附近系统的动态性能，我们试将上述两个方程在原点附近扩展成泰勒级数，即

$$\begin{aligned} \dot{x}_1 &= a_1x_1 + a_2x_1 + g_1(x_1,x_2) \\ \dot{x}_2 &= d_1x_2 + d_2x_2 + g_2(x_1,x_2) \end{aligned} \tag{4-34}$$

取线性近似，略去高阶项，得

$$\dot{x}_1 = a_1x_1 + a_2x_2 \tag{4-35}$$

$$\dot{x}_2 = d_1x_1 + d_2x_2 \tag{4-36}$$

令 $x_1 = x, x_2 = \dot{x}_1$，两式合并，消去 x_2，得 $\ddot{x} + b\dot{x} + cx = 0$，其中 $b = -a_1 - d_1, c = a_1d_2 - a_2d_1$。其两个特征根为

$$\lambda_1,\lambda_2 = \frac{1}{2}(-b \pm \sqrt{b^2 - 4c}) \tag{4-37}$$

当 b、c 参数不同时，λ_1、λ_2 的值也不同，一般来说，它们可用复数形式表示。当它们的实部与虚部具有不同的数值与符号时，相迹也不同，图 4-7 画出了各种情况。

图中左边画的是 A 在复平面上的位置，右边是相应的相迹。由于相迹形状不同，所以平衡点的性质也不同，平衡点对应$\frac{\mathrm{d}\dot{x}}{\mathrm{d}x} = 0$，该点称为奇点。

图4-7 中还画出了特征根在复平面$(\sigma,j\omega)$上的位置。由于参数不同，特征根也不同，这样会产生 6 种情况。当特征根为一对具有负实部的复根时，系统动态特性具有衰减振荡特点，奇点为稳定焦点；当特征根为具有正实部的复根时，对应发散振荡，奇点为不稳定焦点；当特征根为一对负实根时，系统动态过程为非周期性衰减，奇点为稳定节点；当特征根为一

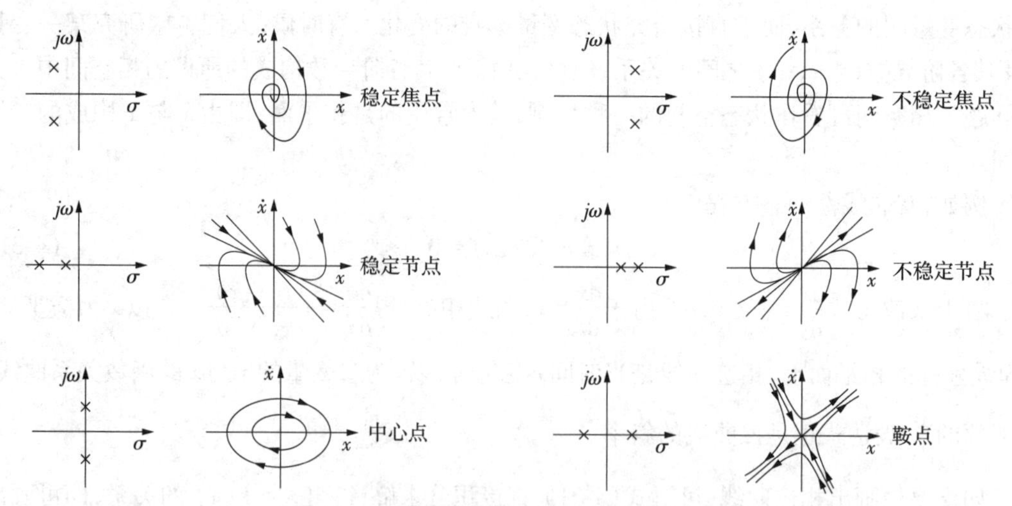

图 4-7　特征根在复平面(σ, $j\omega$) 上的位置

对正实根时,对应非周期发散,奇点为不稳定节点;而当特征根为一对纯虚根时,对应持续振荡,奇点为中心点;如果特征根是一正一负两个实根,则动态过程或为衰减,或为发散,视初始条件而定,这时的奇点是鞍点。

我们说过,系统参数变化,会引起特征根变化,因而动态过程特性也随之改变。图 4-8 画出了式(4-33) 中不同 b、c 值下特征根与相迹的变化情况(图中 $D=\sqrt{b^2-4c}$)。

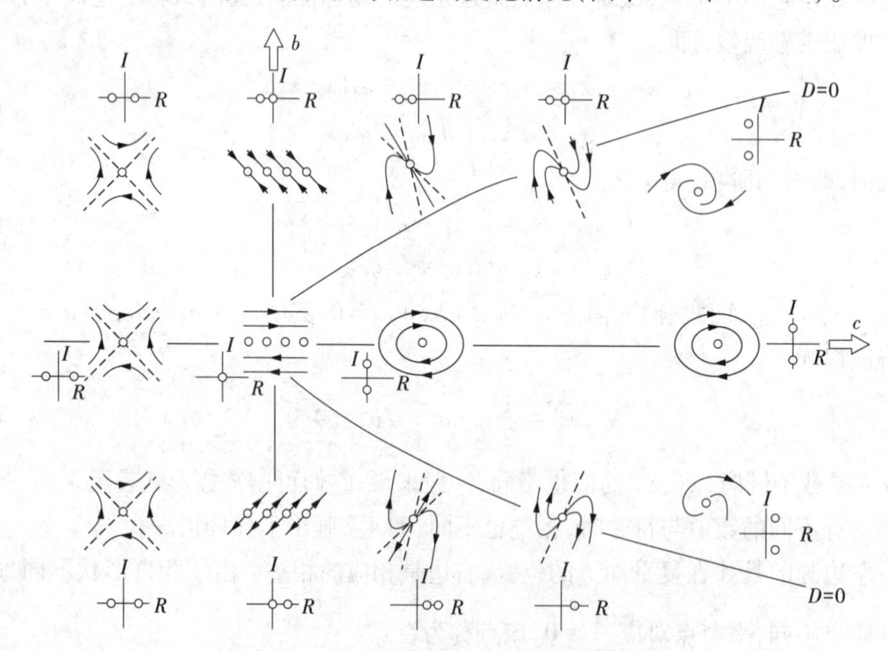

图 4-8　不同 b、c 值下特征根与相迹的变化情况

非线性系统的相迹在形状上比线性系统更加多样化一些,但奇点与极限环也都存在,而多数极限环形状并没有规则。作为闭合曲线的极限环总是对应周期性运动,而在非线性系统的极限环中,又有稳定与不稳定两种。对稳定的极限环来说,当相迹(从内或从外) 偏离

它时,系统会自动地回到环上来,不稳定的极限环则在偏离后会远离它而趋向另一极限环或奇点。稳定的极限环对应稳定的持续振荡,它表明:依赖非线性能够维持稳定的振荡,否则会像线性情况那样,一旦某一参数发生变化,其动态过程特征也会变化。

例 4-2　在由居民、企业组成的社会系统中,假设 k 表示人均持有资本量,其资本量随时间的动态方程可表示为$\frac{dk}{dt} = sf(k) - nk$。其中,$f(k)$ 为企业采用资本进行生产的生产函数,且满足$f'(k) \geqslant 0$, $f''(k) \leqslant 0$;n 表示人口增长率;s 表示储蓄率。试用相图分析该系统的稳定性。

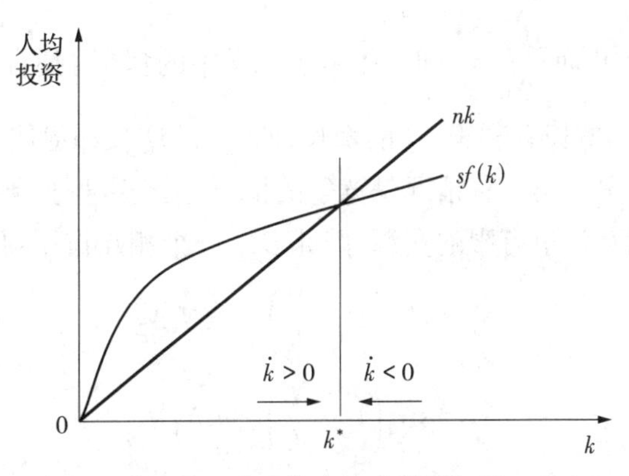

图 4-9　人均持有资本量的相图

将图4-9中两条曲线的交点对应的资本存量记作k^*。当$k = k^*$时,实际投资恰好等于持平投资,即$sf(k) = nk$,从而$\dot{k}(t) = 0$,说明$k = k^*$时投资将保持不变。

在$k = k^*$处的左侧,即$k < k^*$时,$sf(k) > nk$,所以$\dot{k} > 0$,资本存量k将趋于增大;在$k = k^*$处的右侧,即$k > k^*$时,$sf(k) < nk$,所以$\dot{k} < 0$,资本存量k将趋于减小。上述分析表明,$k = k^*$是微分方程$\frac{dk}{dt} = sf(k) - nk$的稳定状态解。并且,无论起初的$k$值是否小于或大于$k^*$,都必然趋向$k^*$,一旦达到$k^*$,系统将处于全程稳定,资本存量不再变化。所以称$k = k^*$时,经济达到稳定状态,且称$k^*$为稳态资本存量。在经济达到稳定状态时,由方程$sf(k^*) - nk^* = 0$可得$f'(k^*) = \frac{n}{s}$。该等式说明,一个系统的稳态资本存量最终取决于两个因素——人口增长率和储蓄率。当资本边际报酬大于$\frac{n}{s}$时,k小于k^*,k将增大;资本边际报酬小于$\frac{n}{s}$时,k大于k^*,k将减小。由于稳定状态路径上的资本存量不再变化,人均产出$f(k^*)$也将保持不变。这说明,稳定状态增长路径上的经济增长率等于0。

4.4.5　一类特定的非线性模型

下面研究一个特定类型的非线性模型:

$$\dot{N}_1 = F_1(N_1, N_2)N_1 \tag{4-38}$$

$$\dot{N}_2 = F_2(N_1, N_2)N_2 \tag{4-39}$$

这类模型描述的是生态系统中的两个种群、社会经济系统中的两个经济实体、化学反应中的两种反应相互作用的情况。前面曾讲到描述一个种群或一种实体增长时，利用了非线性特性表征容量限制，但这里还考虑了两个种群或实体间的相互影响或作用。F_1、F_2 可能是很复杂的函数关系，可以看成增长率。其实，种群的概念不限于生态，社会经济系统中同一行业中的企业可以形成一个种群，一条运输线上的汽车可以形成一个种群，化学反应中某种反应物的分子也可以组成一个种群。

当$\frac{\partial F_1}{\partial N_2} > 0$而$\frac{\partial F_2}{\partial N_1} > 0$时，两个种群是共生(或共栖)的；当$\frac{\partial F_1}{\partial N_2} < 0$而$\frac{\partial F_2}{\partial N_1} < 0$时，两个种群是竞争的；而当$\frac{\partial F_1}{\partial N_2} < 0$而$\frac{\partial F_2}{\partial N_1} > 0$时，则是生态学中的食饵-捕食者模型，$N_2$ 是捕食者数量，N_1 是食饵数量，N_1 的增长有利于 N_2 的增长，而 N_2 的增长却促使 N_1 的衰减。

这里试分析两种情况。第一种情况是竞争的情况，两个种群如果单独存在，且各按逻辑斯蒂曲线增长。由于相互竞争有限的资源，因此多了一个相互作用项，有

$$\dot{N}_1 = rN_1\left(1 - \frac{N_1}{K}\right) - \alpha N_1 N_2 \tag{4-40}$$

$$\dot{N}_2 = sN_2\left(1 - \frac{N_2}{L}\right) - \beta N_1 N_2 \tag{4-41}$$

其中，K 与 L 分别为两个种群的环境容纳量，r 与 s 分别为二者增长率，正系数 α 与 β 表示相对竞争优势。当 $\alpha > \beta$ 时，N_2 是强者。

当上述两式左边等于 0 时，相当于系统处于平衡状态。在状态空间(现在是 N_1、N_2 平面)上画出 $\dot{N}_1 = 0$ 和 $\dot{N}_2 = 0$ 的线，它们都是直线，如图 4-10 所示，其中还画出了不同参数组合下的情况。

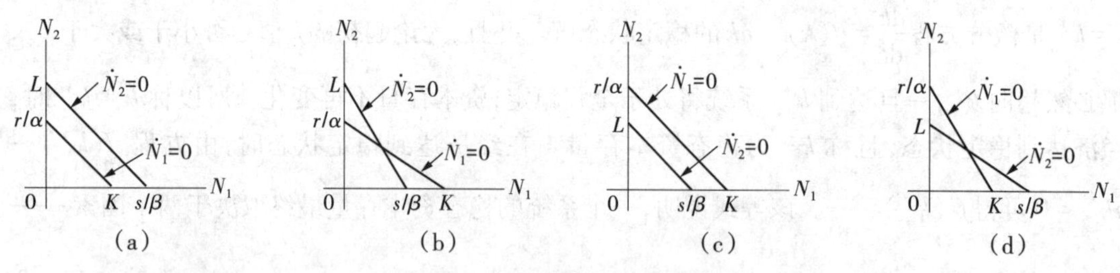

图 4-10　不同参数组合下的情况

现在来分析一下当系统偏离平衡点后能否回到平衡点。我们来研究图 4-10(b) 的情况。

这时有 4 种平衡的可能：$N_1 = 0, N_2 = 0$；$N_1 = K, N_2 = 0$；$N_1 = 0, N_2 = L$；$N_1 = \overline{N}_1, N_2 = \overline{N}_2$，其中，$\overline{N}_1 = \frac{s}{\beta} - \frac{s}{\beta L}\overline{N}_2$，$\overline{N}_2 = \frac{s}{\alpha} - \frac{s}{\alpha K}\overline{N}_1$。

图 4-11 中，$\dot{N}_1 = 0$ 与 $\dot{N}_2 = 0$ 两条直线把正象限划分出了几个区，展示了各区 $\dot{N}_1$ 与 $\dot{N}_2$ 的正负情况。

如果我们再画出从平面任一点出发的相迹，可以看出，平衡点$(\overline{N}_1, \overline{N}_2)$是一个鞍点。从

某些初始条件出发，相迹趋向平衡点，即 $N_1=K,N_2=0$；从另一些初始条件出发，相迹趋向平衡点，即 $N_1=0,N_2=L$。这相当于一个种群存活，另一个种群灭绝。只有在特定条件下，相迹才趋向鞍点，如图 4-12 所示。可以知道，交点是一个稳定的平衡点，这对应 α、β 值小且相互影响小的情况，相当于两个种群可以共存。

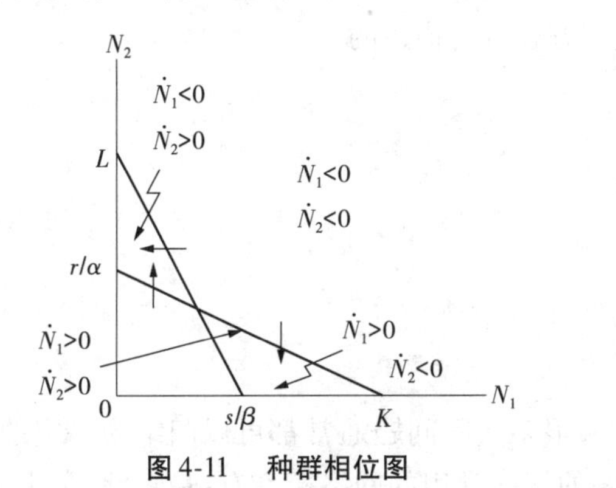

图 4-11　种群相位图

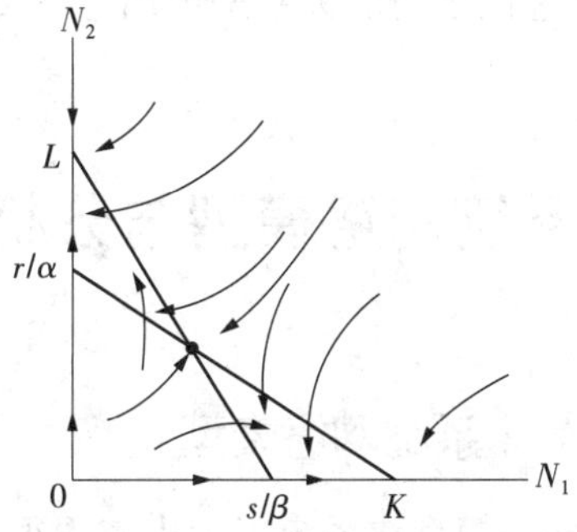

图 4-12　种群运动轨迹图

再来分析第二种情况，即食饵 - 捕食者的情况。这时有

$$\dot{N}_1=aN_1-bN_1N_2 \tag{4-42}$$

$$\dot{N}_2=-cN_1+dN_1N_2 \tag{4-43}$$

食饵在没有捕食者存在时，本可按增长率 a 依指数规律增长，同样捕食者如果没有食饵存在时将按负增长率（其绝对值为 c）依指数规律衰减。但当两者都存在时，如果相遇频率与二者乘积呈正比，则二者的消长就又受式(4-39)和式(4-40)中第二项的影响，结果二者数量都处在波动的情况。当式(4-39)和式(4-40)左端为 0 时，可得两个平衡点：$N_1=0,N_2=0$；$N_1=\dfrac{c}{d},N_2=\dfrac{a}{b}$。为了简化分析，引入 $x_1=\dfrac{c}{d}N_1$、$x_2=\dfrac{a}{b}N_2$ 作为新变量，则方程变成

$$\dot{x}_1=x_1(1-x_2) \tag{4-44}$$

$$\dot{x}_2=-cx_2(1-x_1) \tag{4-45}$$

这时平衡点是(0,0)和(1,1)。其中(0,0)是不稳定的。现在分析(1,1)点，我们不妨对(1,1)点取偏差 Δx_1 和 Δx_2，利用上面式子的线性近似，可得

$$\begin{aligned}\Delta\dot{x}_1&=-a(\Delta x_2)\\ \Delta\dot{x}_2&=c(\Delta x_1)\end{aligned} \tag{4-46}$$

写成矩阵形式为

$$\begin{pmatrix}\Delta\dot{x}_1\\ \Delta\dot{x}_2\end{pmatrix}=\begin{pmatrix}0 & -a\\ a & 0\end{pmatrix}\begin{pmatrix}\Delta x_1\\ \Delta x_2\end{pmatrix} \tag{4-47}$$

这时特征值是 $\pm j\sqrt{ac}$，所以利用线性近似分析，系统将处于稳定的临界状态，此时无法做出准确判断。在这种情况下，需要研究非线性系统本身，而不是它的线性近似的稳定性。当然，对很多本质是非线性的系统来说，也只能从系统本身出发来进行研究。

有一种方法，称为李雅普诺夫第二方法，或称直接法，可以用来研究非线性系统的稳定性。关于两个（或多个）种群之间的相互作用关系，不仅可用来研究生态系统中种群间的消

长关系,还可以用在其他方面。前面说过,种群概念不限于生态系统,在其他方面也可运用。以运输系统为例,同一区间的汽车和火车两个种群存在竞争关系,而水路、陆路联运便是共生关系;电视机厂和显像管厂两个种群也是共生关系等。因为社会经济、技术系统是人为的系统,所以可以通过人为的干预,把不利的影响消除或降低,从而建立或扩大有利的相互作用,但它们之间的关系是可用上述类型方程进行描述的。

4.5 系统网络模型与分析

4.5.1 系统网络模型

系统网络模型在系统工程中应用很广,很多实际问题通常都可以归结为一定的网络模型,然后,根据网络模型的解法来求得问题的解。常用的网络模型有:最短路、最大流、最小费用流和随机网络(GERT) 模型等。这里主要介绍最小费用流和随机网络两种模型。

1) 最小费用流模型

很多实际问题可以用最小费用流模型来解决。例如,工厂可选择不同路线将产品送到仓库。根据运送路线的不同,每单位数量产品的运费也不一样。而且,每条路线只能运送一定量的产品。问题是如何运送产品(即通过哪些路线) 使得总的运输费用最小呢? 这个问题可用网络来构造。用起点 s 表示工厂,终点 t 表示仓库。两条或更多路线的交点用一个节点来表示,节点间的每个路段用一条边来表示,每条边的容量是该路段所能运送的最大质量,费用是该路段运送单位质量时所需的费用。这样,问题就归结为从起点 s 到终点 t 的最小费用流问题。

例 4-3 某工厂 s 的产品可经两地 a 和 b 运往仓库 t。产品到 a 后,可直接送往 t,也可经 b 到 t。从工厂 s 到 a 最多可运送 2 吨产品,每吨运费为 100 元。从 s 到 b 最多可运送 1 吨产品,每吨运费为 300 元。从 a 到 b、a 到 t 最多可分别运送 2 吨和 4 吨产品,每吨运费分别为 100 元和 300 元。从 b 到 t 最多可运送 2 吨产品,每吨运费为 100 元。图 4-13 为上述最小费用流问题的网络图。问工厂如何安排运输路线,在最大可能运送产品的情况下使运费最少?

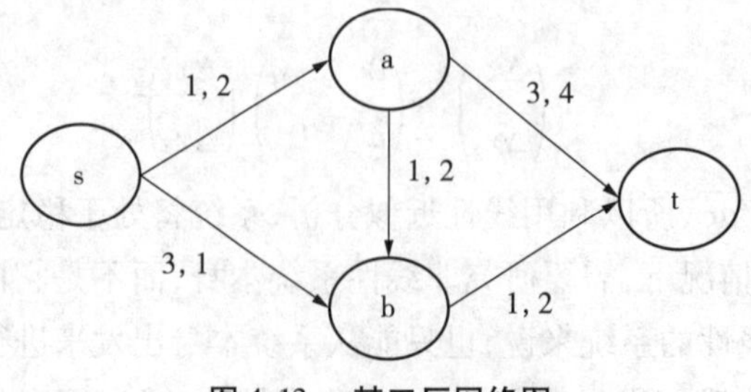

图 4-13 某工厂网络图

现说明最小费用流算法。给网络的每个节点赋予整数$P(x)$，$P(x)$称为节点数。起点s的$P(\mathrm{s})=0$，终点t的$P(\mathrm{t})=P$，对其他所有节点x，有$0 \leqslant P(x) \leqslant 1$。边$(x,y)$只有满足$P(y)-P(x)=a(x,y)$时才能有流的变化，这里的$a(x,y)$是边$(x,y)$上的费用。如果找到一条从s到t的路，使每条边都满足$P(y)-P(x)=a(x,y)$，则一单位流量从s到t所需费用为P。

首先，令每条边上的流量为0，且令$P(x)=0$（对所有节点x）。然后，决定哪些边的流量可变化。令I是满足$P(y)-P(x)=a(x,y)$和$f(x,y)<C(x,y)$的边的集合，令R是满足$P(y)-P(x)=a(x,y)$和$f(x,y)>0$的边的集合，令N是所有不在$I \cup R$的边的集合。接着，根据上一步中定义的I,R,N来找最大流。当V个单位流已从s到t，或没有更多的流可从s到t，则结束；否则，转到下一步。最后，考虑流增加算法所做出的最后一次着色，使每个未着色的节点x的节点数增加1，回到第二步进行计算。

现用上述算法解例4-2中工厂s到仓库t的最小费用流问题。开始时，所有节点数为0，除s外，所有节点均未着色。结果如表4-1所示。

表4-1 迭代结果(1)

迭代	$P(\mathrm{s})$	$P(\mathrm{a})$	$P(\mathrm{b})$	$P(\mathrm{t})$	着色变	着色节点
0	0	0	0	0	无	s
1	0	1	1	1	(s,a)	s,a
2	0	1	2	2	(s,a), (a,b)	s,a,b
3	0	1	2	3	(s,a), (a,b), (b,t)	s,a,b,t

由表4-1可知，节点t已着色，且沿边(s,a)，(a,b)，(b,t)送2单位流量。因此，$f(\mathrm{s,a})=f(\mathrm{a,b})=f(\mathrm{b,t})=2$。接着，再进行迭代，其结果如表4-2所示。

表4-2 迭代结果(2)

迭代	$P(\mathrm{s})$	$P(\mathrm{a})$	$P(\mathrm{b})$	$P(\mathrm{t})$	着色变	着色节点
3	0	1	2	3	无	s
4	0	2	3	4	(s,b)	s,a
5	0	2	3	5	(s,b), (a,b), (a,t)	s,a,b,t

由表4-2可知，节点t已着色，沿边(s,b)，(a,b)，(a,t)从s到t送1单位流量。因此，$f(\mathrm{s,a})=2$，$f(\mathrm{s,b})=1$，$f(\mathrm{a,t})=1$，$f(\mathrm{b,t})=2$。继续迭代，其结果如表4-3所示。

表4-3 迭代结果(3)

迭代	$P(\mathrm{s})$	$P(\mathrm{a})$	$P(\mathrm{b})$	$P(\mathrm{t})$	着色变	着色节点
6	0	2	3	5	无	s

这时，从s到t的流量已达最大，因为从着色点到未着色点的边(s,a)和边(s,b)都已饱和。因此，现有的3单位的流量是最小费用下的最大流。

总费用 = (2 × 1) + (1 × 3) + (1 × 1) + (1 × 3) + (2 × 1) = 1 100

最小费用流模型比较简单，且只适用于费用为正的情况。

2) 随机网络(GERT) 模型

GERT(Graphical Evaluation and Review Technique)是20世纪60年代中期发展起来的处理随机网络的一种网络技术，是应用于系统分析的一种近代化的方法。目前，它已成功地应用于空间科学研究、钻探油井、工业合同谈判、费用分析、人口动态、维修和可靠性研究、运输网络、事故的发生和防止、计算机算法等方面。下面将介绍两个简单的随机网络模型。

例 4-4 有一个稿件处理(审查)随机网络模型，作者将稿件寄至编辑部，经内部处理(登记、复制)后分别寄给审稿人甲和乙审查。并且规定，只有两位审稿人同时认为该稿可用后才能采用，甲和乙只要有一人认为不能采用就退稿。稿件处理模型如图 4-14 所示。

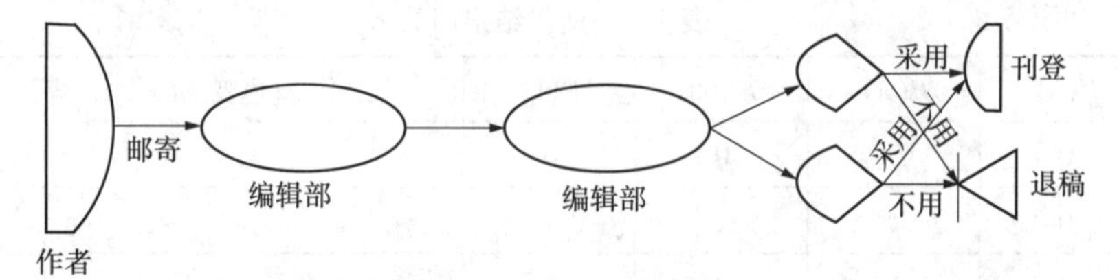

图 4-14 稿件处理模型

例 4-5 有一个两阶段训练计划。第一阶段训练后有 3 种可能：失败、进行第二阶段训练、回到第一阶段训练。第二阶段训练后，也有 3 种可能：失败、训练成功、回到第二阶段重新训练。其模型如图 4-15 所示。

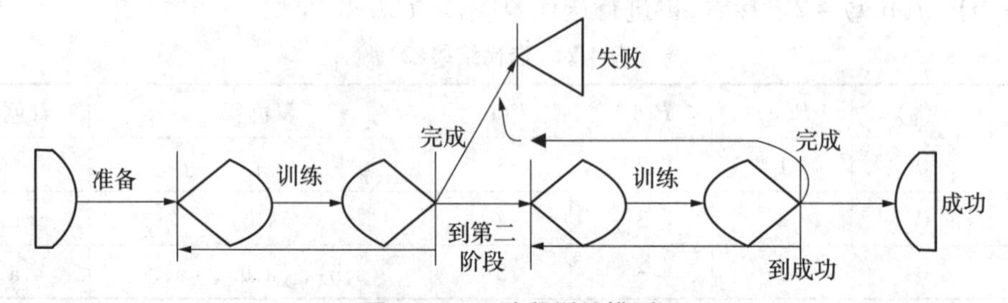

图 4-15 两阶段训练模型

从这两个例子可以看到随机网络有下列一些特点：

① 网络的支路不一定都能实现。图 4-14 中，每个审稿人对稿件的意见只能是采用或不采用。图 4-15 中，每阶段训练完毕后只能是 3 种结果中的任一种。

② 多个汇节点(即有多种结果)。图 4-14 中，对稿件审查有两种结果(采用与退稿)。图 4-15 中，训练计划也有两种结果(成功与失败)。

③ 网络中有反馈环。这意味着节点可以重复出现。图 4-15 中，每阶段训练完成后，若训练不成功，可重新回到该阶段训练，并且可重复多次。

④ 节点实现的工序不一定等于终接在该节点上的工序，它可以小于终接在该节点上的

工序。图4-14中，对于退稿事件，只要审稿人甲或审稿人乙两者之一认为不采用即可实现。图4-15中，对于失败事件，只要第一阶段或第二阶段完成后不成功即可实现。

⑤ 概率分布不同。与每道工序结合的时间可有各种不同的概率分布。

⑥ 两节点间有支路。两节点间可有一条以上的支路等。

无论用哪种方法都必须先完成两个步骤：第一，将系统或问题的定性描述变为随机网络模型；第二，收集必要的数据描述支路。如果用支路表示某一工序，则必须知道它的实现概率，以及完成该工序所需的时间属于哪种分布形式。在完成以上两步后，才有可能分别用解析方法和仿真方法求系统的特性，如某一特定节点（事件）实现的概率、从开工到完工的时间等。

（1）解析方法

GERT网络实际上是半马尔科夫过程的图形表示。半马尔科夫过程是一种随机过程，即系统从一种状态i转移到另一种状态j，这取决于半马尔科夫过程的转移概率矩阵，但转移时间是取决于状态i和j的随机变量。实际上，半马尔科夫过程中的状态就相当于GERT网络中的事件。转移概率P_{ij}（从i到j的转移概率）就是工序(i,j)的时间。因此，可用变换方法将表示半马尔科夫过程的积分方程组变为线性方程组，对于线性方程组的计算，可直接利用信号流图来进行。

（2）仿真方法

采用仿真工具（已有专门的程序包）对GERT网络进行仿真，程序的输出结果是统计形式，而不是单一的解。系统分析人员可根据输出的统计结果来了解系统的性态。在此不做详细介绍。

思考题

1. 试阐述系统建模的常用方法。

2. 试阐述系统建模的过程。

3. 某工厂拟安装一种自动装置，据估计，初始投资I为1 000万元，服务期限10年，每年销售收入S为450万元，年总成本C为280万元，若基准收益率$ic=10\%$，分别就I、S，以及C各变动$\pm 10\%$时，对该项目的内部报酬率做敏感性分析，并请判断该投资项目抵御风险的能力。

4. 假设一所大学学制为5年，每年招收1 000名学生，一年级至三年级采用相同的淘汰率和留级率，比例为a，四年级只采用淘汰制，淘汰率为b，升至五年级后可全部毕业。据此建立相应的动态模型。

5. 在由居民、企业组成的社会系统中，假设k，c表示人均持有资本与消费量，其随时间变化的动态方程可表示为$\frac{\mathrm{d}k}{\mathrm{d}t}=f(k)-c-(n+\delta)k$，$\frac{\mathrm{d}c}{\mathrm{d}t}=-\frac{u'(c)}{u''(c)}[f'(k)-(n+\delta+r)]$。其中，$f(k)$为企业采用资本进行生产的生产函数，且满足$f'(k)\geqslant 0$，$f''(k)\leqslant 0$；$n$与$\delta$分别表示人

口增长率与资本折旧率；$u(c)$ 表示居民通过进行消费得到的效用函数，且满足 $u'(c) \geqslant 0$，$u''(c) \leqslant 0$；r 表示贴现率。试用相图分析该系统的稳定性。

6. 在自然界中，如生活在草原上的狼和羊，种群之间捕食者与被捕食者组成的系统关系普遍存在。两个弱肉强食的种群，其发展和演进会遵循一定规律。假设 $x_1(t)$、$x_2(t)$ 表示处于弱肉强食关系中甲、乙种群在 t 时刻的数量。甲种群只以乙种群为食物资源，a_1、b_1 为两个折算因子，分别表示一个单位数量的甲物种维持其正常生存需占用的资源量、一个单位数量的乙物种为甲种群所提供的资源量。甲种群数量的增长率 $\dot{x}_1(t)$ 与该种群数量 $x_1(t)$ 成正比，同时也与有限资源 $s_1(t)$ 成正比。r_1 表示甲种群的固有增长率。乙种群可以独立存在，但可直接利用的自然资源有限，设总量为"1"。a_2 表示一个单位数量的乙物种维持其正常生存需占用的资源量，$N_2 = \dfrac{1}{a_2}$ 表示乙种群在单种群情况下自然资源所能承受的最大种群数量。乙种群数量的增长率 $\dot{x}_2(t)$ 可以分解为两部分进行考虑：其一，不考虑甲种群的影响，乙种群自由发展，其增长率与该种群数量 $x_2(t)$ 成正比，同时也与有限资源 $s_2(t)$ 成正比，且 r_2 表示乙种群的固有增长率；其二，将由于被甲种群捕食造成乙种群增长的负面影响为被捕杀率，它与甲、乙两个种群的数量均正相关，这里简单地设其服从正比例关系，比例系数为 $r_2 - b_2$。试对以上系统建模并分析其中的规律。

7. 某市政府决定修建一个小型体育馆，通过竞标，一家本地建筑公司获得此项工程，并且希望尽快完工，各任务间的关系以及费用如表 4-4 所示。求：工程最早完成时间。如果市政府希望能够提前完工，为此向建筑公司提出工期每缩短一周，则支付 3 万元奖励。为缩短工期，建筑公司需要雇用更多的工人，并租借更多设备（表中额外支出部分）。请设计施工方案使建筑公司的利润最大。

表 4-4　体育馆施工数据

任务	描述	耗时	先决任务	最大缩短时间	每周额外支出（万元）
1	工地布置	2	没有	0	—
2	场地平整	16	1	3	3.0
3	打地基	9	2	1	2.6
4	通路及其他道路网络	8	2	2	1.2
5	底层施工	10	3	2	1.7
6	主场地施工	6	4,5	1	1.5
7	划分更衣室	2	4	1	0.8
8	看台电气布置	2	6	0	—
9	顶部施工	9	4,6	2	4.2
10	照明系统	5	4	1	2.1
11	安装阶梯看台	3	6	1	1.8
12	封顶	2	9	0	—

续表

任务	描述	耗时	先决任务	最大缩短时间	每周额外支出(万元)
13	更衣室	1	7	0	—
14	建造售票处	7	2	2	2.2
15	第二通路	4	4,14	2	1.2
16	信号设施	3	8,11,14	1	6.0
17	草坪与附属运动设施	9	12	3	1.6
18	交付使用	1	17	0	—

第5章 系统仿真

5.1 系统仿真原理及其分类

5.1.1 概念及原理

系统仿真(System Simulation)就是根据系统分析的目的,在分析系统各要素性质及其相互关系的基础上,建立能描述系统结构或行为过程,且具有一定逻辑关系或数学方程的仿真模型,据此进行实验或定量分析,以获得正确决策所需的各种信息。系统仿真可以用一定的逻辑关系式和函数关系式来反映系统内要素间的关联性,也就是说系统仿真将系统描述为一定的模型,并利用模型对系统进行实验和研究。

由此可知,第一,系统仿真是一种有效的“实验”手段,它为一些复杂系统创造了一种“柔性”的计算机实验环境,使人们有可能在短时间内从计算机上获得对系统运动规律和未来特性的认识。第二,系统仿真实验是一种计算机上的软件实验,因此它需要较好的仿真软件(包括仿真语言)来支持系统的建模仿真过程。第三,系统仿真的输出结果是在仿真过程中由仿真软件自动给出的。第四,一次仿真结果,只是对系统行为的一次抽样,因此一项仿真研究往往由多次独立的重复仿真所组成,所得到的仿真结果也只是具有一定样本量的随机样本。因此,系统仿真往往要进行多次试验的统计、推断,以及对系统的性能和变化规律做多因素的综合评估。

系统仿真的原理或实质:第一,它是一种对系统问题求数值解的计算技术,尤其当系统无法建立数学模型时,仿真技术却能有效地处理这类问题。第二,系统仿真是一种人为的实验手段,它和现实系统实验的差别在于,仿真实验不是依据实际环境,而是在作为实际系统映像的系统模型以及相应的“人造”环境下进行的。第三,在系统仿真时,尽管要研究的是某些特定时刻的系统状态或行为,但仿真过程也恰恰是对系统状态或行为在时间序列内全过程的描述。换句话说,仿真可以比较真实地描述系统的运行、演变及其发展过程。也就是说,当环境对系统产生刺激时,系统的状态就会发生变化,并且以输出的方式对环境发生影响。要了解系统的这种动态特性,就可以在计算机上不断地改变系统模型的输入变量及参数,而求解这种变化的结果,这就是系统仿真的实质。

5.1.2 特　征

系统仿真具备了以下特征:对一些难以建立物理模型和数学模型的对象系统,就可通过仿真模型顺利地解决预测、分析和评价等系统问题;通过系统仿真,可以把一个复杂系统分解成若干子系统以便分析;仿真的过程也是实验的过程,而且还是系统地收集和积累信息的过程,尤其是对一些复杂的随机问题,应用仿真技术便能够提供所需的信息;系统仿真能启发新的思想或新的策略,还能暴露出原系统中隐藏着的一些问题,以便及时解决。

目前,系统仿真作为系统研究和系统工程实践中的一个重要技术手段,在各应用领域中表现出越来越强的生命力。在求解一些复杂系统问题中,系统仿真有优点,也有缺点,其主要优点为:采用问题导向来建模分析,并使用人机友好的计算机软件,使建模仿真直接面向分析人员,令他们可以集中精力研究问题的内部因素及其相互关系,从而被广大科研人员及管理人员所接受;为分析人员和决策人员提供了一种有效的实验环境,他们的设想和方案可以通过直接调整模型的参数或结构来实现,并通过模型的仿真运行得到"实施"结果,从而可以从中选择满意的方案;面向实际过程和系统问题时,将不确定性作为随机变量纳入系统变量来进行处理,建立系统的内部结构关系模型,从而可以方便地通过计算机仿真试验求解复杂的、带有多种随机因素的系统,避免了求解复杂数学模型的困难。这也是目前系统仿真得到广泛应用的最根本的原因。

然而,仿真技术也并非十全十美,它也有自身的缺点:仿真建模直接面向实际问题,对于同一问题,建模者的认识和看法会有差异,往往会得到迥然不同的模型,模型运行的结果自然也就不同,因此,仿真建模常被称为非精确建模,或人们认为仿真建模是一种"艺术"而不是一种纯粹的技术;开发仿真软件,建立、运行仿真模型是一项艰巨的工作,它们需要进行大量的编程、调试和重复运行试验,这也是极其耗时、耗力和耗费资金的;只能得到问题的一个特解或可行解,不能获得问题的通解或者是最优解,且仿真参数的调整往往具有极大的盲目性,因而寻找优化方案将消耗大量的人力和物力。

以上系统仿真的缺点是由仿真本身的性质所造成的,但随着计算机科学的发展和系统仿真方法研究的深入,这些问题正在得到不同程度的解决。随着计算机软硬件性能的提高,出现了所谓的图形建模、可视建模,它们使仿真建模工作变得更加轻松、方便;由于智能化技术的引入,也产生了所谓的自动建模环境,仿真建模的科学性得到进一步的提高;此外,计算机技术中的多媒体技术、虚拟现实技术、分布式网络技术的引入更使系统仿真技术如虎添翼,它们与仿真技术相结合成为崭新的研究方向。

5.1.3 分　类

根据系统仿真的定义,实施一项系统仿真的研究工作,包含3个基本要素,即系统对象、系统模型以及计算机工具。因此,对于仿真中不同的基本要素组合,就必须使用不同类型的仿真技术。系统仿真最基本的分类方式有以下3种。

根据系统对象的性质,系统仿真可分成连续系统仿真和离散系统仿真。连续系统是指系统状态随时间连续变化的系统,系统行为通常是一些连续变化的过程。连续系统模型通常用一组方程式描述,如微分方程、差分方程等。注意差分方程形式上是时间离散的,但状态变量的变化过程本质上是时间连续的,如人口的变化过程、导弹运动过程、化工过程等。离散事件系统指的是表征系统性能的状态只在随机的时间点上发生跃变,且这种变化是由随机事件驱动的,在两个时间点之间,系统状态不发生任何变化。例如,银行就是一个离散事件系统,因为状态变量只有在顾客到达或离开时才有变化。离散事件仿真就是通过建立表达上述过程的模型,并在计算机上人为构造随机事件环境,模拟随机事件的发生、终止、变化的过程,以获得系统状态随之变化的规律和行为。

根据系统模型的基本类型,系统仿真可分为物理仿真、数学仿真和物理-数学仿真。物理仿真是指对与真实系统相似的物理模型进行实验研究的过程,如用电路系统模拟机械振动系统等。物理仿真的优点是真实感强,直观、形象,但缺点是仿真建模周期长、花费大、灵活性不够好。数学仿真是指建立可计算的系统数学模型,并在计算机上对数学模型进行仿真实验的过程。计算机为数学模型的建立与实验提供了巨大灵活性,与物理仿真相比,数学仿真更加经济、灵活、方便。数学仿真又可以分为解析仿真和随机仿真。所谓解析仿真就是利用已建立的数学模型,利用解析的方法求出最佳的决策变量值,从而使系统得到优化。然而,在大多数情况下,往往由于问题本身的随机性质,或数学模型过于复杂,这时采用解析的方法不容易或根本无法求出问题的最优解,在这种情况下,就要借助随机仿真。物理-数学仿真指的是在仿真中同时使用物理模型和数学模型,并将它们通过计算机软硬件接口连接起来进行实验,也称为半实物仿真。

根据仿真中所用的计算机类型,系统仿真可分为模拟仿真、数字仿真和混合仿真。模拟仿真是基于系统模型数学上的同构和相似原理,通过专用的模拟计算机进行仿真实验。模拟仿真的主要优点在于所有运算都是同时进行的,所以运算速度快;而且其整个运算为连续量,易于与实物连接。这两点使模拟计算机在快速、实时仿真方面至今仍保持有一定优势。其主要缺点是解题精度低,一般仅为百分之几;对一些特殊的系统,用电子线路来进行仿真不仅线路上比较复杂,而且精度也不易保证;存储和逻辑功能差,且通用性和灵活性也不够好。数字仿真是基于数值计算方法,利用数字计算机和仿真软件,对系统进行建模仿真实验的过程。数字仿真能很好地解决模拟仿真时的不足,即使是小型的数字计算机,运算精度通常也可达到6~7位有效数字,所以精度远高于模拟计算机。对于一些特殊环节,用数字计算机来仿真是很容易的。另外,用数字计算机来仿真时使用方便,修改参数也容易。所以,数字仿真具有自动化程度高、推理判断能力强、快速、灵活、方便、经济等特点,而且可以获得较高精度。而混合仿真是将模拟仿真和数字仿真相结合的一种仿真方法,主要包括模拟计算机、数字计算机以及它们之间的信息转换(通常是A/D、D/A转换)界面。混合仿真具有模拟仿真和数字仿真的优点,如快速、高精度、灵活等,它在某些大系统的实时仿真中具有很大优势。此外,由于其具有高速求解能力,混合仿真还可广泛应用于参数优化、最优控制以及统计寻优和统计计算等方面。

5.2 连续系统仿真

仿真是真实过程或系统在整个时间内运行的模仿,系统仿真的基本方法是建立系统的结构模型和量化分析模型,并将其转换为适合在计算机上编程的仿真模型,然后对模型进行仿真实验。由于连续系统和离散系统的数学模型有很大差别,所以系统仿真方法基本上分为两大类,即连续系统仿真方法和离散系统仿真方法。

连续系统是指系统中的状态变量随时间连续地变化的系统。由于连续系统的关系式要描述每一个实体属性的变化率,所以连续系统的数学模型通常由微分方程组成。当系统比较复杂,尤其是引入非线性因素后,此微分方程经常不可求解,至少非常困难,所以要采用仿真方法求解。其基本思想为:将用微分方程所描述的系统转变为能在计算机上运行的模型,然后进行编程、运行或做其他处理,以得到连续系统的仿真结果。

连续系统仿真方法根据仿真时所采用计算机的不同,可分为模拟仿真法、数字仿真法以及混合仿真法。在连续系统仿真中,还需要解决仿真任务分配、采样周期选择和误差补偿等特殊问题。

5.2.1 连续系统数学模型

表达连续系统常用的数学模型主要有常微分方程模型、差分方程模型、传递函数模型和状态方程模型。

1) 常微分方程模型

一个线性定常系统可由下列 n 阶线性常微分方程描述:

$$a_0 \frac{\mathrm{d}^n}{\mathrm{d}t^n}c(t) + a_1 \frac{\mathrm{d}^{n-1}}{\mathrm{d}t^{n-1}}c(t) + \cdots + a \frac{\mathrm{d}}{\mathrm{d}t}c(t) + a_n c(t)$$

$$= b_0 \frac{\mathrm{d}^m}{\mathrm{d}t^m}r(t) + b_1 \frac{\mathrm{d}^{m-1}}{\mathrm{d}t^{m-1}}r(t) + \cdots + b_{m-1} \frac{\mathrm{d}}{\mathrm{d}t}r(t) + b_m r(t) \tag{5-1}$$

其中,$c(t)$ 为系统输出量,$r(t)$ 为系统输入量,$a_i(i=0,1,2,\cdots,n)$ 及 $b_j(j=0,1,\cdots,m)$ 是与系统结构及参数有关的常系数,一般有 $m \leqslant n$。

2) 差分方程模型

在离散时间系统理论中,所涉及的数字信号总是以序列的形式出现。对于一般的线性定常离散时间系统 t 时刻的输出 $c(t)$,不仅与 t 时刻输入 $r(t)$ 有关,而且与 t 时刻以前的输入 $r(t-1)$、$r(t-2)$ 有关。这种一般关系可用下列 n 阶差分方程来描述:

$$c(t) + a_1 c(t-1) + a_2 c(t-2) + \cdots + a_{n-1} c(t-n+1) + a_n c(t-n)$$

$$= b_0r(t) + b_1r(t-1) + \cdots + b_{m-1}r(t-m+1) + b_mr(t-m) \tag{5-2}$$

或者

$$\begin{aligned} & c(t+n) + a_1c(t+n-1) + \cdots + a_{n-1}c(t-1) + a_nc(t) \\ = & b_0r(t+m) + b_1r(t+m-1) + \cdots + b_{m-1}r(t+1) + b_mr(t) \end{aligned} \tag{5-3}$$

在式(5-2)和式(5-3)中,$a_i(i=0,1,2,\cdots,n)$及$b_j(j=0,1,\cdots,m)$也是常系数,且$m \leqslant n$,式(5-2)称为n阶后向差分方程,而式(5-3)称为n阶前向差分方程。

3)传递函数模型

对于式(5-1)的常微分方程模型,如果令$r(t)$和$c(t)$及其各阶导数在$t=0$时的值均为0,即零初始条件,然后两边做Laplace变换,且令$\varphi[c(t)]=C(s)$,$\varphi[r(t)]=R(s)$,则有

$$(a_0s^n + a_1s^{(n-1)} + \cdots + a_{(n-1)}s + a_n)C(s) = (b_0s^m + b_1s^{(m-1)} + \cdots + b_{(m-1)}s + b_m)R(s)$$

于是,系统的传递函数模型为

$$G(s) = \frac{C(s)}{R(s)} = \frac{b_0s^m + b_1s^{m-1} + \cdots + b_{m-1}s + b_m}{a_0s^n + a_1s^{n-1} + \cdots + a_{n-1}s + a_n} \tag{5-4}$$

传递函数模型是许多连续系统的数学模型,比如控制系统、过程系统等。传递函数模型的最大特点是它与系统的结构和参数有关,而与输入量的形式无关。

4)状态方程模型

状态是表征系统运动的信息,确定系统状态的一组独立的(数量最少的)变量称为状态变量。给定系统$t_1(t_1 > t_0)$时刻的状态及$t \geqslant t_1$的输入$u(t)$,则可以唯一确定$t \geqslant t_1$的系统状态。

状态方程模型实际就是描述动态系统变化规律的数学模型,它表达了状态变量的一阶导数与状态变量、输入量之间的关系。设线性系统有p个输入,状态变量为$x_1,x_2,\cdots,x_n$,则一般形式的线性系统的状态方程为

$$\begin{cases} \dot{x}_1 = a_{11}x_1 + a_{12}x_2 + \cdots + a_{1n}x_n + b_{11}u_1 + b_{12}u_2 + \cdots + b_{1p}u_p \\ \dot{x}_2 = a_{21}x_1 + a_{22}x_2 + \cdots + a_{2n}x_n + b_{21}u_1 + b_{22}u_2 + \cdots + b_{2p}u_p \\ \vdots \\ \dot{x}_n = a_{n1}x_1 + a_{n2}x_2 + \cdots + a_{nn}x_n + b_{n1}u_1 + b_{n2}u_2 + \cdots + b_{np}u_p \end{cases} \tag{5-5}$$

写成矩阵向量形式有

$$\boldsymbol{X} = \boldsymbol{AX} + \boldsymbol{BU} \tag{5-6}$$

式中,

$$\boldsymbol{X} = \begin{pmatrix} x_1 \\ x_2 \\ \vdots \\ x_n \end{pmatrix}, \boldsymbol{A} = \begin{pmatrix} a_{11} & \cdots & a_{1n} \\ \vdots & \ddots & \vdots \\ a_{n1} & \cdots & a_{nn} \end{pmatrix}, \boldsymbol{B} = \begin{pmatrix} b_{11} & \cdots & b_{1p} \\ \vdots & \ddots & \vdots \\ b_{n1} & \cdots & b_{np} \end{pmatrix}, \boldsymbol{U} = \begin{pmatrix} u_1 \\ u_2 \\ \vdots \\ u_p \end{pmatrix}$$

这里，$\boldsymbol{X}$ 是状态向量，$\boldsymbol{U}$ 是 p 维输入向量，$\boldsymbol{A}$ 通常是与系统结构和参数有关的 $n \times n$ 状态矩阵，$\boldsymbol{B}$ 为输入矩阵。

状态方程模型通常可由系统微分方程或传递函数导出。比如，设有 SISO 线性定常连续系统微分方程

$$y^{(n)} + a_{n-1}y^{(n-1)} + \cdots + a_1 y + a_0 y = b_0 u \tag{5-7}$$

于是，有

$$\boldsymbol{X} = \boldsymbol{AX} + b_0 u \tag{5-8}$$

其中，

$$\boldsymbol{A} = \begin{pmatrix} 0 & 1 & 0 & \cdots & 0 \\ 0 & 1 & 1 & \cdots & 0 \\ \vdots & \vdots & \vdots & \ddots & \vdots \\ 0 & 0 & 0 & \cdots & 1 \\ -a_0 & -a_1 & -a_2 & \cdots & -a_{n-1} \end{pmatrix}$$

同时，系统输出 $\boldsymbol{y} = (1, 0, \cdots, 0)\boldsymbol{X}$，或写成

$$\boldsymbol{y} = C\boldsymbol{X} \tag{5-9}$$

由式(5-8) 和式(5-9)，就可得到系统完整状态空间模型为

$$\begin{cases} \boldsymbol{X} = \boldsymbol{AX} + b_0 u \\ \boldsymbol{y} = C\boldsymbol{X} \end{cases} \tag{5-10}$$

5.2.2　常微分方程数值解法

从上一小节的模型相互转换中看出，除差分方程以外，连续系统仿真的实质是常微分方程的数值求解。差分方程的数值求解相对是比较方便的，利用递推迭代就可完成，因此这里不再做相关的介绍，感兴趣的同学可参考相关文献。

常微分方程的数值求解就是数值积分算法，这些算法很多。简单的有欧拉法(二阶)、梯形法以及预报校正法，最常用的是高阶龙格 - 库塔法以及复杂的亚当斯法等。本章将给出最常用的四阶龙格 - 库塔方法，具体推导过程请查阅相关文献。

假设系统方程为

$$\begin{cases} \dot{x}_i(t) = f_i(x_1(t), x_2(t), \cdots, x_n(t),\ t) \\ \qquad\quad = f_i(X(t),\ t) \\ x_i(t_0) = x_{i0}, i = 1, 2, \cdots, n \end{cases} \tag{5-11}$$

于是，求解此微分方程组的四阶龙格 - 库塔公式为

$$
\begin{cases}
x_i(k+1)=x_i(k)+\dfrac{h}{6}(\boldsymbol{K}_{1i}+2\boldsymbol{K}_{2i}+2\boldsymbol{K}_{3i}+\boldsymbol{K}_{4i}),i=1,2,\cdots,n\\
\boldsymbol{K}_{1i}=f_i(X(k),t_k)\\
\boldsymbol{K}_{2i}=f_i\left(X(k)+\dfrac{h}{2}\boldsymbol{K}_1,t_k+\dfrac{h}{2}\right)\\
\boldsymbol{K}_{3i}=f_i\left(X(k)+\dfrac{h}{2}\boldsymbol{K}_2,t_k+\dfrac{h}{2}\right)\\
\boldsymbol{K}_{4i}=f_i\left(X(k)+\dfrac{h}{2}\boldsymbol{K}_3,t_k+\dfrac{h}{2}\right)
\end{cases}
\tag{5-12}
$$

其中,k 为迭代步数,h 为积分步长。而 $\boldsymbol{K}_1$、$\boldsymbol{K}_2$、$\boldsymbol{K}_3$、$\boldsymbol{K}_4$ 分别为由 $\boldsymbol{K}_{1i}$、$\boldsymbol{K}_{2i}$、$\boldsymbol{K}_{3i}$、$\boldsymbol{K}_{4i}$($i=1,2,\cdots,n$)组成的 $n\times 1$ 向量。此外可以证明(证明过程略),四阶龙格 - 库塔法的截断误差为 $o(h^5)$,这在许多情况下已能满足精度要求。

5.2.3 连续系统仿真技术

1)连续系统仿真过程与机制

实际上,对连续系统仿真的过程就是实现数值积分算法的过程。以采用四阶龙格 - 库塔法为例,这一过程如图 5-1 所示。

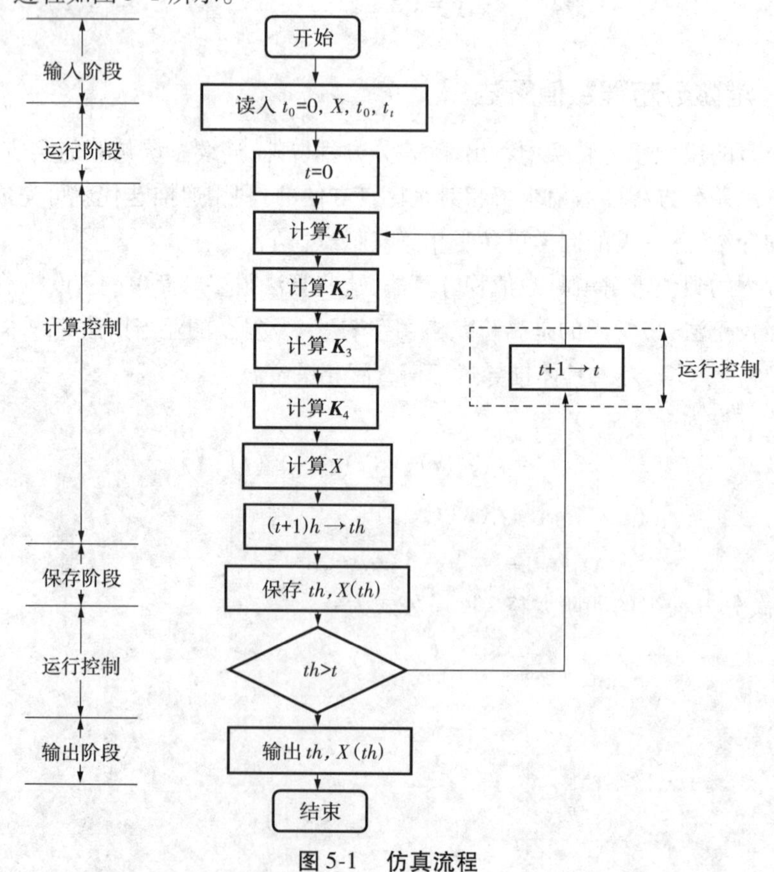

图 5-1 仿真流程

2）连续系统仿真软件

由图5-1给出的连续系统仿真流程可以看出，它大致可以分成若干阶段。根据这一流程的阶段划分，一个连续仿真软件至少要包括初始化模块、输入模块、运行控制模块、计算（积分-微分）模块、结果保存模块以及结果输出模块等。尽管对于不同的仿真软件，上述模块的作用和功能可能有所不同，但总体来说上述结构是适用的。

目前，进行连续系统仿真的软件有很多，最著名的有CSSL、CSMP、SLAM等。这些仿真软件有的面向方程式，如CSMP，它可以直接输入微分方程式；有的面向方框图，如CSSL等；还有的二者兼有。所谓方框图，就是将系统的模型，如微分方程或者传递函数，根据其中变量之间的结构关系，并按仿真软件的标准，绘制方框图。

5.2.4 连续系统仿真的应用举例

例5-1 飞行仿真是连续系统仿真的重要应用之一。现研究一个飞机在俯仰平面中的运动，如图5-2所示。

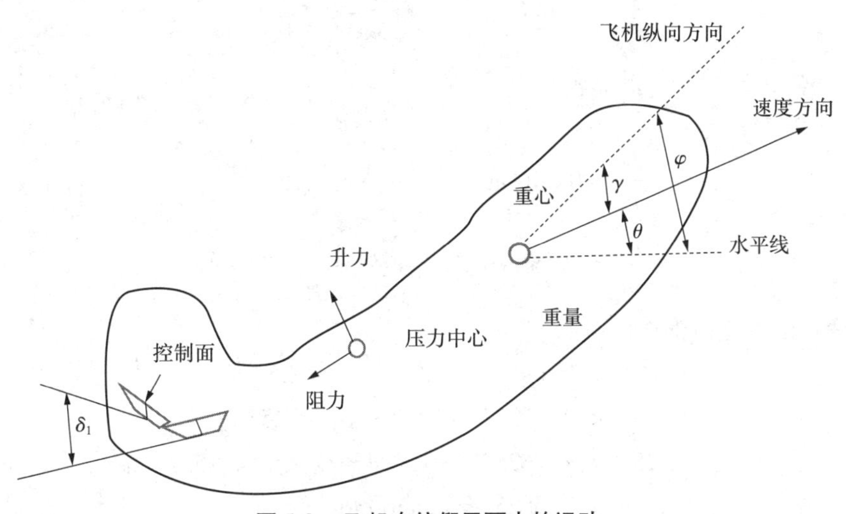

图5-2 飞机在俯仰平面中的运动

上例的目的是研究飞机速度、俯仰角、飞行轨迹角随时间怎样变化。相应于某一组稳态值，初始条件是给定的。升降舵的偏转 δ_1 是唯一的控制参数，它是给定的，并且是时间的函数。当 v,θ,φ 的变化较小时，系统是线性的，则描述系统的数学模型为

$$
\begin{cases}
m\dfrac{\mathrm{d}v}{\mathrm{d}t}=-D_v v-D_\gamma\gamma-(mg\cos\theta_1)\theta & \text{（速度方向运动）}\\
m\nu_1\dfrac{\mathrm{d}\theta}{\mathrm{d}t}=L_v v+L_\gamma\gamma+L_{\delta_1}\delta_1+L_\varphi\dfrac{\mathrm{d}\varphi}{\mathrm{d}t}+(mg\sin\theta_1)\theta & \text{（升力）}\\
I\dfrac{\mathrm{d}^2\varphi}{\mathrm{d}t^2}=M_v v+M_\gamma\gamma+M_{\delta_1}\delta_1+M_\varphi\dfrac{\mathrm{d}\varphi}{\mathrm{d}t} & \text{（俯仰运动）}\\
\gamma=\varphi-\theta & \text{（攻角定义）}
\end{cases}
$$

其中,t 为时间;ν_1 为飞机在稳态条件下的速度;θ_1 为稳态条件下的飞行轨迹角;φ 为稳态条件下的俯仰姿态角;ν 为速度变化;θ 为飞行轨迹角的变化;φ 为俯仰姿态角的变化;$\gamma = \varphi - \theta$ 为攻角的变化;δ_1 为升降舵偏角变化;g 为重力加速度;m 为飞机质量;I 为俯仰角的惯性矩;$D(v,\gamma)$ 为阻力;$L\left(v,\gamma,\delta_1,\frac{d\varphi}{dt}\right)$ 为升力;$M\left(v,\gamma,\delta_1,\frac{d\varphi}{dt}\right)$ 为俯仰气动力矩。

D_v、L_v、M_γ、M_δ 等是 D、L、M 相应于其下标变量的偏导数,所有这些导数是在稳态条件下获得的,即满足

$$\delta_1 = \frac{dv}{dt} = \frac{d\theta}{dt} = \frac{d\varphi}{dt} = \frac{d\gamma}{dt} = 0$$

设在某一给定条件下的参数值为

$$\frac{D_\gamma}{m} = 5.06\ \text{m/s}^2 \qquad \frac{L_{\delta_1}}{m} = -8.1\ \text{m/s}^2$$

$$g = 9.8\ \text{m/s}^2 \qquad \frac{L_{\dot\varphi}}{m} = 0.51\ \text{m/s}^2$$

$$\frac{D_v}{m} = 0.006\ \text{m/s}^2 \qquad \frac{M_v}{I} = 0$$

$$\theta_1 = 0 \qquad \frac{M_\gamma}{I} = -11.9\ \text{s}^{-2}$$

$$\frac{L_v}{m} = 0.072\ \text{m/s}^2 \qquad \frac{M_{\delta_1}}{I} = 10.3\ \text{s}^{-2}$$

$$\frac{L_\gamma}{m} = 72.5\ \text{m/s}^2 \qquad \frac{M_{\dot\varphi}}{I} = -0.679\ \text{s}^{-2}$$

对于变量的变化范围估计有

$$0 \leqslant t < 250\ \text{s} \qquad -25^\circ < \gamma < 25^\circ$$

$$-25^\circ < \theta < 25^\circ \qquad -25^\circ < \delta_1 < 25^\circ$$

$$-25^\circ < \varphi < 25^\circ \qquad -15.24\ \text{m/s} < v < 15.24\ \text{m/s}$$

$$(25^\circ = 0.436\ \text{rad})$$

将以上参数代入,并做 Laplace 变换,得

$$\begin{cases} sV(s) = -0.02\,V(s) - 16.6\Gamma(s) - 32.2\Theta(s) \\ 100\,s\Theta(s) = 0.0879\,V(s) + 88.2\Gamma(s) - 9.86\Delta_1(s) \\ s^2\Phi(s) = -11.9\Gamma(s) + 10.3\Delta_1(s) - 0.679\,s\Phi(s) \\ \Gamma(s) = \Phi(s) - \Theta(s) \end{cases}$$

显然从上述方程式中可以分别得到$\frac{V(s)}{\Delta_1(s)}$,$\frac{\Theta(s)}{\Delta_1(s)}$以及$\frac{\Phi(s)}{\Delta_1(s)}$,从而得到传递函数模型。将上述模型化简整理得

$$\begin{cases} V(s)=\dfrac{1}{s}[-0.02\,V(s)-16.6\Phi(s)-15.6\Theta(s)] \\ \Theta(s)=\dfrac{1}{100\,s}[0.0879\,V(s)+88.2\Phi(s)-88.2\Theta(s)-9.86\Delta_1(s)] \\ \Phi(s)=\dfrac{1}{s^2}[-(11.9+0.679\,s)\Phi(s)+11.9\Theta(s)+10.3\Delta_1(s)] \end{cases}$$

所以,得到本例 CSSL 的方框图,如图 5-3 所示。

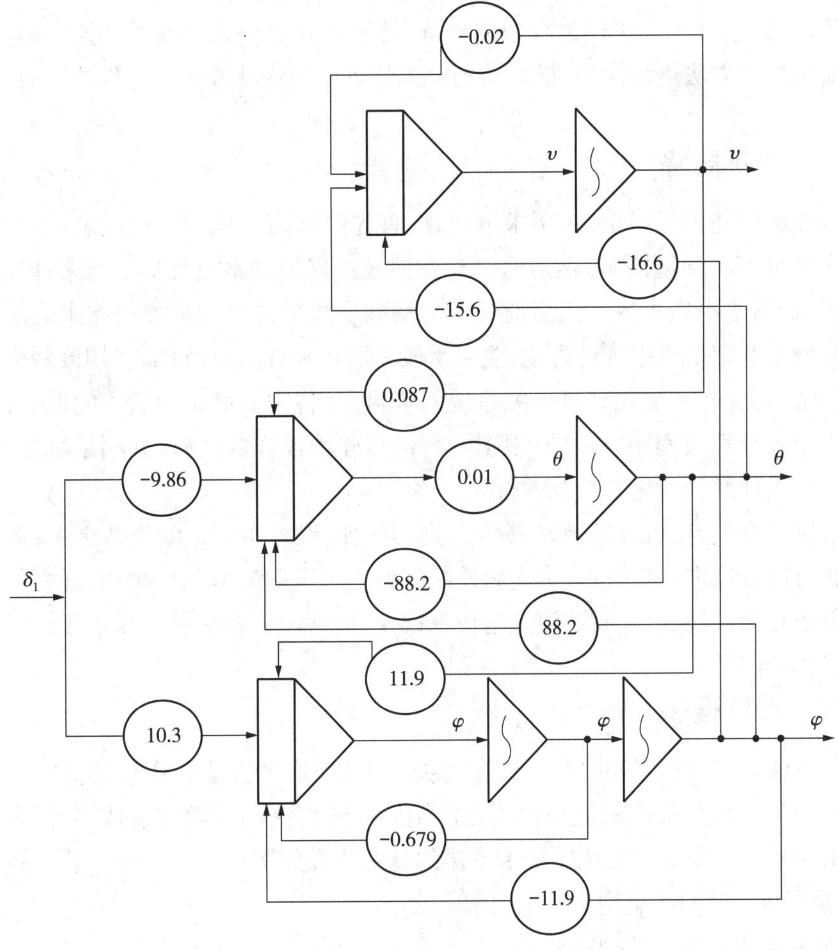

图 5-3 适于 CSSL 的方框图

5.3 蒙特卡罗法

5.3.1 概 念

蒙特卡罗法也称统计模拟法、统计试验法,是把概率现象作为研究对象的数值模拟方法,也是按抽样调查法求取统计值来推定未知特性量的计算方法。蒙特卡罗法适用于对离散系统进行计算仿真试验。在计算仿真中,该法通过构造一个和系统性能相近似的概率模型,并在数字计算机上进行随机试验,便可以模拟系统的随机特性。

用蒙特卡罗法来描述装备运用过程是1950年美国人约翰逊首先提出的。这种方法能充分体现随机因素对装备运用过程的影响和作用,更确切地反映运用活动的动态过程。在装备效能评估中,常用蒙特卡罗法来确定含有随机因素的效率指标,如发现概率、命中概率、平均毁伤目标数等;也可模拟随机服务系统中的随机现象并计算其数字特征。对一些复杂的装备运用活动,蒙特卡罗法通过合理的分解,将其简化成一系列前后相连的事件,再对每一事件用随机抽样方法进行模拟,最后达到模拟装备运用活动或运用过程的目的。

5.3.2 基本思路

蒙特卡罗法的基本思想是:为了求解问题,首先建立一个概率模型或随机过程,使它的参数或数字特征等于问题的解,然后通过对模型或过程的观察或抽样试验来计算这些参数或数字特征,最后给出所求解的近似值。解的精确度用估计值的标准误差来表示。蒙特卡罗法的主要理论基础是概率统计理论,主要手段是随机抽样、统计试验。用蒙特卡罗法求解实际问题的基本方法为:搜集整理研究系统的资料,并将它们简化为适当的形式;建立系统的逻辑流程图或计算机程序方框图;根据资料进行样本抽样的试验,并利用试验结果,预测当内部和外部条件发生变化时系统的行为。

蒙特卡罗法有优点,也有缺点。其优点为:方法的误差与问题的维数无关;对于具有统计性质问题可以直接进行解决;对于连续性的问题不必进行离散化处理。其缺点为:对于确定性问题需要转化成随机性问题;误差是概率误差;通常需要较多的计算步数。

5.3.3 操作程序

蒙特卡罗法是一种用来模拟随机现象的数学方法,这种方法在作战模拟中能直接反映作战过程中的随机性。在作战模拟中虽然能用解析法解决的问题越来越多,但在有些情况下却只能采用蒙特卡罗法。使用蒙特卡罗法的基本步骤如下:

① 根据作战过程的特点构造模拟模型。

② 确定所需要的各项基础数据。

③ 使用可提高模拟精度和收敛速度的方法。

④ 估计模拟次数。

⑤ 编制程序并在计算机上运行。

⑥ 统计处理数据,给出问题的模拟结果及其精度估计。

在蒙特卡罗法中,对同一个问题或现象可采用多种不同的模拟方法,它们有好有差,精度有高有低,计算量有大有小,收敛速度有快有慢,因此,对方法的选择要有一定的技巧。

5.3.4　应用举例

蒙特卡罗法是一种特殊的数值计算方法,这种方法基于随机取样实验,是运用实验方法确定相应的概率与数学期望值来代替一系列复杂的分析计算。显然,这是在模拟意义下的一种方法,这种方法丰富了模拟的内容。

为了说明上述概念,我们来讨论下列积分的计算:

$$I = \int_0^1 f(x)\,\mathrm{d}x$$

假定函数 $f(x)$ 界于 $0 \sim 1$,即当 $0 \leqslant x \leqslant 1$ 时,存在 $0 \leqslant f(x) \leqslant 1$。这一假定并没有对所需要做的积分计算附加任何限制条件,因此比例尺度是可以任意选择的。

做这个积分运算,就是要求出图5-4中由曲线 $f(x)$、x 轴、y 轴以及直线 $x=1$ 为边界的域 G 的面积 S。

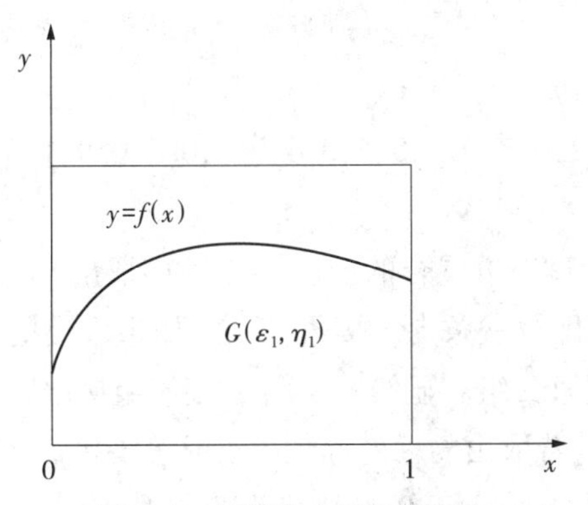

图5-4　用蒙特卡罗法求积分

用蒙特卡罗法求解所列积分问题的概念是:如果投掷器每次投出的弹子都落在 $[0 \leqslant x \leqslant 1, 0 \leqslant y \leqslant 1]$ 这个区间内,而且弹子的落点是相互独立和均匀分布的,那么弹子落在曲线下的面积 S 内的概率 p 将反映面积 S 与总面积之比,由于总面积为1,所以 $p=S$。于是,可以使用这个投掷器做实验的办法来求解。具体的实验步骤如下:

① 投掷弹子,计算投掷的累计次数 n。

② 观察弹子的落点,设某次投掷落点为 (ξ_i, μ_i)。

③ 判定弹子是否落在 $f(x)$ 曲线下面,即是否存在 $\mu_i < f(\xi_i)$。

④ 计算弹子落入 $f(x)$ 曲线下面的累计次数 m。

⑤ 求出 $p\left(p = \dfrac{m}{n}\right)$。

⑥ 判定实验的终止条件。通常依据实验的结果来判断,对此,随后再做说明。

这个实验是在计算机上进行的,即取一组(两个)随机数作为 ξ 和 μ 的值,这就是投射弹子和观察其落点的过程。如果注意到这种实验总是和分析问题时的逻辑结构相联系,那么将会得到一个非常重要的认识,即蒙特卡罗法是一个很有用的模拟手段,适应于多维问题。

我们知道,只有当实验次数充分大时,概率特征才能与分析计算接近。因此,对于随机事件的误差,我们必须要认识到:第一,误差本身也是随机性的,与非随机性情况不同,不能断言其不大于某一指定值ε,而是意味着其以多大的概率落入ε内;第二,要使精度增加一个量级,实验次数就要增加两个量级。因此,只有在高速计算机上才能完成这一实验。除此以外,另一个解决问题的途径是,从数学方法上研究模型的加速收敛。

另外一类包含随机事件的问题,如粒子穿透问题、系统的可靠性问题、战斗过程问题、随机服务问题等,它们都可以用模拟方法进行有效的研究。

例 5-2 下面通过一个小实验来形象地了解模拟方法。设有一条通信线路,共有 3 条备用支线,其中第一条支线的接通概率为 0.7,第二条为 0.3,第三条为 0.5,求这条通信线路接通的概率。

对于这一问题,可以很容易求出它的解析解为

$$p = 1 - \prod_{i=3}^{3} [1 - R_i] = 0.895$$

实验的步骤如下:

① 每次实验由 3 组构成。

② 用分别标有 0.1,0.2,0.3,0.4,0.5,0.6,0.7,0.8,0.9,1.0 数字的完全相同的圆球作为抽样系统。

③ 由第一组开始,从经过充分混合的上述10个球中取出1个,若取出的球的标数小于或等于 0.7 就代表能够接通,即第一条支线接通;反之,如果取出的球标数大于 0.7,则表示第一条支线不通,随后转入做第二组。显然,三组中任何一组接通后,随后的实验就无须再做。

④ 第二组的做法同 ③,若取出的球的标数小于或等于 0.3 就代表能够接通,即第二条支线接通;反之,如果取出的球标数大于 0.3,则表示第二条支线不通。第二组做完后,转入做第三组,第三组做法也同 ③;若取出的球的标数小于或等于 0.5 就代表能够接通,即第三条支线接通;反之,如果取出的球标数大于 0.5,则表示第三条支线不通。

⑤ 3 组都做完后,如果都不通,就表示这次实验不成功,即线路不通。

表 5-1 是此实验的结果。

表 5-1 实验结果

实验次数	一组	二组	三组	是否接通
1	0.6	—	—	是
2	0.8	0.5	0.6	—
3	0.8	0.3	—	是
4	0.9	0.4	0.4	是
5	0.9	1.0	0.4	是
6	0.1	—	—	是
7	1.0	0.6	0.1	是
8	0.1	—	—	是

续表

实验次数	一组	二组	三组	是否接通
9	0.3	—	—	是
10	0.1	—	—	是
11	0.5	—	—	是
12	1.0	0.2	—	是
13	0.1	—	—	是
14	0.3	—	—	是
15	0.6	—	—	是
16	0.3	—	—	是
17	1.0	0.7	0.8	—
18	1.0	0.8	0.7	—
19	1.0	0.5	0.1	—
20	0.6	—	—	是

由表5-1得到接通的概率 $p^* = \frac{17}{20} = 0.85$。

模拟20次，就比较接近0.895的计算值了。要提高模拟的精度，需要增加模拟的次数，还要在随机数产生机理上下功夫。随机抽取圆球，对简单情况是可行的，但对复杂问题，就必须借助计算机生成随机数。

例5-3　用蒙特卡罗法模拟 π 值。

用蒙特卡罗思想计算 π 的值分为如下几步：

① 构建几何原理：构建单位圆外切正方形的几何图形。单位圆的面积 $S_0=\pi$，正方形的面积 $S_1=4$。

② 生成随机数进行打靶：这里用MATLAB生产均匀随机数 (x,y)，(x,y) 为二维坐标，x、y 的范围为 -1—1，总共生成 N 个坐标 (x,y)，统计随机生成的坐标 (x,y) 在单位圆内的个数 M。

③ 打靶结构处理：根据 $\frac{S_0}{S_1}=\frac{M}{N}$ 计算出 π 的值。因此，$\pi=\frac{4M}{N}$。

④ 改变 N 的值分析 π 的收敛性：总数1 000开始打靶，依次增长10倍到1 000万个计数，模拟值与模拟次数如表5-2所示。

表5-2　模拟实验结果

模拟次数	1 000	10 000	100 000	1 000 000	10 000 000
模拟值	3.236	3.122	3.140 16	3.142 116	3.141 782
相对误差/%	3.005 078	−0.623 66	−0.045 6	0.016 657	0.006 013

5.4 系统动力学仿真法

5.4.1 概　述

系统动力学(System Dynamics)是由美国麻省理工学院(MIT)的J. W. 福雷斯特于20世纪50年代提出的,并最早应用在工业管理中,称为工业动力学(Industrial Dynamics)。后来,又逐步应用于城市综合研究,形成了城市动力学(Urban Dynamics)模型。最有影响的还是在20世纪70年代,系统动力学方法被应用于全球人口、资源、粮食、环境等方面的发展研究。《增长的极限》(*The Limits to the Growth*)是1972年罗马俱乐部发表的第一个研究报告,它提出了著名的世界动力学模型。由于该模型在社会、经济、环境、军事、国防以及工程等多个领域的应用在技术上没有本质差别,因此把其研究方法统称为系统动力学。

系统动力学仿真法综合应用了控制理论、系统论、信息论、计算机模拟技术、管理科学以及决策论等学科的理论和方法,建立系统动力学模型,并运用计算机进行模拟试验,以获得所需信息来分析和研究系统的结构和动态行为,为科学决策提供了可靠的依据。因为该方法是用计算机进行模拟、分析和研究复杂的社会大系统,对研究社会系统的发展战略与策略非常有效,所以,该方法被誉为“战略与策略试验”。

系统动力学仿真法是研究信息反馈系统动态行为的计算机仿真方法,它能有效地把信息反馈的控制原理与因果关系的逻辑分析结合起来。面对复杂的实际问题,系统动力学从系统的内部结构入手,建立系统的仿真模型,并对模型实施各种不同的政策方案,通过计算机仿真展示系统的宏观行为,寻求解决问题的正确途径。

系统动力学遵循着系统工程“凡系统必有结构,系统结构决定系统功能”的思想,根据系统内部组成要素互为因果的反馈特点,它从系统的内部结构来寻找问题发生的根源,而不是用外部的干扰或随机事件来说明系统的行为性质。

系统动力学仿真法是一种计算机仿真方法,而且是一种连续系统仿真方法,因此,它也有自己的仿真语言和仿真软件。虽然它的精度不够高,但作为一种结构化建模仿真方法,在许多社会经济问题中已能满足要求。

5.4.2 研究对象

系统动力学的研究对象主要是社会系统。社会系统的范围十分广泛,概括地说,凡涉及人类社会和经济活动的系统都属于社会系统,因而,企业、研究机构、宗教团体等都属于社会系统。同样,环境系统、人口系统、教育系统、经济管理系统等也都是社会系统的主要内容。

社会系统的核心是由个人或集团形成的组织,而组织的基本特征是具有明确的目的,该类系统的突出特点有以下几点:

① 社会系统中存在着决策环节。社会系统的行为总是经过采集信息，并按照某个政策进行信息加工处理做出决策后出现的，决策是一个经过多次比较、反复选择、优化的过程。

② 社会系统具有自律性。所谓自律性就是自行做主进行决策，具有自我控制、约束、管理自己的能力和特性。控制论的创始人维纳曾经在其著作中表明，从生物体到工程系统乃至社会系统的结构，都存在着反馈机制。工程系统是由于人们导入了反馈机制而具有自律性。社会系统的自律性可以用反馈机制加以解释，所不同的是社会系统中原因和结果的相互作用本身就具有自律性。因此，当研究社会系统的结构时，首先要发现和认识社会系统中所存在着的由因果关系形成的固有的反馈机制。

③ 社会系统具有非线性。所谓非线性，是指社会系统中原因和结果所呈现出的极端非线性关系。诸如，原因和结果在时间上或空间上的分离性（滞后）、出现事件的意外性以及难以直观性等。这种高度的非线性是由社会系统问题的原因和结果相互作用的多样性、复杂性等所造成的，这种特性可以用社会系统的非线性多重反馈机制加以解释和研究。

系统动力学仿真法作为一种仿真技术具有如下特点：

① 应用系统动力学研究社会系统，能够容纳大量变量，一般可达数千个以上，这正好符合社会系统的需要。

② 系统动力学的仿真试验能起到系统实验室的作用。通过人和计算机的结合，既能发挥人（系统开发人员和决策人员）对社会系统的了解、分析、评价、推理、创造等能力的优势，又能利用计算机高速计算和紧密跟踪等功能，来试验和剖析实际系统。

③ 系统动力学仿真法通过模型进行仿真计算，都采用预测未来一定时期内各种变量随时间而变化的曲线来表示。也就是说，系统动力学仿真法能处理高阶次、非线性、多重反馈的社会系统。

④ 其模型既有描述系统各要素之间因果关系的结构模型（认识和把握系统结构），又有用专门形式表现的数学模型（进行仿真试验和计算），以掌握系统未来的动态行为。因此，系统动力学仿真法是一种定性分析和定量分析相结合的仿真技术。

5.4.3　基本原理

首先通过对实际系统进行观察，采集有关对象系统的状态信息，随后使用有关信息进行决策。决策的结果是采取行动。行动又作用于实际系统，使系统的状态发生变化。这种变化又为观察者提供新的信息，从而形成系统中的反馈回路，具体如图 5-5(a) 所示。这个过程可用 SD 流（程）图表示，如图 5-5(b) 所示。

根据以上分析可归结出系统动力学的 4 个基本要素、两个基本变量和一个基本思想：系统动力学的 4 个基本要素——状态或水准、信息、决策或速率、行动或实物流；系统动力学的两个基本变量——水准变量（Level）、速率变量（Rate）；系统动力学的一个基本思想——反馈控制信息。

这里，还需要说明的是：信息流与实体流不同，前者源于系统内部，后者源于系统外部；信息是决策的基础，通过信息流形成反馈回路是构造系统动力学仿真模型的重要环节。

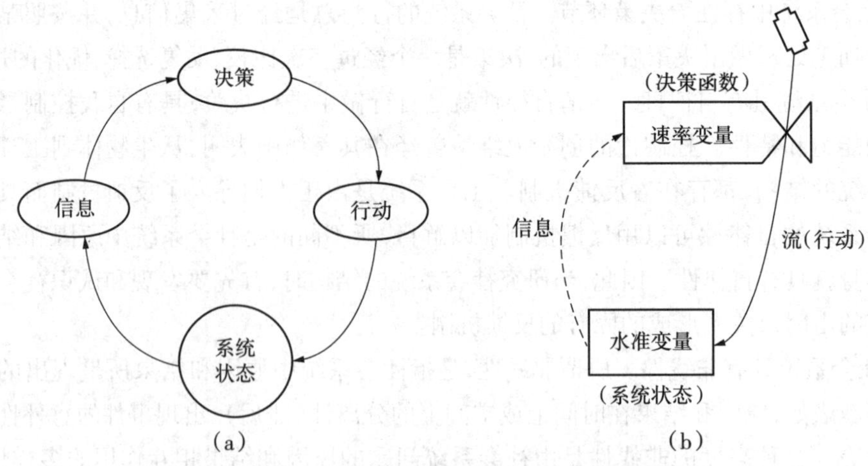

图 5-5　系统动力学仿真法的基本原理

5.4.4　建模程序

建立系统动力学仿真模型必须遵循一定的建模程序。

1) 明确系统仿真目的

用系统动力学仿真模型对社会系统进行仿真的主要目的一般是认识和预测系统的结构和未来的行为,以便进一步确定合理的系统结构和设计最佳的系统运行参数,以及为合理制定政策等提供依据。当然,在涉及具体系统问题时,还要根据要求、仿真目的应有所侧重。

2) 确定系统边界

在明确系统仿真目的后,还要确定系统的边界,因为用系统动力学仿真法分析的系统行为是基于系统内部要素的相互作用,并假定系统外部环境的变化不给系统行为带来本质影响,也不受系统内部因素的控制。

3) 因果关系分析

通过因果关系分析,要明确系统各要素间的因果关系,并用表示因果关系的反馈回路来描述。这是建模至关重要的一步,要做好这一工作,首先必须要求系统分析人员有丰富的实践经验,对开发系统有敏锐的洞察力。这样才能较正确地掌握各要素间的因果关系和反馈回路。决策是在一个或几个反馈回路中进行的,而正是因为各种反馈回路的耦合,系统的行为才趋于复杂化。

4) 建立系统动力学仿真模型

建立系统动力学仿真模型包括两个部分:第一,流程图。流程图是根据因果关系,专门由为系统动力学仿真法制订的描述各种变量的符号绘制而成。由于社会系统的复杂性,无法只凭语言和文字对系统结构和行为做出准确的描述,而用数学方程也不能清晰地描述反馈回路的机制。为了便于掌握社会系统的结构及其行为的动态特性,以及人们关于系统特性的讨论,为此专门设计了流程图这种图像模型。第二,结构方程式。流程图虽然可以简明地描述社会系统各要素间的因果关系,但不能显示出系统各变量间的定量关系,所以要采用结构方程式来进行定量分析。

5) 计算机仿真试验

根据用 DYNAMO 语言建立的结构方程式在计算机上进行仿真试验和计算。

6) 结果分析

为了知道仿真试验是否已达到预期目的,或者为了检验系统结构是否有缺陷(一般而言,导致缺陷的原因是错误的因果关系分析),必须对仿真结果进行分析。

7) 模型的修正

根据分析仿真结果,对系统模型进行修正。修正内容包括:系统结构、系统运行参数、重新确定系统边界等。修正能使模型更真实地反映实际系统的结构和行为。

以上系统动力学仿真模型的建模步骤可以用 PDCA 表示(如图 5-6 所示)。

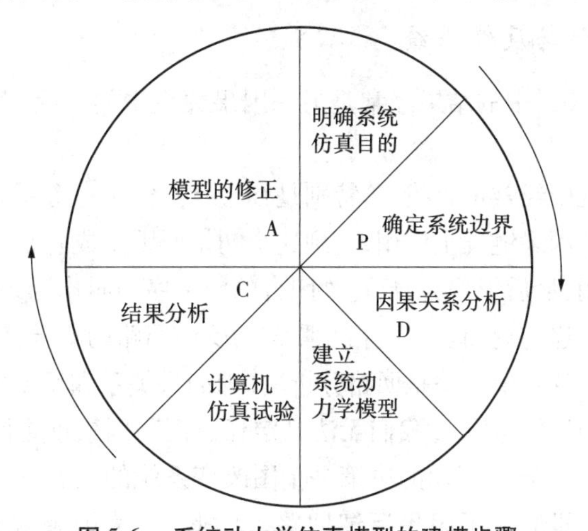

图 5-6　系统动力学仿真模型的建模步骤

5.4.5　因果反馈结构

1) 因果关系

系统是由相互联系、相互影响的元素组成。在系统动力学仿真法中,元素之间的联系或关系可以概括为因果关系,正是这种因果关系的相互作用,最终形成系统的功能和行为。所以,因果关系分析是系统动力学建模的基础,也是对系统内部结构关系的一种定性描述。通常因果关系用一个箭头线表示，即$A \to B$，变量A表示原因，变量B表示结果。箭头线标为因果链，表示A到B的作用。一般而言，当A变化时将引起B变化。假定$\Delta A > 0$、$\Delta B > 0$，分别表示变量A、B的改变量。

若满足以下3种条件之一：①A加到B中；②A是B的乘积因子；③A变到$A \pm \Delta A$，B变到$B \pm \Delta B$，即A、B的变化方向相同。则称A到B具有正因果关系，简称正关系，用"+"号标在因果链上，即$A \xrightarrow{+} B$。

若满足以下三种条例之一：①A从B中减去；②$1/A$是B的乘积因子；③A变到$A \pm \Delta A$，B变到$B \mp \Delta B$，即A、B的变化方向相反。则称A到B具有负因果关系，简称负关系，用"-"号标在因果链上，即$A \xrightarrow{-} B$。

注意这里只考虑了两两之间的因果关系，即在因果关系分析中假设其他条件都不变。对于"一果多因"的情况，应根据上述假设，分别进行单个的因果关系分析。应该说明的是，简单地把变量间的因果关系定义为正关系和负关系两种，似乎缺乏科学方法验证的严谨性，好在系统动力学仿真法的目的不在于证明变量间的关系，而是设法提供一种协助解决问题的工具，进一步的还有数量化的函数关系式，以取代这些"不那么严格"的定性分析，必要时还可考虑将某些因素之间的交互影响进行相关分析，但统计方法并不能证明因果关系的存在。

2）因果反馈回路与反馈系统

一般而言，某因果关系中的结果经常是另一因果关系中的原因，若干因果链串联起来，便形成一个因果序列。

这在一些复杂系统中经常可以找到，特别是社会、经济、生态等系统。然而，一个指定的初始原因会依次对整个因果链发生作用，直到这个初始原因变成它自身的一个间接结果，即这个初始原因依次作用，最后影响自身，这种闭合的因果序列叫作因果反馈回路。在这里反馈的意义就是信息的传递与返回。一组相互联结的反馈回路的集合就构成反馈系统。

了解系统动态特性的主要方法是回路分析法（即因果关系和反馈思想）。反馈回路中的因果关系都是相互的，从整体上讲，我们无法判定任意两种因素谁是因、谁是果。社会和个人的决策过程也是这样。导致行动的决策是企图改变系统的状态；改变了的状态又产生进一步的决策及变化，这即形成了因果反馈回路。因此，互为因果就成了反馈回路的基本特征。

例如，对一个种植业与畜牧业构成的反馈系统（如图5-7所示），根据因果关系的正负性条件，可以逐个判断出每一个因果关系是正关系还是负关系。由因果链的正负性，可沿着反馈回路绕行一周，看一看回路中全部因果链的累积效果，图中回路1：粮食总产越高，饲料越多，畜牧业发展潜力越大，畜牧数量越多，粪肥越多，粮食生产水平越高，则粮食总产越高。因此，反馈回路的累积效应为正。回路2：粮食总产越高，饲料越多，畜牧发展潜力越大，畜牧数量越多，饲料地越多，在总耕地面积一定的情况下，粮田面积减少，则粮食总产将会减少。故累积效应为负。确定反馈的正负极性，一般原则是：若反馈回路中包含偶数个负的因果链,则其极性为正,为正反馈回路;若反馈回路包含奇数个负的因果链,则其极性为负,为负反馈回路。

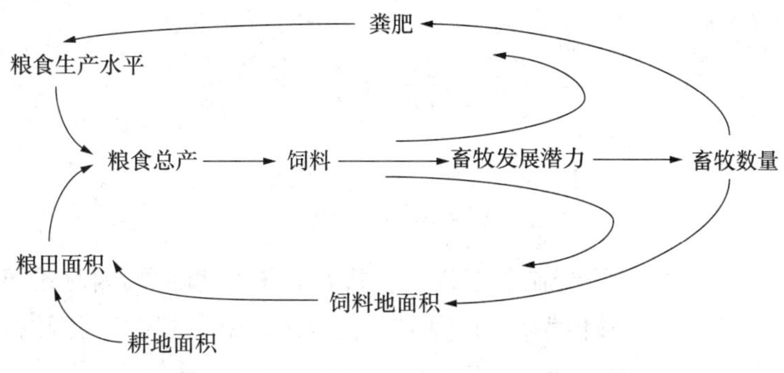

图 5-7　种植业与畜牧业构成的反馈系统

3) 系统动力学流图

因果反馈回路表达了系统发生变化的原因即反馈结构,但这种定性描述还不能确定回路中的变量发生变化的机制。为了进一步明确表示系统各元素之间的数量关系,并建立相应的系统动力学仿真模型,将通过广义的决策反馈机制来进行描述(如图 5-8 所示)。

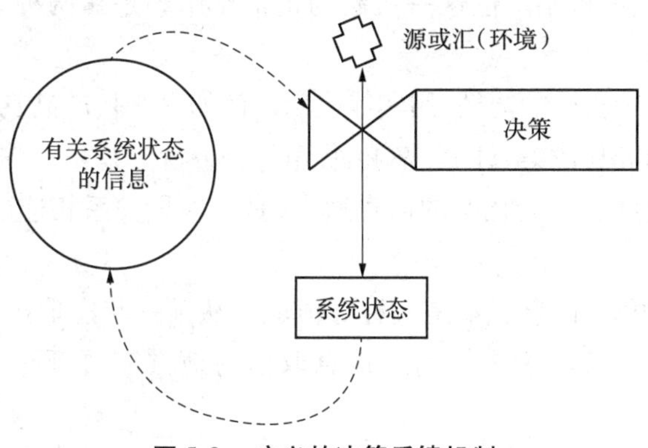

图 5-8　广义的决策反馈机制

在决策反馈机制中,决策总是根据收集、获得并应用的信息做出的,决策控制了行动,而行动又将影响系统状态,有关系统状态的新情况又促使决策得以修正。例如,空调器是根据室温来决定是否启动压缩机来控制其制冷能力;在作战中可以根据敌我双方的兵力来不断调整我方的兵力补充;企业根据市场的需求来决定产品生产等。显然,这种"决策"可以是人做出的决定,也可以是机械、电子控制装置的控制机能,还可以是生物生存发展的自然控制机能。

任何一个决策反馈回路一定要包含两种基本变量,一种是状态变量,另一种是决策变量,也称变化率。所谓状态变量是指能表征系统某种属性的量,一般是一个积累量,如人口数量、固定资产量、污染量、库存量等,这种量表达了一种积分过程,但不是所有的积累量都能作为状态变量。而决策变量是指状态变量的变化速度,在系统中描述的是物质的实际流动,如人口的出生与死亡、固定资产的投资与折旧、污染的产生与消除、库存的入库与出库等都是决策变量。

在系统动力学仿真法中，设状态变量集合 $X=(x_1,x_2,\cdots,x_n)^{\mathrm{T}}$，变化率 $R=(r_1,r_2,\cdots,r_n)^{\mathrm{T}}$，依据以上分析，有

$$\frac{\mathrm{d}X}{\mathrm{d}t}=R \tag{5-13}$$

或写为

$$X_t=X_0+\int_{t_0}^{t}R\mathrm{d}t \tag{5-14}$$

又由于变化率 R 是状态 X、控制量 U 以及参数 P 的非线性函数，因此式(5-14)通常不可能有解析解。所以这里采用数值解法，即假定 R 在 $[t,t+\Delta t]$ 内不变，用欧拉法将式(5-14)改写为

$$X(t+\Delta t)=X(t)+\Delta t\times R \tag{5-15}$$

在系统动力学仿真法中，Δt 用 DT 表示，$X(t+\Delta t)$、$X(t)$ 分别为现在时刻状态值、前一时刻状态值，即 Level(现在)和 Level(过去)，R 为流入 R_{in}、流出 R_{out} 的净流率。有

$$\text{Level(现在)}=\text{Level(过去)}+DT\times(R_{\mathrm{in}}-R_{\mathrm{out}}) \tag{5-16}$$

从系统动力学观点来看，反馈回路只是动态系统的结构表达，而系统中状态的改变，决策的制定却是系统变化的机制。但这一机制的正常作用却是靠两种系统流(Flow)来维系的，即物质流和信息流。

物质流：表示系统中实体的流动，用实线表示。例如：材料、产品、劳动力、人口、物种、资产、住宅、国土、资源、能源、污染、订货、需求、货币等。

信息流：表示连接状态和变化率的信息通道，是与因果关系相连的信息的传输线路，用虚线表示。

物质流是一种守恒流，信息流不是一种守恒流。从某一状态取出信息并不使该状态值发生变化，因此，信息可以被多次使用。信息取出的地方需要画一个小圆圈表示信息的来源。

有了这些基本的要素，我们就可以在深入分析、研究系统变量之间的相互数量、确定关系的基础之上，将因果关系图转换成一种更适合于系统动力学的定量模型，并用计算机仿真模型建立的图形——流图(Flow Diagram)表达，如图 5-9 所示。

在流图上，还设置了一种起桥梁式辅助作用的变量，叫作辅助变量。它们在状态变量与变化率之间的信息通道上，或者在环境与内部反馈回路之间的信息通道上，往往具有独特的经济或物理意义。它的引入使系统流的结构和各要素间的作用更为清晰，使复杂的决策过程变得简明易懂。

一个系统的流图是系统动力学基本变量和表示符号的有机组合。流图不仅能表达因果关系图的全部含义，而且能使系统的流、变量及其性质变得一目了然，反映出系统模型是怎样通过系统内部的各种流来沟通的。如果进一步把流图的关系定量化，系统动力学仿真便可以实现了。

在流图中，如何确定状态变量和变化率，一个积累过程用几个状态变量去描述，这取决

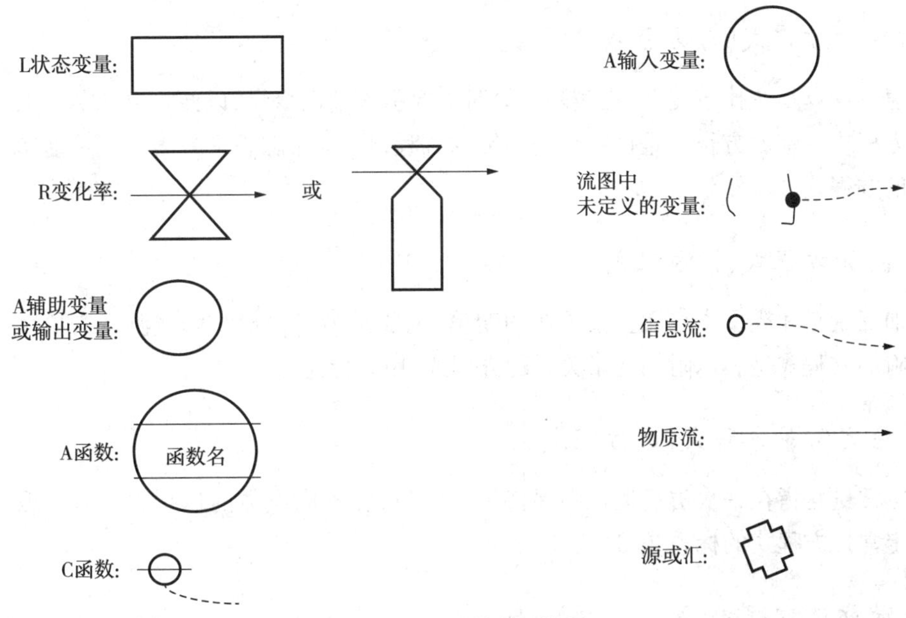

图 5-9　流图的表示符号

于问题的定义和系统动态性质。首先要强调的是,虽然状态变量相对变化率在概念上有很大的差别(因为变化率是状态变化对时间的导数),但是对建模者来说,要正确区分状态变化和变化率却不是一件很容易的事。我们不能简单地根据变量的量纲来判断,而应依据状态变化和变化率的性质,结合下述方法来判断一个变量的类别。可以设想,从某个时刻起,让运动着的系统突然停下来,如果是变化率的话,它的作用就会立即消失,即变化率为0。如果是状态变量的话,它不会因系统停止活动而消失,状态变量的值将会继续存在并保持不变,这是因为状态变量是过去所有变化活动的累积。

5.4.6　应用举例

本小节在阐述案例之前,先简单介绍系统动力学中的基本方程式。

1) 积累方程式(L 方程式)

计算积累变量的方程式叫作积累方程式,用 L 标志。形式记为

$$\mathrm{L}\quad X.K = X.J + DT \times (R_1.JK - R_2.JK) \tag{5-17}$$

其中,L 表示积累方程式,$X.K$ 为当前时刻的积累变量,$X.J$ 为前一时刻的积累变量,DT 为时间间隔,$R_1.JK$ 为流进的流速变量,$R_2.JK$ 为流出的流速变量。

2) 流速方程式(R 方程式)

流速方程式是计算流速变量的方程式,用 R 标志。它用来描述积累方程中的流在单位时间内流入和流出的量。流速变量是一类决策变量,而决策的形式各种各样,因此,流速变量的计算方程也没有固定形式,要根据具体情况决定。

3）辅助方程式（A 方程式）

流速的计算往往比较复杂，在实际计算时需要引入辅助变量，以便将 R 方程式分为几个简单的方程式。辅助方程式是计算辅助变量的方程，用 A 标志。它是表示同一时刻各变量间关系的方程式。

4）附加方程式（S 方程式）

附加变量是和模型本身无直接关系的变量，主要是为了输出打印或测定需要而定义的变量。附加方程式是表示附加变量关系的方程式，用 S 标志。

5）给定常量方程式（C 方程式）

给定常量是指在一次仿真运行中保持不变的量，在不同次数的运行中可以采取不同的值。给定常量方程式的标志是 C。

6）赋初值方程式（N 方程式）

初值是指程序运行开始时各变量的取值。赋初值方程式是在仿真开始时刻给所有积累变量及部分辅助变量赋初值的方程式，用 N 标志。

例 5-4　某企业依靠投资扩大生产规模来提高产值，投资量为产值的 10%，产值的增加量是投资量的 2 倍，当前产值为 100 万元，其因果关系图和流程图如图 5-10 所示，现研究该企业投资额和产值的变动情况。

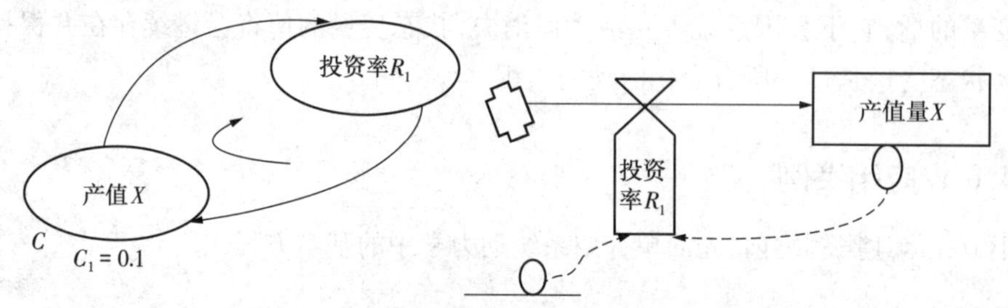

图 5-10　投资、产值系统的因果关系图和流程图

描述企业产值量的方程式为

$$\text{L}\quad X.K = X.J + DT(R_1.JK - 0)$$

$$\text{N}\quad X = 100$$

$$\text{R}\quad R_1.KL = X.K \times C_1$$

该正反馈环的模拟结果如表 5-3 所示。由模拟结果可见，正反馈环所反映的系统行为是一个持续增长的过程，其增长曲线如图 5-11 所示。如果不加以抑制，该过程永远不会终止。

表 5-3　投资、产值正反馈环模拟数据表

时间 / 年	产值变化量 / 万元	产值 / 万元	年投资增加量 / 万元
0	—	100. 0	10. 0
1	20. 0	120. 0	12. 0
2	24. 0	144. 0	14. 4
3	28. 8	172. 8	17. 3
4	34. 6	207. 4	20. 7
5	41. 5	248. 9	24. 9
6	49. 8	298. 7	29. 9
7	59. 8	358. 5	35. 9
8	71. 8	430. 3	43. 0
9	86. 0	516. 3	51. 6
10	103. 2	619. 5	62. 0

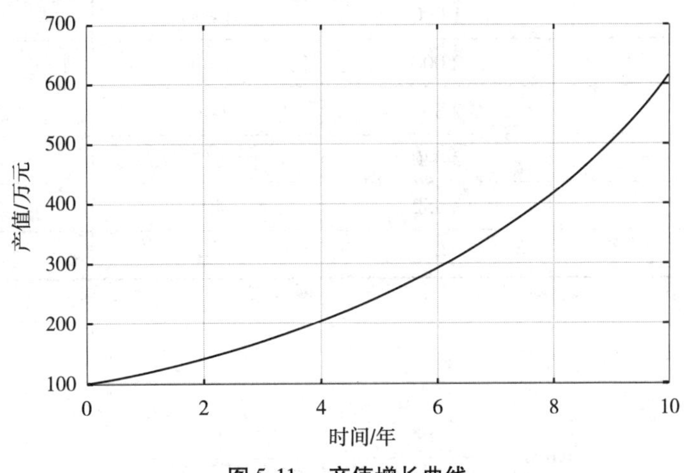

图 5-11　产值增长曲线

例 5-5　某企业目标库存量系统的因果关系图和流程图如图 5-12 所示。现要将库存量调整到目标库存量。用 C_1 表示初始库存量，C_2 表示期望库存量，C_3 表示将目前库存量(X)调整到期望库存量的时间。将初始库存量调整到期望库存量的原理如下：当库存量增加，库存量与期望库存量的差额(D) 就减少，两者构成负的因果关系，于是由 D—R_1—X—D 形成负反馈环。设 C_1 = 1 000(件)，C_2 = 6 000(件)，C_3 = 5(周)，订货速率为 R_1，则描述该库存系统行为的各方程式为

$$\text{L}\quad X.K = X.J + DT(R_1.JK - 0)$$

$$\text{N}\quad X = C_1$$

$$\text{C}\quad C_1 = 1\,000$$

$$\text{R} \quad R_1.KL = \frac{D.K}{Z}$$

$$\text{A} \quad D.K = C_2 - X.K$$

$$\text{C} \quad C_2 = 6\,000$$

$$\text{C} \quad C_3 = 5$$

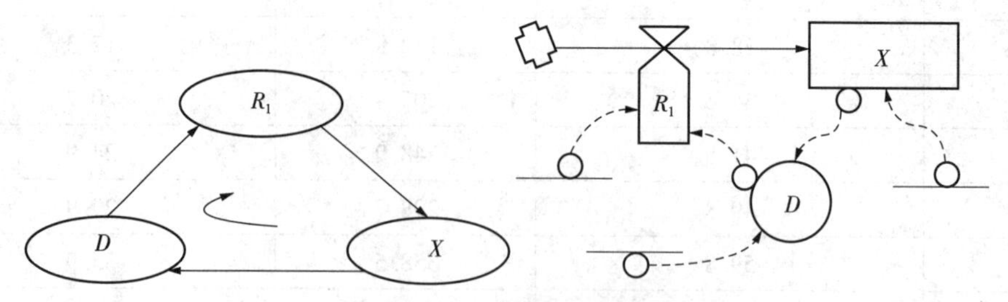

图 5-12　目标库存系统的因果关系图和流程图

该系统的最初模拟结果如表 5-4 所示;图 5-13 表示库存量的变化过程。

表 5-4　目标库存量系统最初模拟结果

模拟步长 / 周	X	R_1	D
0	1 000	1 000	5 000
1	2 000	800	4 000
2	2 800	640	3 200
3	3 440	512	2 560
4	3 952	409	2 048
…	…	…	…

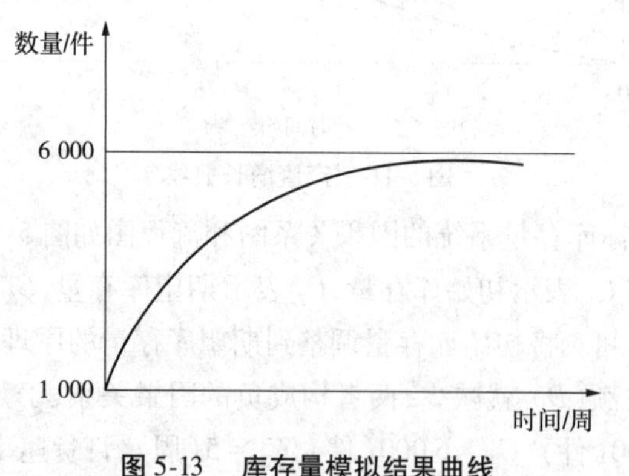

图 5-13　库存量模拟结果曲线

可见,在一阶负反馈环的作用下,库存量会逐渐到达期望库存量。负反馈环具有使其中变量保持平衡、稳定的作用。通常,决策者需要构造负反馈环来使系统达到预期目标或稳定状态。

5.5　离散系统仿真

系统的状态通常可用一个或多个状态变量来表示。离散系统是指系统状态变量只在一些离散的时间点上发生变化。这些离散的时间点称为特定时刻,在这些特定时刻因为有事件发生所以系统状态会发生变化,而其他时刻系统状态保持不变。在离散系统中,状态变量仅在随机的时间点上发生瞬间的跃变,而在两个相邻的时间点之间,系统的状态保持不变。系统状态发生跃变,是各种流动实体进入系统后在各个环节上触发产生的随机离散事件所引起的,因为在离散事件发生的时刻上,可以启动或终止某一具体的活动,所以能实现模仿真实系统行为的仿真运行。因此,流动实体、随机离散事件和活动都是离散系统仿真所处理的对象,而其中最能反映系统本质属性的对象是随机离散事件,因此,离散系统仿真又称离散事件系统仿真。

此外,离散系统仿真中有一个或多个输入量是随机变量而不是确定量,所以它的输出往往也是随机变量,即随机性是离散系统的另一个主要特点。描述离散系统的模型一般不用数学表达式,而用表示数量关系和逻辑关系的流程图。该流程图可分为三部分,即"到达"模型(输入)、"服务"模型(输出)和"排队"模型(系统活动)。前两者一般用一组不同概率分布的随机数来描述,而系统活动则通常由一个运行程序来描述。

5.5.1　随机离散事件

随机离散事件是一系列按时序随机发生的具体事实,它们只能在离散的可数时刻上发生,这些事件一旦出现,将使系统中一个或若干个状态变量发生瞬间变化。由于这些事件的发生具有离散性和随机性,因此称为随机离散事件。

例如,某加工系统由两个工作站构成,各种不同的零件按一定的概率分布(如泊松分布)到达,并按顺序在两个站上加工,在工作站 1 和工作站 2 上的加工时间也都是按一定概率分布的随机变量(如分别为正态分布和 β 分布)。这类系统实际上是一种串联的随机服务系统,具体如图 5-14 所示。

当零件按一定分布规律到达此系统时,工作站 1 前的在制品数量 Q_1 将增加一件,这表明系统中一个状态变量发生了变化。当工作站 1 加工完一件零件时,工作站 2 前的在制品数量 Q_2 会增加一件,同时工作站 1 从 Q_1 中取出一件零件进行加工,从而使 Q_1 数量减少一件。因此,一个完工事件可能引起两个状态变量的瞬间变化。与此类似,当工作站 2 加工完一件零件时,Q_2 数量将减少一件,并有一件零件进入成品库。从工作站本身的状态来看,如果每个工作站前都有一定数量的在制品时,两个工作站将都处于"忙"态;如果在某工作站加工完一件零件时,该工作站前没有在制品储存,则工作站将从"忙"态变为"闲"态,这同样表明系统状态的跃变。以上这些事实,如零件到达、工作站 1 从 Q_1 中取零件、工作站 1 加工完一件零件、工作站 2 从 Q_2 中取零件、工作站 2 加工完一件零件等,都是该加工系统中随机发生的

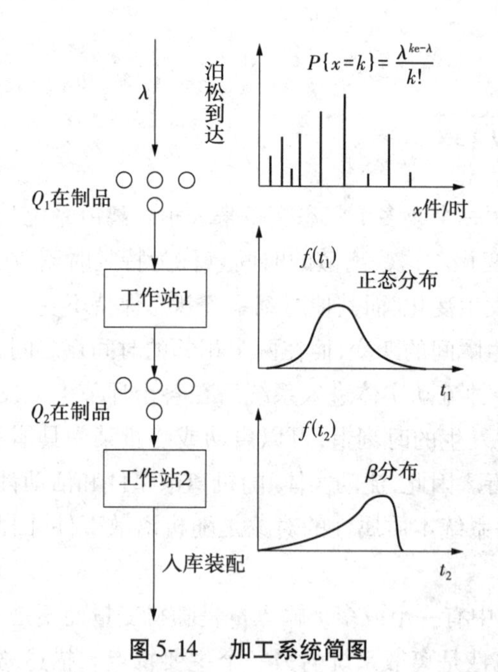

图 5-14　加工系统简图

离散事件。设工作站“忙”“闲”状态分别用“1”和“0”表示,则该系统的状态将按事件发生的时刻随机地发生跃变,如表 5-5 所示。

表 5-5　生产线状态变化

事件发生时间	时间内容	系统状态			
		Q_1	工作站 1	Q_2	工作站 2
t_0	—	3	1	4	1
t_1	到达一件零件	4	1	4	1
t_2	工作站 2 完成一件	4	1	3	1
t_3	工作站 1 完成一件	3	1	4	1
…	…	…	…	…	…
t_1	工作站 2 完成一件	2	1	0	0
…	…	…	…	…	…

由上表可见,随机产生的离散事件是系统状态发生变化的原因,它们是离散系统仿真中最基本的要素。离散事件系统仿真就是通过对离散事件按发生时刻的先后次序进行排序,并根据不同事件发生时对系统状态变化的影响,来模拟实际系统的运行特性。因此,随机离散事件在离散系统仿真中具有特别重要的地位。

5.5.2　离散事件系统仿真原理

离散事件系统有两个重要特征，即状态的动态变化以及反映这种变化规律的离散性或随机性事件。因此，离散事件系统仿真原理也表现在两个方面，即仿真时钟及其推进方式和表达随机变化的未来事件表。

1）仿真时钟及其推进方式

离散事件系统仿真一般都是动态仿真，需要不断地计量和记录各种事件的发生时间并进行统计。仿真时钟是离散事件系统仿真中不可缺少的部分，它是随着仿真的进程而不断更新的时间机构。通常，在仿真开始时将仿真时钟置零，随后，仿真时钟不断地给出仿真时间的当前值。仿真时间是仿真模型中的时间指示，它代表仿真模型运行的真实时间，但是它并不是仿真运行过程所占用的CPU时间。在做排队系统仿真时，其时间单位可能是分钟，而对于宏观经济系统的仿真，其随机离散事件的发生时间可能以月或年来表示。在离散事件系统仿真中有两种不同的时钟推进方式。

（1）面向事件的仿真时钟

在这种方式下，仿真时钟并不是连续地推进，而是按照下一个事件预计将要发生的时刻，以不同的时间间隔向前推进，即仿真时钟每次都跳跃性地推进到下一事件发生的时刻上去。为此，必须将各种事件按发生时间的先后次序进行排列，时钟时间则按事件发生的时刻推进。每当某一事件发生时，需要立即计算出下一事件发生的时刻，以便推进仿真时钟。这个过程不断地重复，直到仿真运行满足规定的终止条件为止。通过这种时钟推进方式，可对有关事件的发生时间进行计算和统计。

（2）面向时间间隔的仿真时钟

在这种时钟推进方式中，首先要根据模型的特点确定时间单位，仿真时钟是按很小的时间区间等距推进，每次推进需要扫描所有的活动，以检查在此时间区间内是否有一个事件发生，若有事件发生，则记录此时间区间，从而可以得到有关事件的时间参数。这种推进方式要求每次推进都要扫描所有正在执行的活动。

一般说来，面向事件的仿真时钟多用于离散事件系统仿真，而面向时间间隔的仿真时钟既可用于连续系统仿真，也可用于离散系统仿真。它们的主要差别是仿真效率不同。

根据冯允成和谭跃进等人的研究，两种时钟推进方式虽然在形式上有所不同，但在本质上是一致的。在离散事件系统仿真中，面向离散事件的仿真时钟总是按事件发生的顺序跳跃地向前推进，具有较高的效率；面向时间间隔的仿真时钟则按固定的步长和逐项扫描活动推进，因此效率较低。在连续系统仿真或离散与连续混合系统仿真中，必须采用面向时间间隔的时钟推进方式。

简而言之，仿真时钟是离散系统动态仿真和连续系统动态仿真的基本组成部分之一。在实际仿真运行中，仿真时钟的推进均由仿真软件中相应的时钟推进子程序自动执行，并不需要用户做具体的程序设计工作。

2）未来事件表

离散事件仿真的核心是随机事件的发生，随着仿真时钟的推进，某一随机事件的出现，必将引起未来新的离散事件的发生，并使系统的状态发生相应的变化。

当 $T_{NOW}=t$ 时，离散系统仿真模型中应包括：系统在 t 时所处的状态；系统在 t 时正在执行的活动；由当前正在执行的活动而产生的未来事件表；系统统计数据的当前值和计数累计等。

未来事件表是由 T_{NOW} 以后将要发生的未来离散事件所组成的事件表。表中各离散事件都按照发生时刻的先后次序排列，每当仿真时钟推进到某一事件的发生时刻时，就触发新的未来离散事件，新的未来离散事件将按其发生时刻的先后次序排入或插入未来事件表的适当位置。

未来事件表既是仿真时钟推进的依据，也是保证离散事件按时间顺序正确排列的依据，它是离散系统仿真中的基本组成部分。未来事件表中包含由已发生事件触发的所有未来事件及其发生时刻。这些未来事件都按其未来发生时刻的先后次序进行排列。当仿真时钟推进到某一未来事件的时间时，该事件就发生了，同时也表示有一项或多项活动的开始。例如，在单服务台排队系统中，当服务台处于"闲"态时，发生一个"顾客到达"事件，就表示"产生下一个顾客的到达活动"和"该顾客的服务活动"开始。当服务台处于"忙"态时，"顾客到达"事件仅引起"产生下一个顾客的到达活动"开始。如果发生"顾客服务完成"事件，则意味着"下一个顾客的服务活动"开始。

对于给定的时间 t，当 $T_{NOW}=t$ 时，假设系统中共有 m 个未来事件，分别用 (E_A,t_1)、(E_A,t_2)、(E_D,t_3)……(E_A,t_m) 表示。且有 $T_{NOW}=t<t_1<t_2<\cdots<t_m$。则在时刻 t 时的未来事件表如表 5-6 所示。

表 5-6　时刻 t 时的未来事件表

T_{NOW}	未来事件	
t	(E_A,t_1)	A 类事件在 t_1 时发生
	(E_A,t_2)	A 类事件在 t_2 时发生
	(E_D,t_3)	D 类事件在 t_3 时发生
	…	…
	(E_A,t_m)	A 类事件在 t_m 时发生

表中 (E_A,t_1) 事件是下一个紧接发生的事件，该事件称为紧接事件(Imminent Event)。当仿真时钟由 t 推进到 t_1 时(即 $T_{NOW}=t_1$ 时)，则紧接事件 (E_A,t_1) 将从未来事件表中消除，并且触发一个或多个新的未来事件，这些新的事件都属于一定类别并有一个未来发生时间，将排入未来事件表中的适当位置，于是便在 t 时刻未来事件表的基础上产生了 t_1 时刻的未来事件表。设由 (E_A,t_1) 事件触发的新的未来事件为 (E_A,t^*) 和 (E_D,t^{**})，并有 $t_2<t^*<t_3$ 和

$t_m < t^{**}$,则新的未来事件表如表5-7所示。

表5-7 时刻 t_1 时的未来事件表

T_{NOW}	未来事件	
t_1	(E_A, t_2)	A 类事件在 t_2 时发生
	(E_A, t^*)	A 类事件在 t^* 时发生
	(E_D, t_3)	D 类事件在 t_3 时发生
	…	…
	(E_A, t_m)	A 类事件在 t_m 时发生
	(E_D, t^{**})	D 类事件在 t^{**} 时发生

由上表可见,未来事件表的长度和内容是随着仿真过程的推进而不断地变化的。在离散仿真系统中,大都采用“自上而下”的表处理技术来管理未来事件表。首先,从未来事件表的顶部消除一个紧接事件。然后,自上而下地搜索各项未来事件,把新的未来事件插入或排入表中的适当位置。有的离散仿真系统也采用随机安排未来事件表的管理方法,即新的未来事件随机地插入或排入未来事件表,而在消除紧接事件时,则需对全部未来事件进行搜索和比较,以便找出下一个最紧接的事件的发生时间,据此推进仿真时钟。

对未来事件表的处理和管理是十分重要的,它直接影响到仿真运行的效率。此外,如果有一个新产生的未来事件,其发生时间可能与未来事件表中某一事件的发生时间完全相同,这类事件称为同时发生事件。对同时发生事件,通常按它们的第二属性,如优先级别等,来安排先后次序。当仿真时钟推进到同时事件的发生时间时,则首先执行优先级较高的事件,紧接着再执行发生时间相同而优先级较低的事件。若同时发生事件的优先级相同,则系统任意选择其中一个事件执行。这种处理方式可避免仿真无法运行或某些同时发生事件被遗漏的现象。

从启动仿真运行($T_{\mathrm{NOW}} = 0$)产生第一个未来事件开始,未来事件表中始终存在一定数量的未来事件。每当系统消除一个紧接事件时,将同时产生一个或一个以上的新的未来事件。所以,在整个仿真运行过程中,未来事件表不可能变成一张空表。与此同时,由于仿真时间长度是有限的,未来事件表也不会无限制增长。如果在仿真运行中出现空表现象,则可以判定在仿真模型或仿真程序中存在错误,进而必须加以改正。

未来事件表不仅是仿真时钟推进的依据,同时也是控制仿真运行的依据。通常终止仿真运行有两种方法:

① 规定仿真的运行时间长度 T_E。当仿真时钟推进到 T_E 时,则仿真运行终止,即 $T_{\mathrm{NOW}} = T_E$ 时仿真结束。例如,在做机械加工生产线仿真时,可规定 $T_E = 8$ 小时,而在做远期经济预测时,则可规定 T_E 为5年或10年等。

② 规定某个未来事件$\{E\}$。在仿真运行中,如果系统发现规定事件$\{E\}$发生,则立即终止仿真运行。按照这种控制仿真运行的方法,与事件$\{E\}$相对应的 T_E 将不是一个常数,而

是一个随机变量。例如,人们希望了解第1 000个零件加工完毕时生产线的状态(生产周期、各道工序上在制品数量、设备负荷率等),则在仿真程序中可规定{E = 第1 000个零件加工完毕},即可控制仿真运行的终止时刻。

5.5.3 离散事件系统仿真技术

离散事件系统仿真,是综合性很强的研究工作,它的主要技术内容覆盖了运筹学、系统工程、计算机科学以及概率统计学等方面。下面将对涉及的4个重要技术做简要介绍。

1)随机数发生器

在离散事件系统仿真中,由于所反映的实际系统都包含多种随机因素的交互作用和影响,本质上属于复杂的随机过程,因此,在仿真过程中需要重复地处理大量的随机因素。无论是各种随机离散事件的发生时刻,还是产生流动实体的到达流与流动实体在固定实体中的逗留时间等,都是不同概率分布的随机变量,每次仿真运行都要从这些概率分布中进行随机抽样,以便获得每次仿真运行的实际参数。当进入系统的流动实体数量较多,每个流动实体流经的环节也较多时,仿真过程中就需要成千上万次地进行随机抽样,以使每个流动实体在每个环节上触发产生的离散事件都能得到规定概率分布的抽样时间,从而使原系统在运行中的随机因素和相互关系得以复现,并得到所需要的随机结果。因此,任何离散系统仿真过程都必须具备比较完善的、能够产生多种概率分布的随机变量的随机数发生器,这是仿真中不可缺少的组成部分。例如,在Q-GERT、SLAM、VERT和SIMAN等仿真语言中,都会在软件内部嵌入十余种概率分布的随机数发生器,当用户在程序中赋予某一离散事件或流动实体在某一环节上的随机变量以规定参数的概率分布时,仿真器即可自动调用和生成相应的随机数,以保证系统的随机特征在仿真中复现。

2)实体流技术

为了便于用户使用离散系统仿真技术,许多离散系统仿真语言,如GPSS、Q-GERT、SLAM以及SIMAN等,都将面向随机离散事件的用户接口改为面向实际过程的用户接口。在这种系统中,用户可以根据实际过程来规定仿真模型的框架结构和逻辑关系,并将仿真对象作为在系统框架中运动的动态实体。例如,在简单排队系统的仿真模型中,排队队列和进行服务工作的服务台形成模型的框架结构,而顾客就是被仿真的对象。这些顾客按一定的概率分布进入系统,排入队列,当服务台空闲时占用服务台,使服务台变忙,经过一个随机的服务时间后离开系统。因此仿真模型与实际排队系统在形式上是一一对应的。

实体流技术就是基于上述过程的一种仿真技术。在面向实际过程的仿真中,通常都有两类实体,即固定实体和流动实体。固定实体以固定形态存在于仿真过程中,并起到一定的逻辑作用。流动实体是仿真所处理的对象,它以用户规定的概率分布从系统外部输入系统,在仿真时钟的驱动下,流动实体在仿真模型的框架结构中运动,每当流动实体到达或离开模型中某一固定实体时,就由该固定实体所固有的逻辑关系触发各项离散事件的产生或消失,建立未来事件表，进行数据统计和计算，从而实现离散事件仿真的功能。由此可见，面向实际过程的仿真与面向离散事件的仿真在本质上是完全相同的，用户可以直接面向实际过程进行建模，这具有明显的直观性。因为用户不必介入任何具体的离散事件，从而可以从烦琐的程序编码工作中解脱出来，把主要精力用于对实际系统的研究和建模工作，有利于提高仿真的质量。

实体流技术可以用于很广泛的实际系统。在机械加工生产线中，每台机床和机床间的在制品存放地、半成品仓库和热处理设备等，均可构成仿真模型中的固定实体，而零件则为流动实体。又如在交通运输系统中，道路、铁路、机场、信号灯、车站、停车场等均为固定实体，而车辆、飞机、顾客、货物等为流动实体。

3）汇集和输出统计数据

在仿真过程中对每一事件发生的时刻都需要进行数据汇集和计算，比如，记录离散事件发生的时刻、事件发生后状态变量的变化情况，并对流动实体的数量、在各个固定实体中的延迟时间以及整个系统的特性参数进行概率计算等。因此，在仿真运行结束时能够提供反映系统基本参数的数学期望、方差、标准偏差、最大值与最小值，以及概率分布曲线或直方图等。任何离散系统仿真软件都应具有自动汇集各种统计数据的功能，并能打印输出标准格式的系统参数，或按用户要求给出所需要的参数，以提供给领导或管理部门进行决策。

4）事件调度／时间推进的仿真机制

上面提到的随机离散事件、仿真时钟、未来事件表、实体流技术、随机数发生器以及汇集和输出统计数据等都是离散事件系统仿真的基本组成部分，它们在仿真运行的执行过程中形成一个整体。在这些组成部分中，对离散事件的安排和处理以及仿真时钟的推进，是整个仿真过程的核心部分。因此，离散事件系统仿真具有事件调度／时间推进的基本仿真机制，这种机制的结构如图 5-15 所示。

在定义仿真模型和收集必要的输入数据以后，用户应根据仿真软件的要求读入数据，系统随即进入初始化处理程序，除了对仿真时钟和随机数发生器初始化以外，还要对累计统计计数置初值，设定系统的初始状态，并且产生初始的未来事件。当产生初始未来事件时，需要确定其随机发生时刻，故应调用随机数发生器，以便给出规定分布的抽样时间。对赋予已发生时间的未来事件，由事件安排程序按时间先后进行排序并建立未来事件表。于是系统进入时间推进程序，在未来事件表中扫描并搜索出当前紧接事件，即在最近时刻内将要发生的事件。与此同时，将仿真时钟推进到该事件的发生时刻上，从而实现了仿真时钟的首次推进。随后仿真系统自动调用事件处理程序，执行当前紧接事件所引起的操作，包括更新与该事件实现相关的状态变量，以改变系统的状态，同时根据仿真模型的逻辑，产生新的未来事件，包括确定这些事件的类别和在未来发生的时刻。与产生初始未来事件相似，事件处理程序也需要随机数发生器的支持，每产生一个未来事件都要调用相应概率分布的随机数发生器，以便给新未来事件赋予发生的时刻。此时，系统将自动检测仿真运行的终止条件，即仿

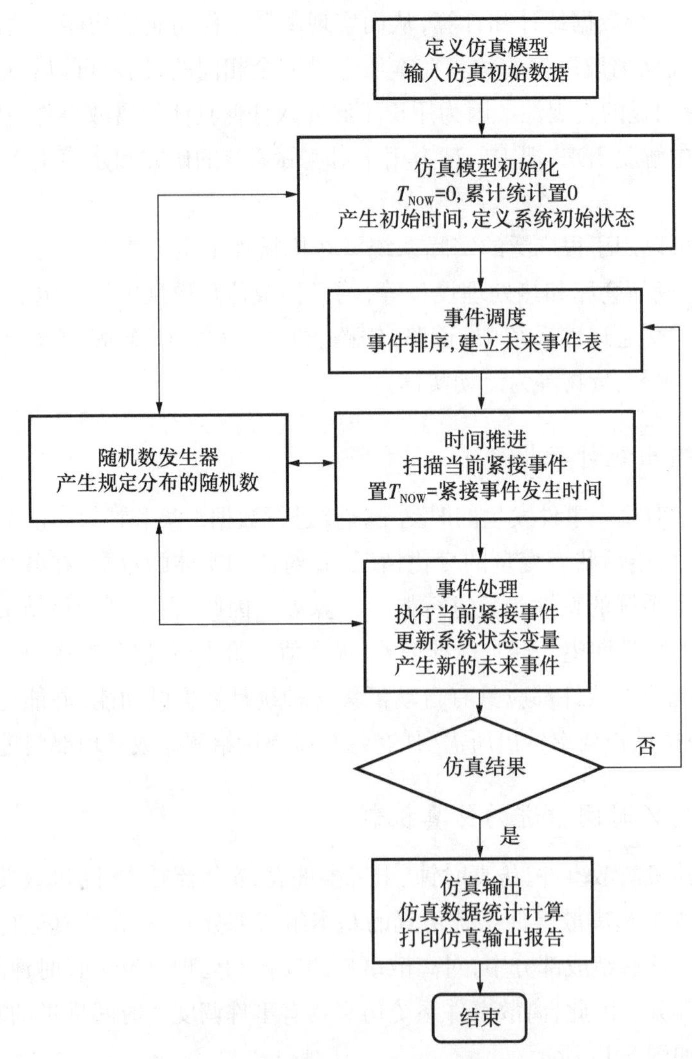

图 5-15　事件调度／时间推进的仿真机制

真运行的当前时间 T_{NOW} 是否已经等于或大于规定的仿真终止时间或用户规定的仿真终止事件$\{E\}$是否已经发生。如果仿真终止的条件已经满足,则系统将对全部仿真数据进行统计和计算,给出仿真运行的标准输出和用户定义的仿真输出参数等。如果未满足仿真运行的终止条件,则系统将自动返回事件安排程序,对新发生的事件进行排序和修改未来事件表,并进入时间推进程序,以扫描当前紧接事件和推进仿真时钟等。离散事件仿真就是在"产生事件—安排事件—时间推进—处理事件—再产生新的事件"这样的循环过程中实现的。

面向实际过程的离散系统仿真,其仿真过程与离散事件仿真完全相同,只是面向用户的并不是具体的离散事件,而是各种类型的固定实体和流动实体。每当一个流动实体进入或离开某一固定实体时,它所触发产生的离散事件,就是新产生的离散事件,于是系统将按照与离散事件系统仿真相同的模式来安排事件,推进仿真时钟,处理流动实体,产生新的离散事件等。但是,在面向实际过程的离散系统仿真中,所有关于事件的操作,均由系统自动完成,无须用户介入,这对用户来说将是一种更为“友好”的仿真系统。

5.5.4　离散系统仿真的应用举例

以离散系统仿真的排队问题为例,设顾客随机单个到达,平均到达率为 λ,则两次到达时间的平均间隔为$\frac{1}{\lambda}$。从单通道接受服务后出来的输出率(即系统的服务率)为 μ,则平均服务时间为$\frac{1}{\mu}$。比率 $\rho = \frac{\lambda}{\mu}$ 叫作利用系数,可确定各种状态的性质。例如,当 $\rho < 1$ 并且时间充分,每个状态将会循环出现;当 $\rho > 1$,每个系统是不稳定的,而排队长度将会变得越来越长,没有限制。因此,要保持稳定状态即确保单通道排队能够消散的条件是 $\rho < 1$。利用概率论的知识,我们可以计算出下列系统特征量。

系统中顾客为 k 人以上的概率 $P(n \geq k)$ 为

$$P(n \geq k) = \left(\frac{\lambda}{\mu}\right)^k \tag{5-18}$$

系统内顾客的平均人数 L(包括接受服务的顾客)为

$$L = \frac{\lambda}{\mu - \lambda} \tag{5-19}$$

顾客在系统内的平均时间为 W,在 W 时间内到达的顾客平均人数为 λW,由于这个人数与系统内顾客平均人数 L 相等,易得

$$L = \lambda W \tag{5-20}$$

因此有

$$W = \frac{L}{\lambda} = \frac{1}{\mu - \lambda} \tag{5-21}$$

系统内的平均排队长度 L_q(不包括正在服务中的顾客)为

$$L_q = \frac{\lambda^2}{\mu(\mu - \lambda)} \tag{5-22}$$

由于 $L_q = \lambda W_q$,则系统内顾客的平均等待时间 W_q 为

$$W_q = \frac{\lambda}{\mu(\mu - \lambda)} = W - \frac{1}{\mu} \tag{5-23}$$

顾客在系统内停留大于时间 t 的概率 $P(T > t)$ 为

$$P(T > t) = e^{-(\mu-\lambda)t} \tag{5-24}$$

下面用一个例子来进行说明。

例 5-6　假设某高速公路出口收费站的车辆到达服从泊松分布,平均到达时间间隔为 5 s,收费员的服务时间服从负指数分布,平均服务时间为 4 s,在此,只考虑一个服务通道的情况,并且按 FIFS(先到先服务)方式服务。

在进行该系统仿真时,首先要产生具有给定分布的随机变量。在本例这种简单情况下,可以采用反变换法产生随机变量。输入一些常数和初始数据后,用事件推进法对这一系统

进行仿真，其仿真程序的结构流程图如图 5-16 所示。

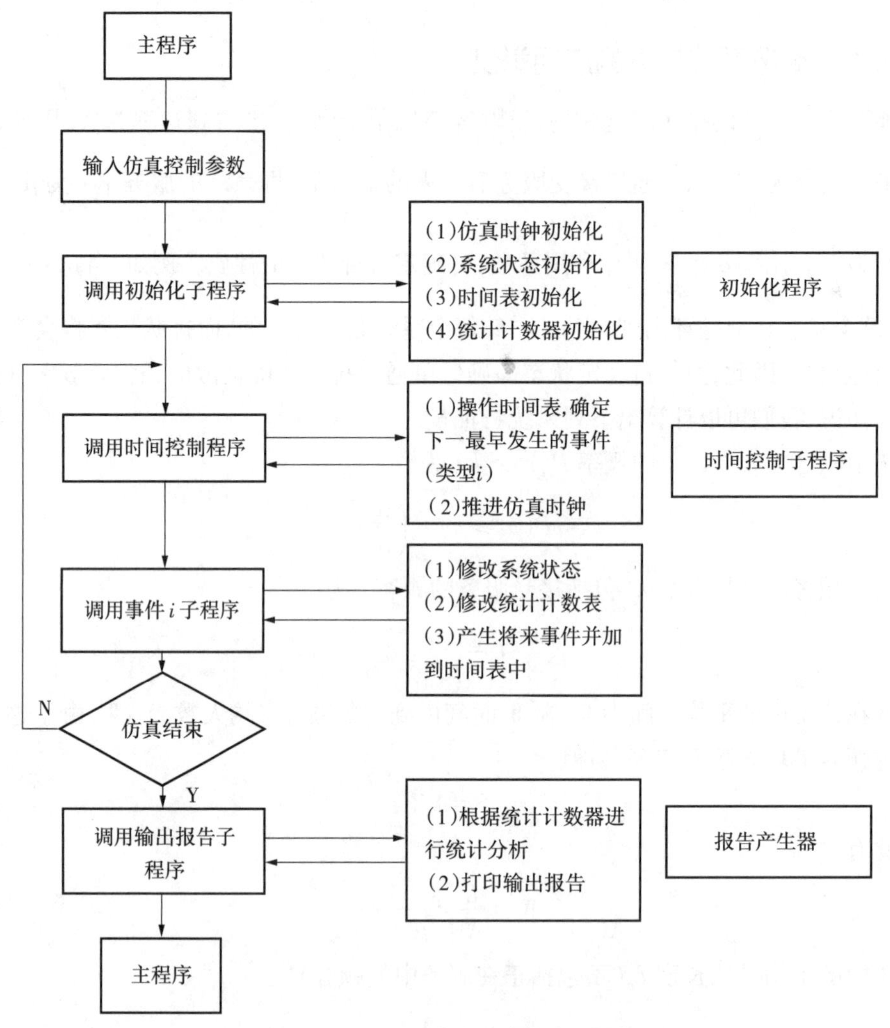

图 5-16　*M/M/*1 排队系统仿真流程图

当仿真运行长度为 3 000 辆车时结束，得到如下输出结果。

=== 单通道排队系统(SINGLE-SERVER QUEUEING SYSTEM) ===

平均到达间隔(MEAN INTERARRIVAL TIME)：　5.000s

平均服务时间(MEAN SERVECE TIME)：　4.000s

仿真顾客数(NUMBER OF CUSTOMER)：　3 000

平均排队延误(AVERAGE DELAY IN QUEUE)：　15.563s

平均排队长度(AVERAGE NUMBER IN QUEUE)：　3.181

由上面的仿真结果可以看出，平均排队长度为 3.181 辆，平均每辆车的等待时间为 15.563 s。为了验证仿真结果是否正确，可以用 *M/M/*1 排队系统(如图 5-16 所示)处于稳定状态时的相应计算公式(5-22)和公式(5-23)计算出解析解。

由已知条件 $\lambda=\frac{1}{5}$，$\mu=\frac{1}{4}$，求得 $L_q=\frac{\lambda^2}{\mu(\mu-\lambda)}=3.2$，$W_q=\frac{\lambda}{\mu(\mu-\lambda)}=16.0$。可见，$L_q(3\,000)=3.181$，$W_q(3\,000)=15.563$ 是很接近稳态理论值的，因而有理由认为仿真结果是可信的。

但是，需要注意的是，并不是在任何情况下都能得到这样精确的仿真结果。若分别仿真运行完 $n=1\,000$、$n=2\,000$、$n=3\,000$、$n=5\,000$ 辆车结束，其仿真结果如表 5-8 所示。

表 5-8　不同仿真运行长度的仿真结果

仿真长度	1 000	2 000	3 000	5 000
L_q	3.916	3.62	3.181	3.42
W_q	19.723	17.586	15.563	16.982

产生这种现象的根本原因在于离散事件系统的随机性。模型的随机性决定了系统性能取值的随机性。因为每次仿真运行的结果只能是对表征系统性能的随机变量的一次取样，那么当系统比较复杂时，对仿真结果的可信性进行判断，在离散事件系统仿真中是十分重要的。

综上所述，随着系统科学和管理科学的不断发展及其在军事、航空航天、CIMS 和国民经济各领域中应用的不断深入，离散系统仿真逐步形成一些与连续系统不同的建模方法（流程图和网络图）。

思考题

1. 系统仿真在系统分析中起什么作用？系统仿真方法的特点有哪些？

2. 系统动力学的基本思想是什么？其反馈回路是怎样形成的？请举例加以说明。

3. 请分析说明系统动力学与解释结构模型化技术、状态空间模型方法的关系及异同点。

4. 系统动力学为什么要引入专用函数？请说明各主要 DYNAMO 函数的作用及适用条件。

5. 假设设初始库存量 $I_0=1\,000$，期望库存量 $Y=6\,000$，调整库存时间 $Z=5$（周），初始途中存货 $G_0=10\,000$，订货商品的入库时间 $W=10$（周），请描述该库存系统的动态行为。

6. 教学型高校的在校本科生和教师人数（S 和 T）是按一定的比例相互增长的。已知某高校现有本科生 10 000 名，且每年以 SR 的幅度增加，每一名教师可引起本科生增加的速率是 1 人/年。学校现有教师 1 500 名，每个本科生可引起教师的增加率（TR）是 0.05 人/年。试用系统动力学模型分析该校未来几年的发展规模。

要求：

① 绘制因果关系图。

② 建立结构模型。

③ 建立数学模型。

④ 列表对该校未来 3—5 年的在校本科生和教师人数进行仿真计算。

⑤ 绘制仿真计算结果趋势图。

⑥ 该问题能否用其他模型方法来分析？如何分析？

7. 某企业计划投资建立某产品生产线，为此必须对该产品未来能实现多少利润进行预测和分析。建立该生产线需投资 5 万元。产品能实现多少利润主要受 3 个不确定因素的影响：售价、成本与年销售量。经过有关生产、计划、销售人员分析，再考虑到原材料供应、市场竞争和价格浮动等因素的作用，初步估计的售价、成本与年销售量及其发生概率如表 5-9 所示。试用蒙特卡罗法分析建立此产品生产线的未来盈亏状况。

表 5-9　参数表

售价／元	发生概率	成本／元	发生概率	年销售量／万件	发生概率
5	0.3	2	0.1	3.5	0.2
6	0.5	3.5	0.6	4	0.4
6.5	0.2	4.5	0.3	4.5	0.4

8. 试建立生产物流系统的仿真优化。

① 生产零件。某企业混流生产线标准零件为四类，金属零件为三类，分别用 A、B、C、D、E、F、G 表示。其每月的实际产量和累计百分比如表 5-10 所示。

表 5-10　七种零件月底实际产量

零件	A	B	C	D	E	F	G
实际产量／件	920	1 466	1 186	1 193	520	727	520

② 物流资源。企业仓储管理系统的资源配备情况，包括用于加工零件的机器、运输工具，以及生产车间的工作人员的数量如表 5-11 所示。

表 5-11　现有物流资源情况表

编号	资源	数量	单台成本／(元·月)$^{-1}$
1	车床	1 台	2 000
2	标准件仓库的手推车	12 辆	2 000
3	金属仓库的铲车	6 辆	8 000
4	金属仓库的板车	7 辆	6 000
5	金属仓库的叉车	5 辆	7 000
6	下料车间员工	2 人	1 200

③ 物流现状。元器件库房存放垫圈等标准件，南、北两个露天料场存放金属物料，标准

件库房主要存放防热套、螺栓等标准件，南金属库房主要存放钢棒、钢板、钢管等金属器件，北金属库房主要存放铝板、铝型材、铝管等金属器件。在生产的实际中，经常会因为运输资源不足而出现待料停工的现象。

④ 零件在系统中的流程如图5-17所示。

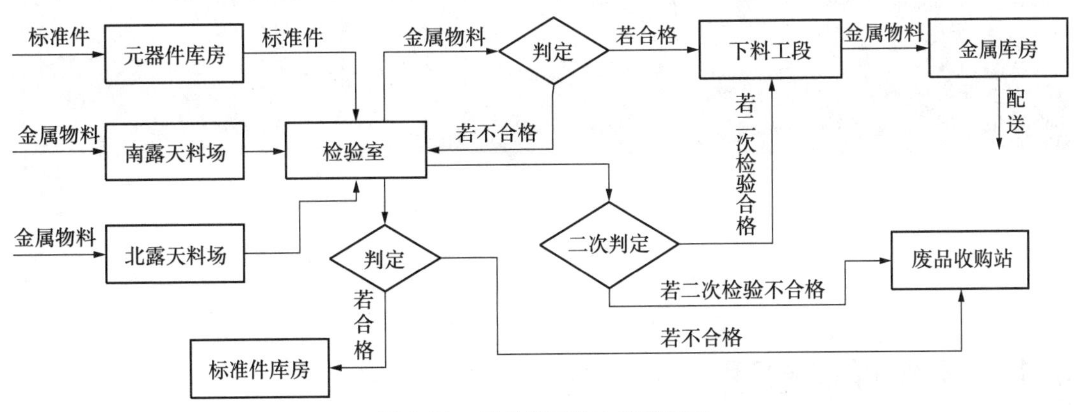

图5-17 零件在系统中的流程图

第6章 系统评价

6.1 系统评价原理

6.1.1 系统评价的原理

系统评价在管理系统工作中是一个非常重要的问题,尤其对各类重大管理决策来说是必不可少的。它是决定系统方案“命运”的一个重要环节,是决策的直接依据和基础。简单来说,系统评价就是全面评定系统的价值。而价值通常被理解为评价主体根据其效用观点对评价对象满足某种需求的认识,它与评价主体、评价对象所处的环境状况密切相关。因此,系统评价问题是由评价对象(What)、评价主体(Who)、评价目的(Why)、评价时期(When)、评价地点(Where)以及评价方法(How)等要素(5W1H)构成的复合问题。

评价对象是指接受评价的事物、行为或对象系统,如待开发的产品、待建设或建设中的项目等。

评价主体是指评定对象系统价值大小的个人或集体。评价主体根据个人的性格特点以及当时的环境、评价对象的性质以及对未来的展望等因素,对某种利益和损失有自己独到的感觉和反应,这种感觉和反应就是效用。效用值(无量纲,值域为[0,1])与损益值(货币单位)间的对应关系可用效用曲线来刻画。效用曲线因人而异,可通过心理实验或辨优对话的方式获得,从理论上来说有3种类型,如图6-1所示。

其中Ⅰ型曲线所反映的主体一般是一种小心谨慎、避免风险、对损失比较敏感的偏保守型的人,且其所处的外部环境可能不是很好;Ⅱ型曲线所反映主体的个性特征则恰恰相反,这类主体对损失的反应迟缓,而对利益比较敏感,是一种不怕风险、追求大利的偏进取型的人,且其所处的外部环境大多较好;Ⅲ型曲线所反映的主体极其理性,是一种有较少主观感受的“机器人”。大量实验证明,大多数行为主体的效用曲线为Ⅰ型,而具有Ⅲ型效用曲线的人在现实生活中很难找到。效用观点给我们的启示是:评价主体的个性特点及其所处的环境条件,是决定系统评价结果的重要因素。

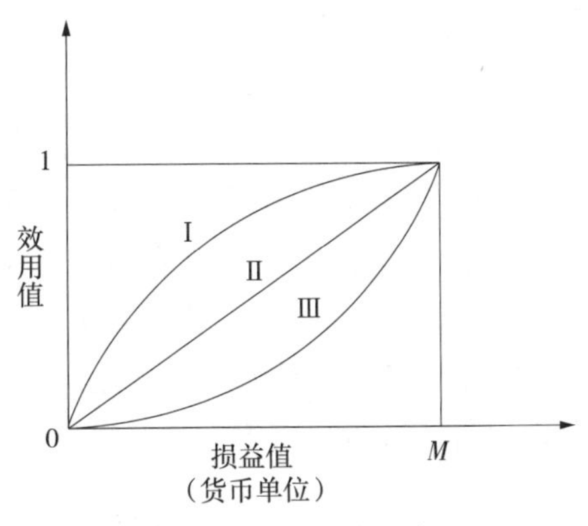

图6-1 效用曲线示意图

评价目的即系统评价所要解决的问题和所能发挥的作用。如对新产品开发及项目建设进行系统评价的主要目的是优化产品开发和项目建设方案,更科学、更有效地进行战略决策,并保证产品开发、项目建设等系统工作的成功。除优化之外,系统评价还可起到决策支持、行为解释和问题分析等方面的作用。

评价时期即系统评价在系统开发全过程中所处的阶段。如以企业开发新产品为例,其评价过程一般可分为4个时期:① 期初评价。这是在制订新产品开发方案时所进行的评价。其目的是及早沟通设计、制造、供销等部门的意见,并从系统总体出发来研讨与方案有关的各种重要问题。例如,新产品的功能、结构是否符合用户的需求或本企业的发展方向,新产品开发方案在技术上是否先进、经济上是否合理,以及所需开发费用及时间等。通过期初评价,力求使开发方案优化并做到切实可行是十分重要的。可行性研究的核心内容实际上就是对系统问题(产品开发、项目建设等)的期初评价。② 期中评价。这是指新产品在开发过程中所进行的评价。当开发过程需要较长时间时,期中评价一般要进行数次。期中评价主要是验证新产品设计的正确性,并对评价中暴露出来的设计等问题采取必要的对策。③ 期末评价。这是指新产品开发试制成功,并经鉴定合格后进行的评价,其重点是全面审查新产品各项技术经济指标是否达到原定的要求。同时,通过期末评价可以为正式投产做好技术上和信息上的准备,并预防可能出现的其他问题。④ 跟踪评价。这是为了考察新产品在社会上的实际效果,在其投产后的若干时期内,每隔一定时间对其进行一次评价,以提高该产品的质量,并为进一步开发同类新产品提供依据。

评价地点有两方面的含义:其一,是指评价对象所涉及的及其占有的空间,或称评价的范围;其二,是指评价主体观察问题的角度和高度,或称评价的立场。

系统评价的过程要有坚实的客观基础(如对经济效益的分析计算),这是排在第一位的;同时,评价的最终结果在某种程度上又取决于评价主体及决策者等多方面的主观感受,这是由价值的特点所决定的。因此,可用来进行系统评价的方法是多种多样的。其中比较有代表性的方法是:以经济分析为基础的费用效益分析法;以多指标的评价和定量与定性分析相结合为特点的关联矩阵法、层次分析法、网络分析法(ANP)、模糊综合评价法和数据包络分析法(DEA)。这类方法是系统评价的主体方法,也是本章讨论的重点。其中关联矩阵法为原理性方法,层次分析法、网络分析法(ANP)、模糊综合评价法和数据包络分析法(DEA)为实用性方法。

费用效益分析法是系统评价的经典和基础方法,其具体内容已在管理类有关课程中有专门和详细介绍。这里需要强调的是,在系统评价中要对费用和效益的概念有新的和系统性的理解:费用是为达到系统目的所必须付出的代价或牺牲。在系统评价中要特别重视对以下各组费用中后边费用的认识和研究,比如货币费用与非货币费用、实际费用与机会费用、内部费用与外部费用、一次性费用与经常费用。效益是实现某个目的的经济效果,常可换算成货币值,有效度是用货币以外的数量尺度表示的效果,往往是对系统方案社会效果的度量,具有重要意义。

6.1.2 系统评价的困难

系统评价作为关键性的环节,在进行时会遇到很多困难,这些困难表现在:评价是一种人的主观判断活动,评价标准是由人来制定的,因此带有很强的主观成分,评价者有自己的立场、观点和判断标准,特别是在有多个评价者的情况下,如何把不同的判断标准统一起来,取得共识,是一项困难的任务;一般的系统评价都带有多目标特点,各目标的属性与判断尺度都不一样,而且在系统中的重要性和地位也不一样,不像在单目标的条件下比较容易鉴别;有些属性或指标可以定量表述,有一些则无法用数量表述,只能定性地加以描述,因此很难把握尺度,特别是涉及主观判断的;随着时间的推移,有一些判断标准会随着技术、经济、社会条件的变动而有所变化。

6.1.3 系统评价的原则

为了使系统评价能够有效地进行,需要遵循以下原则。

1)客观性原则

评价必须反映客观实际,因此所用的信息或资料必须全面、完整、可靠。评价人员的组成必须有代表性,必须克服评议者的各种偏见。

2)评价必须有标准

具体地说,就是要有成体系的指标,评价时的指标体系要与明确需求、确定目标时制定的指标一致。

3)整体性原则

必须从系统整体出发,不能顾此失彼,还需要考虑评价的综合性。

4)可比性原则

在多种选择和多种方案进行评价对比时,要注意可比性。

6.1.4　系统评价的类型

由于在系统工程过程中要不断地进行评价,因此系统评价有各种类型。

1）按照评价的时间来分

(1) 事前评价

事前评价是指对方案进行预评价,如开发新产品的可行性研究就是一种预评价。预先对开发方案进行评价,可以及早沟通设计、制造、供销等部门和人员的意见,使方案建立在可行的基础上。

(2) 事中评价

在方案实施过程中,环境的重大变化,如政策的改变、竞争条件的改变等,会影响到整个方案,因此需要对方案进行评价,看其是否仍能满足要求,并且分析各种改变对方案的影响程度。

(3) 事后评价

在方案实施之后,需要对照系统原定的目标和决策者的意图,评价实施结果是否符合目标或要求。

上面说的是每个阶段的事前、事中和事后评价,对系统工程全过程来说,也有这三类评价。

2）按照评价的内容来分

(1) 经济评价

经济评价是指系统工程项目对企业、地区或整个宏观经济的作用和影响的评价。

(2) 技术评价

技术评价是对项目的技术先进性、适用性、可靠性、可维护性、安全性等的评价。

(3) 环境评价

环境评价是对系统工程项目在进行过程中和投入运用后产生的环境影响进行评价。

(4) 社会评价

社会评价是对项目在进行中和完成之后造成的社会影响进行评价,如就业、财富分配、安全卫生等。

当然,还可以从其他方面(如文化等)进行评价。

3）按照评价使用的方法和工具来分

(1) 分析计算型评价

分析计算型评价是指使用数学模型与数学计算方法来进行评价,在许多工程技术、财务决策中有应用,在很多规划设计著作中也有专门和详尽的介绍。

(2) 经验直觉型评价

经验直觉型评价是指在一些复杂系统的开发过程中,由于目标的多样化和人的主观标准不同,很难对其进行精确描述,因此只好请经验丰富的专家来宏观地加以评价。

6.1.5 系统评价的步骤

在管理系统工程中,系统评价是评定系统发展有关方案的目的达成度。评价主体按照一定的工作程序,通过应用各种系统评价方法,从经初步筛选的多个方案中找出所需的最优方案或使决策者满意的方案,这是一件重要而又有一定难度的工作。

系统评价的一般过程如图 6-2 所示。

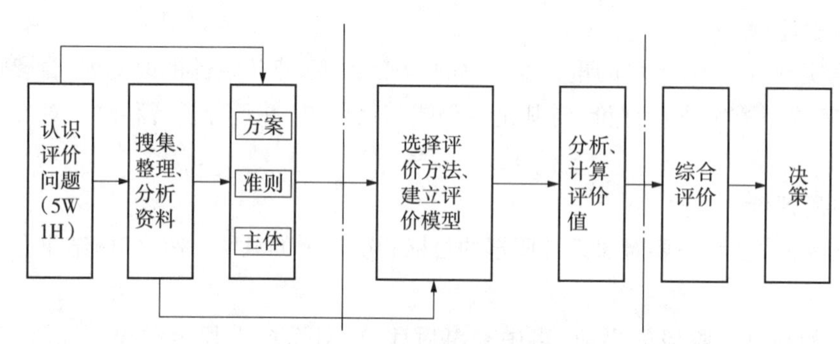

图 6-2 系统评价的一般过程

确定评价目标。因为在整个系统工程过程中需要不断地评价,评价的对象、主体等不尽相同,所以每次评价需要清楚深入地认识评价问题(5W1H),明确每一次评价的目标。

明确评价主体,组织评价队伍,确定评价准则。根据系统目标的结构、层次、特点、类型等,确定科学合理的评价准则,并组织安排适当的专业人员参加评价。

选择评价方法,建立评价模型。在搜集、整理、分析资料的基础上,选择合适的评价方法。例如,在对系统进行定量描述时,应尽可能使用分析计算型评价方法,通过定量模型进行评价;如系统问题较复杂而且人的行为因素较多时,可使用经验直觉型评价方法。

进行评价。分析、计算评价值或者专家议论,逐步形成评价结论。

综合评价。把系统各方面的结果进行综合,从各种评价标准(如技术、经济、环境、安全、社会等)对系统进行总审核,看系统的总目标是否达到。这种综合评价非常重要,它将对系统开发和建设的成败做出结论。

值得注意的是,在综合评价时,由于各指标的属性、量纲都不一致,因此常常用相对值来表示,此时基准值的选择成为关键。各项指标在评价时的分量轻重是有所不同的,不能等量齐观,所以还要考虑各指标的权重因素。

6.2　关联矩阵法

关联矩阵法是常用的系统综合评价法,它主要是用矩阵的形式,来表示各替代方案有关评价指标及其重要度与方案关于具体指标的价值评定量之间的关系。

设有:

$A_1, A_2, \cdots, A_m$ 是某评价对象的 m 个替代方案;

$X_1, X_2, \cdots, X_n$ 是评价替代方案的 n 个评价指标或评价项目;

$W_1, W_2, \cdots, W_n$ 是 n 个评价指标的权重;

$V_{i1}, V_{i2}, \cdots, V_{in}$ 是第 i 个替代方案 A_i 的关于 X_j 指标$(j=1,2,\cdots,n)$ 的价值评定量。

则相应的关联矩阵表如表 6-1 所示。

表 6-1　关联矩阵表

A_i \ V_{ij} \ X_j / W_j	X_1	X_2	…	X_j	…	X_n	V_i
	W_1	W_2	…	W_j	…	W_n	(加权和)
A_1	V_{11}	V_{12}	…	V_{1j}	…	V_{1n}	$V_1=\sum_{j=1}^{n} W_j V_{1j}$
A_2	V_{21}	V_{22}	…	V_{2j}	…	V_{2n}	$V_2=\sum_{j=1}^{n} W_j V_{2j}$
⋮	⋮	⋮		⋮		⋮	⋮
A_m	V_{m1}	V_{m2}	…	V_{mj}	…	V_{mn}	$V_m=\sum_{j=1}^{n} W_j V_{mj}$

系统通常是多目标的。因此,系统评价指标也不是唯一的,而且衡量各个指标的尺度不一定都是货币单位,在许多情况下不是相同的,系统评价问题的困难就在于此。据此,H. 切斯纳提出的综合方法是:根据具体评价系统,确定系统评价指标体系及其相应的权重,然后对评价系统的各个替代方案计算出综合评价值,即求出各评价指标评价值的加权和。

应用关联矩阵评价方法的关键,在于确定各评价指标的相对重要度(即权重 W_j)以及根据评价主体给定的评价指标的评价尺度,确定方案关于评价指标的价值评定量(V_{ij})。下面结合例子来介绍两种确定权重及价值评定量的方法。

6.2.1　逐对比较法

逐对比较法是确定评价指标权重的简便方法之一。其基本的做法是:对各替代方案的评价指标进行逐对比较,对相对重要的指标给予较高得分,据此可得到各评价项目的权重 W_j。再根据评价主体给定的评价尺度,对各替代方案在不同评价指标下一一进行评价,得到相应的评价值,进而求加权和得到综合评价值。

现以某紧俏产品的生产方案选择为例加以说明。

例 6-1 某企业为生产某紧俏商品制订了 3 个生产方案。

①A_1:自行设计一条新的生产线。

②A_2:从国外引进一条自动化程度较高的生产线。

③A_3:在原有设备的基础上改装一条生产线。

通过权威部门及人士讨论决定评价指标为 5 项,它们分别是:① 期望利润;② 产品成品率;③ 市场占有率;④ 投资费用;⑤ 产品外观。

根据专业人士的预测和估计,实施这 3 种方案后关于 5 个评价项目的结果如表 6-2 所示。

表 6-2 方案实施结果例表

评价项目 替代方案	期望利润 /万元	产品成品率 /%	市场占有率 /%	投资费用 /万元	产品外观
自行设计	650	95	30	110	美观
国外引进	730	97	35	180	比较美观
改建	520	92	25	50	美观

现将评价过程介绍如下:

首先,用逐对比较法,求出各评价指标的权重,结果如表 6-3 所示。如表中的期望利润与产品成品率相比,前者重要,得 1 分,后者得 0 分,以此类推。最后根据各评价项目的累计得分计算权重,如表 6-3 最后一列所示(表中最后一行显示"产品外观"权重为 0,问题及原因是什么?应如何解决?)。

表 6-3 逐对比较法例表

评价项目	比较次数										累计得分 /分	权重
	1	2	3	4	5	6	7	8	9	10		
期望利润	1	1	1	1							4	0.4
产品成品率	0				1	1	1				3	0.3
市场占有率		0			0			0	1		1	0.1
投资费用			0			0		1		1	2	0.2
产品外观				0			0		0	0	0	0

随后由评价主体(一般为专家群体)确定评价尺度,如表 6-4 所示,以便统一度量方案在不同指标下的实施结果,从而便于求加权和。

表 6-4　评价尺度例表

评价项目 \ 评价尺度	5 分	4 分	3 分	2 分	1 分
期望利润/万元	800 以上	701 ~ 800	601 ~ 700	501 ~ 600	500 及以下
产品成品率/%	97 以上	96 ~ 97	91 ~ 95	86 ~ 90	85 及以下
市场占有率/%	40 及以上	35 ~ 39	30 ~ 34	25 ~ 29	25 以下
投资费用/万元	20 及以下	21 ~ 80	81 ~ 120	121 ~ 160	160 以上
产品外观	非常美观	美观	比较美观	一般	不美观

根据评价尺度表及表 6-2,对各替代方案的综合评定如下:

对替代方案 A_1 有

$$V_1 = 0.4 \times 3 + 0.3 \times 3 + 0.1 \times 3 + 0.2 \times 3 = 3.0$$

对替代方案 A_2 有

$$V_2 = 0.4 \times 4 + 0.3 \times 4 + 0.1 \times 4 + 0.2 \times 1 = 3.4$$

对替代方案 A_3 有

$$V_3 = 0.4 \times 2 + 0.3 \times 3 + 0.1 \times 2 + 0.2 \times 4 = 2.7$$

以上计算结果可用关联矩阵表示,具体如表 6-5 所示。

表 6-5　关联矩阵例表(逐对比较法)

A_i \ V_{ij} \ W_j \ X_j	期望利润	产品成品率	市场占有率	投资费用	产品外观	V_i
	0.4	0.3	0.1	0.2	0	
自行设计	3.0	3.0	3.0	3.0	4.0	3.0
国外引进	4.0	4.0	4.0	1.0	3.0	3.4
改建	2.0	3.0	2.0	4.0	4.0	2.7

由表 6-5 可知,因为 $V_2 > V_1 > V_3$,故 $A_2 > A_1 > A_3$。

在只需要对方案进行初步评估的场合,也可用逐对比较法来确定不同方案对具体评价指标的价值评定量(V_{ij})。

6.2.2　古林法

当需要对各评价项目间的重要性做定量估计时,古林法比逐对比较法前进了一大步。古林法是确定指标权重和方案价值评定量的基本方法。

现仍以上述评价问题为例来介绍此方法。

确定评价指标的重要度 R_j。如表 6-6 所示,按评价项目自上而下地两两比较其重要性,并用数值表示其重要程度，然后填入表6-6的 R_j 一列中。由表6-6可知（如何得到？有何问题？），期望利润的重要性是产品成品率的3倍；同样，产品成品率的重要性是市场占有率的3倍。由于投资费用重要性是市场占有率的2倍，故反之，市场占有率的重要性是投资费用的0.5倍；又投资费用的重要性是产品外观的4倍。最后，由于产品外观已经没有别的项目与之比较，故没有 R 值。

表6-6　关联矩阵例表（古林法）

序号	评价项目	R_j	K_j	W_j
1	期望利润	3	18	0.580
2	产品成品率	3	6	0.194
3	市场占有率	0.5	2	0.065
4	投资费用	4	4	0.129
5	产品外观	—	1	0.032
合计		31		1.000

R_j 的基准化处理。设基准化处理的结果为 K_j。以最后一个评价指标作为基准，令其 K 值为1，自下而上计算其他评价项目的 K 值：如表6-6所示，K_j 列中最后一个 K 值为1，用1乘上一行的 R 值，得 $1 \times 4 = 4$，即为上一行的 K 值（表中箭线表示），然后再以4乘上一行的 R 值，得 $4 \times 0.5 = 2$ 等，直至求出所有的 K 值。

K_j 的归一化处理。将 K_j 列的数值相加，分别除以各行的 K 值，所得结果即分别为各评价项目的权重 W_j，显然有 $\sum_{i=1}^{n} W_j = 1$（即归一化）。由表6-6可知，$\sum K_j = 31$，则 $W_1 = K_1 / \sum K_i = 18/31 = 0.580$，其余可类推。

算出各评价项目的权重后，可按同样的计算方法对各替代方案逐项进行评价。这里，方案 A_i 在指标 X_j 下的重要度 R_{ij} 无须再予估计，可以按照表6-2中各替代方案的预计结果按比例计算出来。如计算对期望利润（X_1）的 R 值（R_{i1}），因 A_i 的期望利润为650万元，A_2 的期望利润为730万元，$R_{11} = 650$万元/730万元 $= 0.890$，$R_{21} = 730$万元/520万元 $= 1.404$，如表6-7所示。然后按计算 K_j 和 W_j 的方法同样计算出 K_{ij}。在表6-7中，各方案在第一个评价指标下经归一化处理的评价值为

$$V_{11} = \frac{K_{11}}{\sum K_{i1}} = \frac{1.250}{3.654} = 0.342$$

$$V_{21} = \frac{K_{21}}{\sum K_{i1}} = \frac{1.404}{3.654} = 0.384$$

$$V_{31} = \frac{K_{31}}{\sum K_{i1}} = \frac{1}{3.654} = 0.274$$

表6-7　古林法求 V_{ij} 例表

序号(j)	评价项目	替代方案	R_j	K_j	V_{ij}
1	期望利润	A_1	0.890	1.250	0.342
		A_2	1.404	1.404	0.384
		A_3	—	1	0.274
2	产品成品率	A_1	0.979	1.032	0.334
		A_2	1.054	1.054	0.342
		A_3	—	1	0.324
3	市场占有率	A_1	0.857	1.200	0.333
		A_2	1.400	1.400	0.389
		A_3	—	1	0.278
4	投资费用	A_1	1.636	0.455	0.263
		A_2	0.278	0.278	0.160
		A_3	—	1	0.577
5	产品外观	A_1	1.333	1.000	0.364
		A_2	0.750	0.750	0.272
		A_3	—	1	0.364

在表6-7中有两点需要说明：

在计算投资费用时，希望投资费用越小越好，故其比例取倒数，即

$$R_{14} = \frac{180}{110} = 1.636$$

$$R_{24} = \frac{50}{180} = 0.278$$

在计算产品外观时，参照表6-4，美观为4分，比较美观为3分，所以

$$R_{15} = \frac{4}{3} = 1.333$$

$$R_{25} = \frac{3}{4} = 0.750$$

综合表6-6和表6-7，就可计算3个替代方案的综合评定结果，结果如表6-8所示。由表6-8可知，替代方案 A_2 所对应的综合评价值 V_2 最大，$V_1(A_1)$ 次之，$V_3(A_3)$ 最小。

表 6-8　关联矩阵例表(古林法)

X_j / V_{ij} W_j / A_i	期望利润	产品成品率	市场占有率	投资费用	产品外观	V_i
	0.580	0.194	0.065	0.129	0.032	
A_1	0.342	0.334	0.333	0.263	0.364	0.330
A_2	0.384	0.342	0.389	0.160	0.272	0.344
A_3	0.274	0.324	0.278	0.577	0.364	0.326

6.3 层次分析法(AHP)

6.3.1 基本原理

1）产生与发展

许多评价问题的评价对象属性多样、结构复杂,难以完全采用定量方法或简单归结为费用、效益或有效度进行优化分析与评价,也难以在任何情况下做到使评价项目具有单一层次结构。这时需要建立多要素、多层次的评价系统,并采用定性与定量有机结合的方法或通过定性信息定量化的途径,使复杂的评价问题明朗化。图 6-3、图 6-4 即为这样的评价问题。

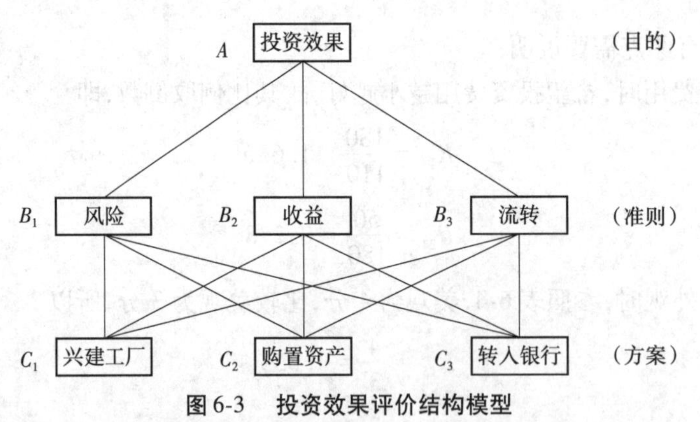

图 6-3　投资效果评价结构模型

在这样的背景下,美国运筹学家、匹兹堡大学教授 T. L. 萨迪于 20 世纪 70 年代初提出了著名的 AHP(Analytic Hierarchy Process,解析递阶过程,通常意译为“层次分析法”)。1971 年 T. L. 萨迪曾用 AHP 为美国国防部研究所谓的“应急计划”,1972 年又为美国国家科学基金会研究电力在工业部门的分配问题,1973 年为苏丹政府研究了运输问题,1977 年在第一届国际数学建模会议上发表了“无结构决策问题的建模 —— 层次分析法”,从此 AHP 开始引起人们的注意,并在除方案排序之外的计划制订、资源分配、政策分析、冲突求解及决策预

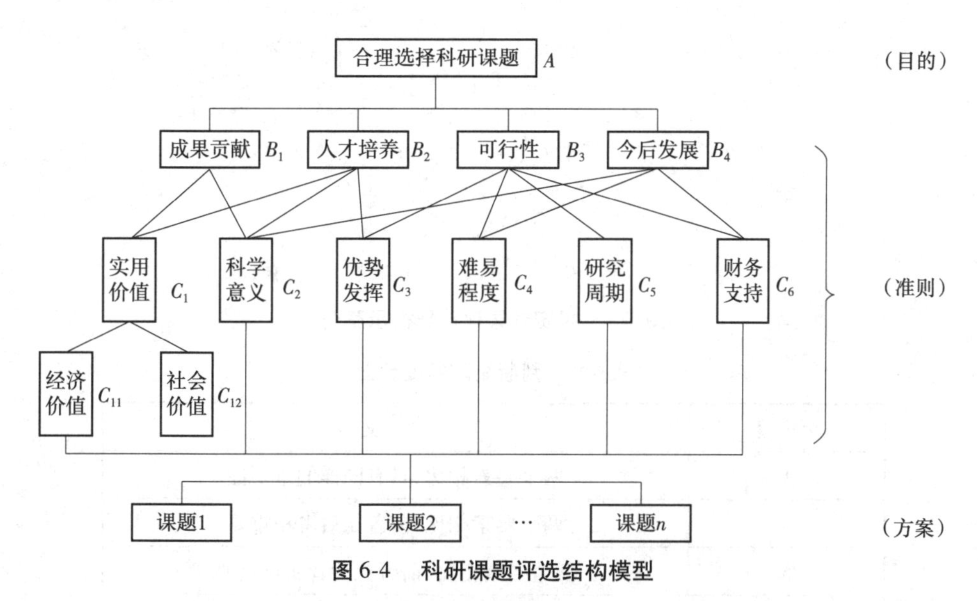

图 6-4　科研课题评选结构模型

报等广泛的领域里得到了应用。该方法具有系统、灵活、简洁的优点。

1982 年 11 月，在中美能源、资源、环境学术会议上，由 T. L. 萨迪的学生 H. 高兰民柴(H. Gholamnezhad) 首先向中国学者介绍了 AHP。近年来，AHP 在我国能源系统分析、城市规划、经济管理、科研成果评价等许多领域中得到了应用。1988 年，我国召开了第一届国际 AHP 学术会议。近年来，该方法仍在管理系统工程中被广泛运用。

2) 基本思想和实施步骤

AHP 把复杂的问题分解成各个因素，又将这些因素按支配关系分组形成递阶层次结构，通过两两比较的方式确定层次中诸因素的相对重要性，然后综合有关人员的判断，确定备选方案相对重要性的总排序。整个过程体现了人们分解 — 判断 — 综合的思维持征。

在运用 AHP 进行评价或决策时，大体可分为以下 4 个步骤。

① 分析评价系统中各基本要素之间的关系，建立系统的递阶层次结构。

② 对同一层次的各元素关于上一层次中某一准则的重要性进行两两比较，构造两两比较判断矩阵，并进行一致性检验。

③ 由判断矩阵计算被比较要素对于该准则的相对权重。

④ 计算各层要素对系统目的(总目标) 的合成(总) 权重，并对各备选方案排序。

3) 基本方法举例 —— 投资效果评价

建立该投资评价问题的递阶结构(如图 6-5 所示)。

建立各阶层的判断矩阵 A，并进行一致性检验：

$$A \xlongequal{\text{def}} (a_{ij})$$

上式中，a_{ij} 为要素 i 与要素 j 相比的重要性标度，标度定义如表 6-9 所示。

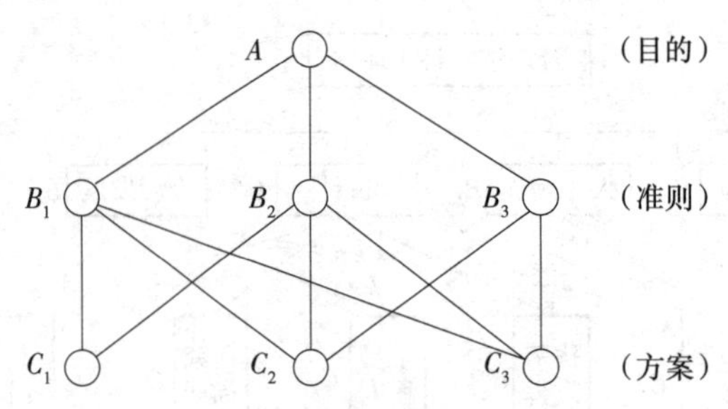

图 6-5　投资效果评价结构示意图

表 6-9　判断矩阵标度定义

标　度	含　义
1	两个要素相比,具有同样的重要性
3	两个要素相比,前者比后者稍重要
5	两个要素相比,前者比后者明显重要
7	两个要素相比,前者比后者强烈重要
9	两个要素相比,前者比后者极端重要
2,4,6,8	上述相邻判断的中间值
倒数	两个要素相比,后者比前者的重要性标度

判断矩阵及重要度计算和一致性检验的过程与结果如表 6-10 所示。

表 6-10　判断矩阵及重要度计算和一致性检验的过程与结果

1.

A	B_1	B_2	B_3	W_i	W_i^0	λ_{mi}
B_1	1	$\frac{1}{3}$	2	0.874	0.230	3.002
B_2	3	1	5	2.466	0.648	3.004
B_3	$\frac{1}{2}$	$\frac{1}{5}$	1	0.464	0.122	3.005
			(3.804)			

$\lambda_{\max} \approx \frac{1}{3}(3.002 + 3.004 + 3.005) = 3.004$

C.I. $= 0.002 < 0.1$

2.

B_1	C_1	C_2	C_3	W_i	W_i^0	λ_{mi}
C_1	1	$\frac{1}{3}$	$\frac{1}{5}$	0.406	0.105	3.036
C_2	3	1	$\frac{1}{3}$	1.000	0.258	3.040
C_3	5	3	1	2.466	0.637	3.040
			(3.872)			

$\lambda_{\max} \approx 3.039$

C.I. $= 0.2 < 0.1$

续表

3.							
B_2	C_1	C_2	C_3	W_i	W_i^0	λ_{mi}	$\lambda_{max} \approx 3.014$ C. I. $= 0.007 < 0.1$
C_1	1	2	7	2.410	0.592	3.015	
C_2	$\frac{1}{2}$	1	5	1.357	0.333	3.016	
C_3	$\frac{1}{7}$	$\frac{1}{5}$	1	0.306	0.075	3.012	
				(4.073)			
4.							
B_3	C_1	C_2	C_3	W_i	W_i^0	λ_{mi}	$\lambda_{max} \approx 3.08$ C. I. $= 0.04 < 0.1$
C_1	1	3	$\frac{1}{7}$	0.754	0.149	3.079	
C_2	$\frac{1}{3}$	1	$\frac{1}{9}$	0.333	0.066	3.082	
C_3	7	9	1	3.979	0.785	3.080	
				(5.066)			

求各要素相对于上层某要素(准则等)的归一化相对重要度 $\boldsymbol{W}^0 = (W_i^0)$。常用方根法,即

$$W_i = \left(\prod_{j=1}^{n} a_{ij} \right)^{\frac{1}{n}}$$

$$W_i^0 = \frac{W_i}{\sum_i W_i}$$

计算该例 $\boldsymbol{W}^0$ 的过程及结果如表 6-10 所示。

λ_{max} 及一致性指标(Consistency Index, C. I.)的计算一般需在求得重要度向量 $\boldsymbol{W}$ 或 $\boldsymbol{W}^0$ 后进行,可归纳在同一计算表中(如表 6-10 所示)。

求各方案的总重要度计算过程和结果如表 6-11 所示。

表 6-11　各方案总重要度计算例表

B_i / b_i / C_j^i / C_j	B_1	B_2	B_3	$C_j = \sum_{i=1}^{3} b_i C_j^i$
	0.230	0.648	0.122	
C_1	0.105	0.592	0.149	0.426
C_2	0.258	0.333	0.066	0.283
C_3	0.637	0.075	0.785	0.291

结果表明,方案的优劣顺序为:$C_1 > C_3 > C_2$,且方案 C_1 明显优于 C_2 和 C_3。

6.3.2 AHP 一般方法

1)建立评价系统的递阶层次结构

(1)3 个层次

① 最高层。这一层次中只有一个要素,一般它是分析问题的预定目标或期望实现的理想结果,是系统评价的最高准则,因此也称为目的或总目标层。

② 中间层。这一层次包括了为实现目标所涉及的中间环节,它可以由若干个层次组成,包括所需考虑的准则、子准则等,因此也称为准则层。

③ 最低层。表示为实现目标可供选择的各种方案、措施等。它是评价对象的具体化,因此也称为方案层。

(2)3 种结构形式

① 完全相关结构,如投资效果评价结构模型。

② 完全独立结构 —— 树形结构。

③ 混合结构(包括带有子层次的混合结构),如科研课题评选结构模型。

(3) 两种建立递阶层次结构的方法

① 分解法:目的 → 分目标(准则) → 指标(子准则) → … → 方案。

② 解释结构模型化方法(ISM 法):评价系统要素的层次化。

(4) 几个需要注意的问题

① 递阶层次结构中的各层次要素间需要有可传递性,具备属性一致性和功能依存性,防止在 AHP 的实际应用中"人为"地加进某些层次(要素)。

② 每一层次中各要素所支配的要素一般不超过 9 个,否则会给两两比较带来困难。

③ 有时分析一个复杂的问题仅仅用递阶层次结构难以表达,因此,需引进循环或反馈等更复杂的形式,这在 AHP 中有专门研究。

2)构造两两比较判断矩阵

(1) 判断矩阵的性质

① 如果 $0 < a_{ij} \leqslant 9, a_{ii} = 1, a_{ji} = \dfrac{1}{a_{ij}}$,则称矩阵 $\boldsymbol{A}$ 为正互反矩阵。

② 如果 $a_{ik} \cdot a_{kj} = a_{ij}$,则称矩阵 $\boldsymbol{A}$ 为一致性矩阵(对此一般并不要求)。

选择 1—9 的整数及其倒数作为 a_{ij} 的主要原因是:它符合人们进行比较判断时的心理习惯。实验心理学表明,普通人在对一组事物的某种属性同时做比较,并使判断基本保持一致时,所能够正确辨别的事物最大个数为 5 ~ 9 个。

(2) 两两比较判断的次数

两两比较判断的次数应为 $\dfrac{n(n-1)}{2}$,这样可避免判断误差的传递和扩散。

(3) 定量指标的处理

有定量指标(物理量、经济量等)时,除按原方法构造判断矩阵外,还可用具体评价数值直接相比,这时得到的矩阵为定义在正实数集合上的互反矩阵。

(4) 一致性检验方法

首先,计算一致性指标(C. I.),有

$$\text{C. I.} = \frac{\lambda_{\max} - n}{n - 1} \quad \text{(严格证明见有关参考文献)}$$

$$\lambda_{\max} \approx \frac{1}{n}\sum_{i=1}^{n}\frac{(AW)_i}{W_i} = \frac{1}{n}\sum_{i=1}^{n}\frac{\sum_{j=1}^{n} a_{ij}W_j}{W_i}$$

式中,$(AW)_i$ 表示向量 $\boldsymbol{AW}$ 的第 i 个分量。

然后,查找相应的平均随机一致性指标(R. I.)。表 6-12 给出了 1—14 阶正互反矩阵计算 1 000 次得到的平均随机一致性指标。

表 6-12　平均随机一致性指标

n	1	2	3	4	5	6	7	8	9	10	11	12	13	14
R. I.	0	0	0. 52	0. 89	1. 12	1. 26	1. 36	1. 41	1. 46	1. 49	1. 52	1. 54	1. 56	1. 58

R. I. 是同阶随机判断矩阵的一致性指标的平均值,其引入可在一定程度上克服一致性判断指标随 n 增大而明显增大的弊端。

最后,计算一致性比例(C. R.),有

$$\text{C. R.} = \frac{\text{C. I.}}{\text{R. I.}} < 0.1$$

3) 要素相对权重或重要度向量 W 的计算方法

$$\boldsymbol{W} = (W_1, W_2, \cdots, W_n)^{\mathrm{T}}$$

(1) 求和法(算术平均法)

$$W_i = \frac{1}{n}\sum_{j=1}^{n}\frac{a_{ij}}{\sum_{k=1}^{n} a_{kj}}, i = 1, 2, \cdots, n$$

计算步骤:①A 的元素按列归一化,即求 $\frac{a_{ij}}{\sum_{k=1}^{n} a_{kj}}$;② 将归一化后的各列相加;③ 将相加后的向量除以 n 即得权重向量。

(2) 方根法(几何平均法)

$$W_i = \frac{\left(\prod_{j=1}^{n} a_{ij}\right)^{\frac{1}{n}}}{\sum_{i=1}^{n}\left(\prod_{j=1}^{n} a_{ij}\right)^{\frac{1}{n}}}, i = 1, 2, \cdots, n$$

计算步骤:①A 的元素按行相乘得一新向量;② 将新向量的每个分量开 n 次方;③ 将所得向量归一化即为权重向量。

方根法是通过判断矩阵计算要素相对重要度的常用方法。

(3) 特征根方法

$$\boldsymbol{AW} = \lambda_{\max}\boldsymbol{W}$$

由正矩阵的佩龙(Perron) 定理可知,$\lambda_{\max}$ 存在且唯一,$\boldsymbol{W}$ 的分量均为正分量,可以用幂法求出 $\lambda_{\max}$ 及相应的特征向量 $\boldsymbol{W}$。该方法对 AHP 的发展在理论上有重要作用。

(4) 最小二乘法

最小二乘法是用拟合方法确定权重向量 $\boldsymbol{W} = (W_1, W_2, \cdots, W_n)^{\mathrm{T}}$,使残差平方和最小,这实际上是一类非线性优化问题。

① 普通最小二乘法。

$$\sum_{1 \leqslant i < j \leqslant n} \left(a_{ij} - \frac{W_i}{W_j} \right)^2 \rightarrow \min$$

② 对数最小二乘法。

$$\sum_{1 \leqslant i < j \leqslant n} \left[\lg a_{ij} - \lg\left(\frac{W_i}{W_j} \right) \right]^2 \rightarrow \min$$

6.3.3 AHP 在系统评价中的应用举例

例 6-2 科研课题的评价与选择。科研课题的评选结构模型如图 6-4 所示。A-B 判断矩阵、B-C 判断矩阵及其处理如表 6-13 所示。

表 6-13 A-B 判断矩阵、B-C 判断矩阵及其处理

<table>
<tr><td colspan="9">1.</td></tr>
<tr><td>A</td><td>B_1</td><td>B_2</td><td>B_3</td><td>B_4</td><td>W_i</td><td>W_i^0</td><td>λ_{mi}</td><td rowspan="5">$\lambda_{\max} \approx 4.055$
C.I. = 0.018
R.I. = 0.89
C.R. = 0.02 < 0.1</td></tr>
<tr><td>B_1</td><td>1</td><td>3</td><td>1</td><td>1</td><td>1.316</td><td>0.291</td><td>4.309</td></tr>
<tr><td>B_2</td><td>$\frac{1}{3}$</td><td>1</td><td>$\frac{1}{3}$</td><td>$\frac{1}{3}$</td><td>0.577</td><td>0.127</td><td>3.291</td></tr>
<tr><td>B_3</td><td>1</td><td>3</td><td>1</td><td>1</td><td>1.316</td><td>0.291</td><td>4.309</td></tr>
<tr><td>B_4</td><td>1</td><td>3</td><td>1</td><td>1</td><td>1.316</td><td>0.291</td><td>4.309</td></tr>
<tr><td colspan="9">(4.525)</td></tr>
</table>

<table>
<tr><td colspan="7">2.</td></tr>
<tr><td>B_1</td><td>C_1</td><td>C_2</td><td>W_i</td><td>W_i^0</td><td>λ_{mi}</td><td rowspan="3">$\lambda_{\max} \approx 2$
C.I. = 0
C.R. = 0 < 0.1</td></tr>
<tr><td>C_1</td><td>1</td><td>3</td><td>1.732</td><td>0.750</td><td>2</td></tr>
<tr><td>C_2</td><td>$\frac{1}{3}$</td><td>1</td><td>0.577</td><td>0.250</td><td>2</td></tr>
<tr><td colspan="7">(2.309)</td></tr>
</table>

续表

3.

B_2	C_1	C_2	C_3	W_i	W_i^0	λ_{mi}	
C_1	1	$\frac{1}{5}$	$\frac{1}{3}$	0.406	0.105	3.036	$\lambda_{max} \approx 3.039$ C.I. = 0.02 R.I. = 0.52 C.R. = 0.039 < 0.1
C_2	5	1	3	2.466	0.637	3.040	
C_3	3	$\frac{1}{3}$	1	1.000	0.258	3.040	
(3.872)							

4.

B_3	C_3	C_4	C_5	C_6	W_i	W_i^0	λ_{mi}	
C_3	1	1	3	2	1.565	0.351	4.009	$\lambda_{max} \approx 4.011$ C.I. = 0.0036 R.I. = 0.89 C.R. = 0.0041 < 0.1
C_4	1	1	3	2	1.565	0.351	4.009	
C_5	$\frac{1}{3}$	$\frac{1}{3}$	1	$\frac{1}{2}$	0.486	0.109	4.014	
C_6	$\frac{1}{2}$	$\frac{1}{2}$	2	1	0.841	0.189	4.011	
(4.457)								

5.

B_4	C_1	C_2	C_3	C_6	W_i	W_i^0	λ_{mi}	
C_1	1	$\frac{1}{5}$	$\frac{1}{3}$	1	0.508	0.096	4.031	$\lambda_{max} \approx 4.044$ C.I. = 0.015 R.I. = 0.89 C.R. = 0.017 < 0.1
C_2	5	1	3	5	2.943	0.558	4.065	
C_3	3	$\frac{1}{3}$	1	3	1.316	0.250	4.048	
C_6	1	$\frac{1}{5}$	$\frac{1}{3}$	1	0.508	0.096	4.031	
(5.275)								

C 层总排序的结果如表 6-14 所示。

表 6-14　C 层总排序

C \ B	$B_1(0.291)$	$B_2(0.127)$	$B_3(0.291)$	$B_4(0.291)$	$\overline{W}_i$
C_1	0.750	0.105	0	0.096	0.260
C_2	0.250	0.637	0	0.558	0.316
C_3	0	0.258	0.351	0.250	0.208

续表

C \ B	$B_1(0.291)$	$B_2(0.127)$	$B_3(0.291)$	$B_4(0.291)$	$\overline{W}_i$
C_4	0	0	0.351	0	0.102
C_5	0	0	0.109	0	0.032
C_6	0	0	0.189	0.096	0.083

例 6-3　过河方案的代价和收益分析。设某港务局要改善一条河道的过河运输条件，为此要确定是否建立桥梁或隧道以代替现存的渡船，评价指标体系如图 6-6 所示。

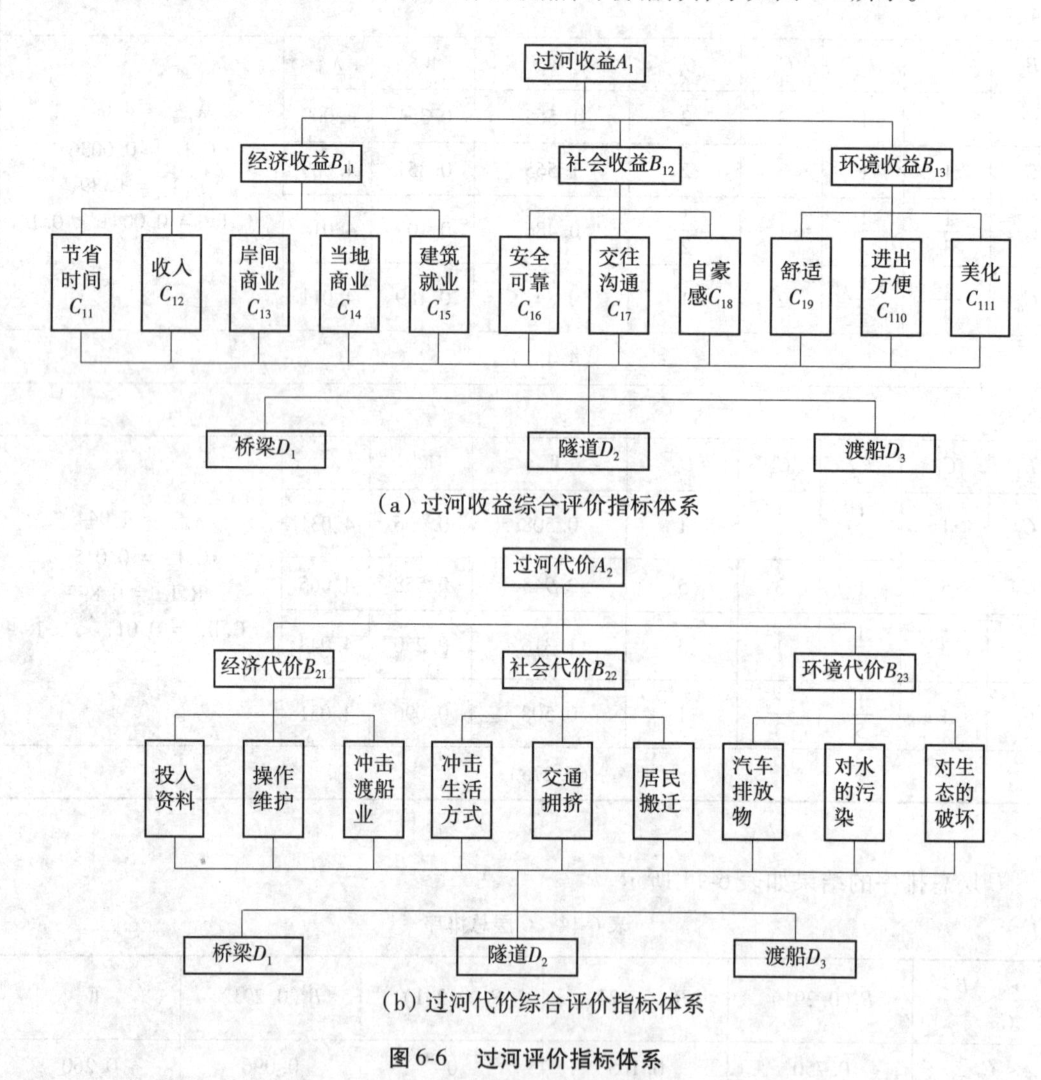

图 6-6　过河评价指标体系

收益评价体系中各要素的判断矩阵及有关分析计算如表 6-15 所示。

表6-15 收益评价体系中各要素的判断矩阵及有关分析计算

A	B_{11}	B_{12}	B_{13}	W_i^0	B_{12}	C_{16}	C_{17}	C_{18}	W_i^0
B_{11}	1	3	6	0. 67	C_{16}	1	6	9	0. 76
B_{12}	$\frac{1}{3}$	1	2	0. 22	C_{17}	$\frac{1}{6}$	1	4	0. 18
B_{13}	$\frac{1}{6}$	$\frac{1}{2}$	1	0. 11	C_{18}	$\frac{1}{9}$	$\frac{1}{4}$	1	0. 06
B_{11}	C_{11}	C_{12}	C_{13}	C_{14}	C_{15}				W_i^0
C_{11}	1	$\frac{1}{3}$	$\frac{1}{7}$	$\frac{1}{5}$	$\frac{1}{6}$				0. 04
C_{12}	3	1	$\frac{1}{4}$	$\frac{1}{2}$	$\frac{1}{2}$				0. 09
C_{13}	7	4	1	7	5				0. 53
C_{14}	5	2	$\frac{1}{7}$	1	$\frac{1}{5}$				0. 11
C_{15}	6	2	$\frac{1}{5}$	5	1				0. 23
B_{13}	C_{19}	C_{110}	C_{111}	W_i^0	C_{11}	D_1	D_2	D_3	W_i^0
C_{19}	1	$\frac{1}{4}$	6	0. 25	D_1	1	2	7	0. 58
C_{110}	4	1	8	0. 69	D_2	$\frac{1}{2}$	1	6	0. 35
C_{111}	$\frac{1}{6}$	$\frac{1}{8}$	1	0. 06	D_3	$\frac{1}{7}$	$\frac{1}{6}$	1	0. 07
C_{12}	D_1	D_2	D_3	W_i^0	C_{13}	D_1	D_2	D_3	W_i^0
D_1	1	$\frac{1}{2}$	8	0. 36	D_1	1	4	8	0. 69
D_2	2	1	9	0. 59	D_2	$\frac{1}{4}$	1	6	0. 25
D_3	$\frac{1}{8}$	$\frac{1}{9}$	1	0. 05	D_3	$\frac{1}{8}$	$\frac{1}{6}$	1	0. 06
C_{14}	D_1	D_2	D_3	W_i^0	C_{15}	D_1	D_2	D_3	W_i^0
D_1	1	1	6	0. 46	D_1	1	$\frac{1}{4}$	9	0. 41
D_2	1	1	6	0. 46	D_2	4	1	9	0. 54
D_3	$\frac{1}{6}$	$\frac{1}{6}$	1	0. 08	D_3	$\frac{1}{9}$	$\frac{1}{9}$	1	0. 05

续表

C_{16}	D_1	D_2	D_3	W_i^0	C_{17}	D_1	D_2	D_3	W_i^0
D_1	1	4	7	0.59	D_1	1	1	5	0.45
D_2	$\frac{1}{4}$	1	6	0.35	D_2	1	1	5	0.45
D_3	$\frac{1}{7}$	$\frac{1}{6}$	1	0.06	D_3	$\frac{1}{5}$	$\frac{1}{5}$	1	0.09
C_{18}	D_1	D_2	D_3	W_i^0	C_{19}	D_1	D_2	D_3	W_i^0
D_1	1	5	3	0.64	D_1	1	5	8	0.73
D_2	$\frac{1}{5}$	1	$\frac{1}{3}$	0.10	D_2	$\frac{1}{5}$	1	5	0.21
D_3	$\frac{1}{3}$	3	1	0.26	D_3	$\frac{1}{8}$	$\frac{1}{5}$	1	0.06
C_{110}	D_1	D_2	D_3	W_i^0	C_{111}	D_1	D_2	D_3	W_i^0
D_1	1	3	7	0.64	D_1	1	6	$\frac{1}{5}$	0.27
D_2	$\frac{1}{3}$	1	6	0.29	D_2	$\frac{1}{6}$	1	$\frac{1}{3}$	0.10
D_3	$\frac{1}{7}$	$\frac{1}{6}$	1	0.07	D_3	5	3	1	0.63

若各判断矩阵均符合一致性要求,则各方案关于收益的总权重为

$$\boldsymbol{W}^{(1)} = (0.57, 0.36, 0.07)^{\mathrm{T}}$$

同样方法得到各方案关于代价的总权重为

$$\boldsymbol{W}^{(2)} = (0.36, 0.58, 0.06)^{\mathrm{T}}$$

综合评价结果(各方案的收益/代价)如下:

① 桥梁(D_1):收益/代价 = 1.58。

② 隧道(D_2):收益/代价 = 0.62。

③ 渡船(D_3):收益/代价 = 1.17。

结果表明,D_1 优于 D_3,两者又远优于 D_2。

6.4 模糊综合评价法

6.4.1 引例——教师教学质量的系统评价

例 6-4 某校评价教师教学质量的原始表格及某班 25 名学生对某教师评价意见的统计

结果如表6-16所示。

表6-16 某校教师教学质量评价表(学生用)

课程名称： 任课老师： 填表班级：

评价等级 / 评价结果 / 评价项目及权重	好	较好	一般	较差
1. 准备充分,内容熟练(0.15)	9	14	2	0
2. 思路清晰,逻辑性强(0.10)	3	14	7	1
3. 板书整洁,图线醒目(0.10)	5	15	5	0
4. 深入浅出,讲述生动(0.15)	1	10	11	3
5. 辅导负责,答疑认真(0.10)	2	11	12	0
6. 作业适当,批改认真(0.10)	5	14	6	0
7. 启发思维,培养能力(0.15)	4	6	13	2
8. 要求严格,学有所获(0.15)	3	8	12	2
综合评价				

分析计算得到的综合评价结果如表6-17所示。

表6-17 某教师教学质量综合评价结果

课程名称： 任课老师： 评价人数:25

评价等级 / 隶属度 / 评价项目及权重	好(100)	较好(85)	一般(70)	差(55)	说明
1(0.15)	0.36	0.56	0.08	0	该隶属度是表6-16中评价结果占总人数的比重,即由表6-16每行数值除以25所得的结果
2(0.10)	0.12	0.56	0.28	0.04	
3(0.10)	0.20	0.60	0.20	0	
4(0.15)	0.04	0.40	0.44	0.12	
5(0.10)	0.08	0.44	0.48	0	
6(0.10)	0.20	0.56	0.24	0	
7(0.15)	0.16	0.24	0.52	0.08	
8(0.15)	0.12	0.32	0.48	0.08	
综合隶属度	0.162	0.444	0.348	0.046	综合评价结果
综合得分	80.83				

6.4.2 主要步骤

1）确定因素集 F 和评定（语）集 E

因素集 F 即评价项目或指标的集合，一般有 $F=\{f_i\}(i=1,2,\cdots,n)$。如在引例中，$F=\{f_1,f_2,\cdots,f_8\}$。

评定集或评语集 E 即评价等级的集合，一般有 $E=\{e_j\}(j=1,2,\cdots,m)$。如在引例中，$E=\{e_1,e_2,e_3,e_4\}=\{$好，较好，一般，较差$\}$。

2）统计、确定单因素评价隶属度向量，并形成隶属度矩阵 $\boldsymbol{R}$

隶属度是模糊综合评价中最基本和最重要的概念。所谓隶属度 r_{ij}，是指多个评价主体对某个评价对象在 f_i 方面做出 e_j 评定的可能性大小（可能性程度）。隶属度向量 $\boldsymbol{R}=(r_{i1},r_{i2},\cdots,r_{im})(i=1,2,\cdots,n)$，$\sum\limits_{j=1}^{m}r_{ij}=1$，隶属度矩阵 $\boldsymbol{R}=(R_1,R_2,\cdots,R_n)^{\mathrm{T}}=(r_{ij})$。

如在例6-4中，$n=8$，$m=4$，隶属度矩阵为

$$\boldsymbol{R}=\begin{pmatrix}0.36 & 0.56 & 0.08 & 0\\0.12 & 0.56 & 0.28 & 0.04\\0.20 & 0.60 & 0.20 & 0\\0.04 & 0.40 & 0.44 & 0.12\\0.08 & 0.44 & 0.48 & 0\\0.20 & 0.56 & 0.24 & 0\\0.16 & 0.24 & 0.52 & 0.08\\0.12 & 0.32 & 0.48 & 0.08\end{pmatrix}$$

3）确定权重向量 $\boldsymbol{W}_F$ 等

$\boldsymbol{W}_F$ 为评价项目或指标的权重或权系数向量。如在例6-4中，$\boldsymbol{W}_F=(0.15,0.10,0.10,0.15,0.10,0.10,0.15,0.15)$。另外，还可有评定（语）集的数值化结果（标准满意度向量）$\boldsymbol{W}'_E$ 或权重 $\boldsymbol{W}_E$（$\boldsymbol{W}'_E$ 归一化的结果）。如在例6-4中，$\boldsymbol{W}'_E=(100,85,70,55)$，$\boldsymbol{W}_E=(0.32,0.27,0.23,0.18)$。

若有考评集 $T=\{$第一次考评，第二次考评，…，第 r 次考评$\}$ 时，还应有不同考评次数的权重向量 $\boldsymbol{W}_T=(W_{t1},W_{t2},\cdots,W_{tr})$。

使用 $\boldsymbol{W}_F$ 和 $\boldsymbol{W}_E$ 为"双权法"，使用 $\boldsymbol{W}_F$ 和 $\boldsymbol{W}'_E$ 是"总分法"。在例6-4中采用的是总分法。

4）按照某种运算法则，计算综合评定向量（综合隶属度向量）$\boldsymbol{S}$ 及综合评定值（综合得分）$\boldsymbol{\mu}$

通常 $\boldsymbol{S}=\boldsymbol{W}_F\boldsymbol{R}$，$\mu=\boldsymbol{W}'_E\boldsymbol{S}^{\mathrm{T}}$。

如在例6-4中，$S = (0.162, 0.444, 0.348, 0.046)$，$\mu = 80.83$。

6.4.3　模糊数学与模糊子集

1）模糊数学的产生与发展

模糊数学是研究和处理模糊性现象的数学，集合论是模糊数学立论的基础之一。一个集合可以表现一个概念的外延。普通集合论只能表现“非此即彼”的现象。而在现实生活中，“亦此亦彼”现象及有关的不确切概念却大量存在，如“好天气”“很年轻”“很漂亮”“教学效果好”等，这些现象及其概念严格说来均无绝对明确的界限和外延，因此，称为模糊现象及模糊概念。

1965年，美国著名的控制论专家L. A. 扎德教授发表了“Fuzzy Sets”（模糊集合）的论文，提出了处理模糊现象的新的数学概念——“模糊子集”，力图用精确的数学方法去处理模糊现象。模糊数学的发展与计算机科学的发展密切相关（L. A. 扎德本人就长期从事计算机工作）。计算机的计算速度快、记忆能力超群，但计算机缺少模糊识别和模糊意向判决，如调电视、找人（大胡子、高个子）等。模糊数学就是让计算机吸收人脑识别和判决的模糊特点，使部分自然语言作为算法语言直接进入程序，从而使计算机能完成更复杂的任务，如让机器人上街买菜，用计算机控制车辆在闹市行驶等。

目前，模糊数学已开始在管理科学方面得到广泛应用，如科研项目评选、企业部门的考评及质量评定、人才预测与规划、教学与科技人员的分类、模糊生产平衡等。在图像识别、人工智能、信息控制、医疗诊断、天气预报、聚类分析、综合评判等方面的应用，模糊数学也已取得不少成果。但需要注意的是，模糊数学仅适用于有模糊概念而又可以量化的场合。

2）模糊子集

给定了论域U上的一个模糊子集$\underset{\sim}{A}$，是指对任意$u \in U$，都指定了一个数$\gamma_A(U) \in [0, 1]$，这叫作u对A的隶属程度，γ_A叫作$\underset{\sim}{A}$的隶属函数。模糊子集$\underset{\sim}{A}$完全由隶属函数来刻画，在某种意义上，$\underset{\sim}{A}$与γ_A等价，记作$\underset{\sim}{A} \Leftrightarrow \gamma_A$。$\gamma_A(u)$表示$u$对$\underset{\sim}{A}$的隶属度大小，当$\gamma$的值域为$[0,1]$时，$\gamma_A$蜕变成一个普通子集的特征函数，$\underset{\sim}{A}$蜕变成一个普通子集。

在有限论域上的模糊子集可写成（不是分式求和，只是一种表达方法）

$$\underset{\sim}{A} = \frac{\gamma_A(u_1)}{u_1} + \frac{\gamma_A(u_2)}{u_2} + \cdots + \frac{\gamma_A(u_n)}{u_n} = \sum_{i=1}^{n} \frac{\gamma_A(u_i)}{u_i}$$

分母是论域U中的元素，即$U = \{u_1, u_2, \cdots, u_n\}$；分子是相应元素的隶属度（$u$对$\underset{\sim}{A}$的隶属程度）。

如在例6-4中，考虑了F和E两个论域，W_F是F上的一个模糊子集，R可以看作$F \times E$上的一个模糊子集，S是E上的一个模糊子集（因而是模糊评判的结果）。

3）最大隶属（度）原则（最大贴近度原则）

设$\underset{\sim}{A_1}$，$\underset{\sim}{A_2}$，…，$\underset{\sim}{A_n}$是论域U上的n个模糊子集，u_0是U的固定元素。

若$\gamma_{A_t}(u_0)=\max[\gamma_{A_1}(u_0),\gamma_{A_2}(u_0),\cdots,\gamma_{A_n}(u_0)]$，则认为$u_0$相对隶属于模糊子集$\underset{\sim}{A_t}$。

例6-4中，若设$U=\{$教师甲，教师乙，教师丙$\}=\{u_0,u_1,u_2\}$，A_1表示教学质量好，A_2表示教学质量较好，A_3表示教学质量一般，A_4表示教学质量较差，则有

$$A_1=\frac{\gamma_{A_1}(u_0)}{\text{教师甲}}+\frac{\gamma_{A_1}(u_1)}{\text{教师乙}}+\frac{\gamma_{A_1}(u_2)}{\text{教师丙}}=\frac{0.162}{\gamma_0}+\cdots$$

$$A_2=\frac{\gamma_{A_2}(u_0)}{\text{教师甲}}+\cdots=\frac{0.444}{\gamma_0}+\cdots$$

$$A_3=\frac{\gamma_{A_3}(u_0)}{\text{教师甲}}+\cdots=\frac{0.348}{\gamma_0}+\cdots$$

$$A_4=\frac{\gamma_{A_4}(u_0)}{\text{教师甲}}+\cdots=\frac{0.046}{\gamma_0}+\cdots$$

则$\gamma_{A_1}(u_0)=\max(0.162,0.444,0.348,0.046)=0.444=\gamma_{A_2}(u_0)$，即相对认为教师甲属于教学质量较好的这一类老师。

例6-5　假定某企业拟晋升一名工程师为总工程师，经研究需要考虑的评判因素有五项，即$X=\{$个人实际能力，文化素质，思想道德品质，年龄，身体健康情况$\}$，X为评判因素集。评判因素的评语等级$Y=\{$很适合，较适合，不太适合，不适合$\}$。

通过德尔菲法对单位领导和工人进行征询、调查、计算、预测，得单因素评判矩阵为

$$\boldsymbol{R}=\begin{pmatrix}0.4 & 0.3 & 0.2 & 0.1\\0.2 & 0.2 & 0.5 & 0.1\\0.2 & 0.2 & 0.5 & 0.1\\0.1 & 0.5 & 0.3 & 0.1\\0.2 & 0.4 & 0.4 & 0.0\end{pmatrix}$$

根据有关部门核算，五项因素的权重为$\boldsymbol{A}=(0.1,0.1,0.4,0.2,0.2)$，则进行模糊合成运算得出模糊综合评价结果为

$$\begin{aligned}\boldsymbol{B}&=\boldsymbol{AR}\\&=(0.1,0.1,0.4,0.2,0.2)\begin{pmatrix}0.4 & 0.3 & 0.2 & 0.1\\0.2 & 0.2 & 0.5 & 0.1\\0.2 & 0.2 & 0.5 & 0.1\\0.1 & 0.5 & 0.3 & 0.1\\0.2 & 0.4 & 0.4 & 0.0\end{pmatrix}\\&=(0.2,0.2,0.4,0.1)\end{aligned}$$

对$\boldsymbol{B}$做归一化处理，得$\overline{\boldsymbol{B}}=\left(\frac{2}{9},\frac{2}{9},\frac{4}{9},\frac{1}{9}\right)$，即有$\frac{2}{9}$的专家认为该工程师晋升为总工程

师很适合；$\frac{2}{9}$ 的专家认为该工程师晋升为总工程师较适合；$\frac{4}{9}$ 的专家认为该工程师晋升为总工程师不太适合；$\frac{1}{9}$ 的专家认为该工程师晋升为总工程师不适合。根据最大隶属原则，该工程师不太适合晋升为总工程师。

6.4.4　综合对比排序

如果我们要对几个方案或措施进行综合对比排序，但从信息的确切程度或进行详尽分析所需的时间、条件来说，不允许（或者没有可能）像此前介绍的层次分析那样一步步考虑。因此可以用一种模糊综合定序的方法来进行较快而较粗的排序，这种方法也是建立在两两对比之上，但具体做法与层次分析法不同。

设有 n 个方案或对象需要进行综合排序。先拿任一组方案 x，y 进行对比，但这里不是直接相互对比，而是和某一理想方案对比，看两者与理想方案的接近、类似程度。我们用 $f_y(x)$ 表示方案 x 对理想方案的接近、类似度（下标 y 表示 x、y 两两与理想方案比较），用 $f_x(y)$ 表示方案 y 对理想方案的接近、类似度，而

$$0 \leqslant f_y(x), f_x(y) \leqslant 1$$

试看这个例子：有 3 个儿子，长子(x)、次子(y) 和幼子(z)，看谁最像爸爸。如果长子与次子对照，再与爸爸比，有

$$f_y(x) = 0.8, f_x(y) = 0.5$$

也就是说，长子像爸爸的程度为 0.8，而次子的程度为 0.5。这两个数字仅表明在 x 与 y 对照的情况下，与理想情况比的相对程度。同样，如果次子与幼子对照，再与爸爸比，有

$$f_z(y) = 0.4, f_y(z) = 0.7$$

幼子与长子对照，再与爸爸比，有

$$f_x(z) = 0.3, f_z(x) = 0.5$$

这里应该强调指出，每次只是两两对照时的相对估值，例如次子与长子对照时值为 0.5，而与幼子对照时却是 0.4，两者并不要求一致，只看两两对照程度。排序是有规则的，先令

$$f\left(\frac{x}{y}\right) \equiv \frac{f_y(x)}{\max[f_x(y), f_y(x)]}$$

显然有

$$f\left(\frac{x}{y}\right) = \begin{cases} 1, & f_y(x) \geqslant f_x(y) \\ \dfrac{f_y(x)}{f_x(y)}, & f_y(x) < f_x(y) \end{cases}$$

我们依次计算各 $f\left(\frac{x}{y}\right)$ 的值，并令 $f\left(\frac{x}{x}\right) = 1$，把它们当作元素，构成一个矩阵，这种矩阵叫作相及矩阵。上面例子的相及矩阵如表 6-18 所示。

表 6-18　相及矩阵

$f(a/b)a$ \ b	x	y	z	min
x	1	1	1	1
y	$\frac{8}{5}$	1	$\frac{4}{7}$	$\frac{4}{7}$
z	$\frac{3}{5}$	1	1	$\frac{3}{5}$

取每一行的最小值，作为这一行方案的综合评价值。从这个例子可以看出，长子最像爸爸，幼子其次，次子最不像。

这种方法的特点在于快速综合，没有分别按属性评比。显然，在两两对照时容易突出某些属性，直到最后才统一进行综合对比。

6.5　熵评价法

6.5.1　熵　权

1）熵权的概念

无论是项目评估还是多目标决策，都要考虑每个评价指标或各目标、属性的相对重要程度。表示重要程度最直接和简便的方法是给各指标赋予权重。按照熵思想，人们在决策中获得信息的数量和质量，是影响决策精度和可靠性的决定因素，也是评价不同决策过程或案例效果的尺度。

例如，决策者面对10个有效解，欲从中选出满意解，则该问题的不确定程度为 $\ln 10 = 2.3$，或者说该决策问题缺乏2.3个单位的信息量。第一位决策分析人员提出一种方法，他可以确定10个方案中哪个是最好的。这样，第一位决策分析人员提供了 $\ln 10 = 2.3$ 个单位的信息。第二位决策分析人员提供了另一种方法，把10个有效解减少到4个，使问题的不确定程度减少到 $\ln 4 = 1.386$ 个单位，则第二位决策分析人员提供的信息量为 $\ln 10 - \ln 4 = 0.916$ 个单位。第二种决策方法较之第一种更好一些，因为第二种是用熵来度量信息量的。

同样用熵还可以度量获取的数据所提供的有用信息量。现在我们考虑一个评估问题，设有 m 个评估指标，n 个评价对象（方案），按照定性与定量相结合的原则取得多对象关于多指标的评价矩阵为

$$R' = \begin{pmatrix} r'_{11} & r'_{12} & \cdots & r'_{1n} \\ r'_{21} & r'_{22} & \cdots & r'_{2n} \\ \vdots & \vdots & \ddots & \vdots \\ r'_{m1} & r'_{m2} & \cdots & r'_{mn} \end{pmatrix}$$

对 R' 做标准化处理得

$$R = (r_{ij})_{m \times n}$$

式中,r_{ij} 是第 j 个评价对象在 i 指标之上的值,又 $r_{ij} \in [0,1]$,且

$$r_{ij} = \frac{r'_{ij} - \min\{r'_{ij}\}}{\max\limits_{j}\{r'_{ij}\} - \min\limits_{j}\{r'_{ij}\}}$$

为简便计算,我们可假定 r_{ij} 大者为优,是收益性指标。

定义 6-1(评价指标的熵) 在有 m 个评价指标、n 个评价对象的评估问题中[以下简称为(m,n)评价问题],第 i 个评价指标的熵的定义为

$$H_i = -k \sum_{j=1}^{n} f_{ij} \ln f_{ij}, i = 1,2,\cdots,m$$

式中,

$$f_{ij} = \frac{r_{ij}}{\sum\limits_{j=1}^{n} r_{ij}}, \quad k = \frac{1}{\ln n}$$

并假定,当 $f_{ij} = 0$ 时,$f_{ij} \ln f_{ij} = 0$。

也可以选择 k 使得 $0 \leqslant H_i \leqslant 1$,这种标准化在进行比较时是很有必要的。

定义 6-2(评价指标的熵权) 在(m,n)评价问题中,第 i 个指标的熵权 ω_i 为

$$\omega_i = \frac{1 - H_i}{m - \sum\limits_{i=1}^{m} H_i}$$

由上述定义以及熵函数的性质可以得到熵权的性质:

① 各评价对象在指标 j 上的值完全相同时,熵值达到最大值1,熵权为0。这也意味着该指标未向决策者提供任何有用信息,可以考虑取消该指标。

② 当各评价对象在指标 j 上的值相差较大、熵值较小、熵权较大时,说明该指标向决策者提供了有用的信息。同时还说明在该问题中,各评价对象在该指标上有明显差距,应重点考察。

③ 指标的熵越大,其熵权越小,该指标越不重要,且满足 $0 \leqslant \omega_i \leqslant 1$ 和 $\sum\limits_{i=1}^{m} \omega_i = 1$。

④ 作为权数的熵权,有其特殊意义,它并不是在决策或评估问题中各指标实际意义上的重要性系数,而是在给定评价对象集后且各种评价指标值确定的情况下,各指标在竞争意义上的相对激烈程度系数。

⑤ 从信息角度来看,熵权代表各指标在问题中提供有用信息量的程度。

⑥ 熵权的大小与评价对象有直接关系。

当评价对象确定以后,再根据熵权对评价指标进行调整,以做出更精确、可靠的评价。同时也可以利用熵权对某些指标评价值的精度进行调整,必要时,重新确定评价值和精度。

6.5.2 熵权的应用

有了以上对熵权的定义和性质的论述,就可以研究熵权在实际决策中的应用了。

1) 评价指标的选取

在建立评价指标体系时,选取指标最重要的原则之一是选取最能反映和度量评价对象优劣程度的指标。比如,对学生进行综合评估而选择三好学生时,德、智、体三项指标是首选的指标;对劳动岗位进行测评时,劳动强度、劳动环境、劳动技能也是首选的指标。然而,有时各对象对某一特定指标具有完全相同或非常接近的取值,此时这些最主要的指标并不能帮助决策者做出任何优劣性选择,也就是说它没有给决策者提供任何有用的信息。这种现象最怕出现在对评价对象必须进行排序的评价问题中,出现这种现象时,可以参考4个原则进行处理:第一,评价指标应尽量全面,以综合反映方案的优劣。第二,当方案集给定后,某指标的所有取值均相等或非常接近时,可以考虑调整该指标。比如,可把它再分解为若干子指标,或者把该指标的精度(计量单位)细化,有时可取消该指标,增加新指标。第三,选取指标时应尽量选择量化或模糊量化指标。第四,仔细分析各对象的特点,争取把各对象的优劣性都反映出来,同时也要注意剔除冗余的指标。

2) 投资项目规划

在投资分析问题中,投资者的资金和资源有限,面对可供投资的多种项目,决策者应如何做出最佳投资呢?下面给出一种项目规划法。

例 6-6 设初期共有可投资项目 n 个,评价指标 m 个,按照专家法得到这 m 个指标的权重为 λ_j',构造指标水平矩阵 $\boldsymbol{R}$,其元素 r_{ij} 为第 i 方案的第 j 指标水平,并假设 $\boldsymbol{R}$ 已按式(5-1)进行了标准化处理,则有

$$\boldsymbol{R}=\begin{pmatrix} r_{11} & r_{12} & \cdots & r_{1n} \\ r_{21} & r_{22} & \cdots & r_{2n} \\ \vdots & \vdots & \ddots & \vdots \\ r_{m1} & r_{m2} & \cdots & r_{mn} \end{pmatrix}$$

可以算出熵权 ω_i,结合 λ_j',最后得到关于指标 i 的综合权数为

$$\lambda_i=\frac{\lambda_i'\omega_i}{\sum_{i=1}^{m}\lambda_i'\omega_i}$$

应用 L. A. 扎德的定义将可行方案集映射到距离空间,有

$$L_p(\lambda,i)=\left[\sum_{j=1}^{m}\lambda_j^p(1-r_{ij})^p\right]^{\frac{1}{p}}$$

一般情况下,取 $p=1$(海明距离,只注重偏差的总和),则

$$L_1(\lambda,i)=1-\sum_{j=1}^{m}\lambda_j r_{ij}$$

或取 $p=2$(欧式距离,更注重个别偏差较大者),则

$$L_2(\lambda,i)=\sqrt{\sum_{i=1}^{n}\lambda_j^2(1-r_{ij})^2}$$

显然,距离小者更接近理想方案,因此,可以按照 L 由小到大对各项目进行排序。排序后,有时还不能确定有几个项目可以投资,为此可以建立如下 0-1 规划模型。

设变量 $x_i=0$ 或 1,当 $x_i=0$ 时,表示第 i 个投资项目为不投资项目;当 $x_i=1$ 时,表示第 i 个投资项目为投资项目,则有目标函数

$$\min\sum_{i=1}^{n}L_p(i)x_i$$

$$\text{s.t.}\ \sum_{i=1}^{n}S_{ij}x_i\leqslant S_j\quad j=1,2,\cdots,k$$

$$\sum_{i=1}^{n}t_{ij}x_i\geqslant T_j\quad j=1,2,\cdots,l$$

其中,$L_p(i)$ 为第 i 个方案的距离;S_{ij} 为第 i 个投资项目对第 j 种资源的需求;S_j 为第 j 种资源的总供给,共有 k 种资源;t_{ij} 为第 i 个投资项目的第 j 种期望收益;T_j 为第 j 种最低收益值,共有 l 种收益。

在实际应用时,把资源和期望利润带入上式求解此0-1规划模型,当 $x_i=1$ 时,则第 i 个项目可以投资;当 $x_i=0$ 时,则第 i 个项目不宜投资。

6.5.3 风险分析

1) 评价的风险熵度量法

大多数决策是在有风险和随机性的情况下进行的。本节将给出一种在对方案进行评价、排序分析时,根据所提供信息的加权量来对风险进行度量的方法,该方法可以用来对评价方法的风险进行评价,或者对评价对象之间的优劣差异程度(竞争度)进行评价。

在进行多目标决策(或多指标评价)时,首先采用专家法确定各指标(目标)的权数 λ,并给出评价矩阵,进而求出各指标的熵权 ω。如果某指标的 λ 值大而对应的 ω 值小,说明重要的属性值接近,即各评价对象在该指标方面不相上下,谁都不占据绝对优势,竞争较激烈,表明提供给决策者的信息少,因而基于该指标的评价风险相对较大。相反,如果某指标的 λ 值大而对应的 ω 值也大,则表明提供的信息较多,意味着该指标比较重要,且各评价对象在该指标有较大差距,竞争不是很激烈,因而基于该指标的评价风险相对较小,做出判断相对较容易。基于这个思想,建立了如下评价的风险(竞争度)度量模型。

定义 6-3 在(m,n)评价问题中,评价的风险可按下式计算:

$$R = \sum_{j=1}^{m} \lambda_j' H_j$$

式中，λ_j' 为第 j 个评价指标的专家权数；H_j 为第 j 个评价指标的熵；m 为评价指标个数。

按上式得出的风险数具有如下性质：

① 由 $\sum \lambda_j' = 1$ 和 $0 \leqslant H_j \leqslant 1$ 不难证明 $R \in [0,1]$。

② 当 R 非常小(接近于0)时，表明该评价问题几乎是确定的，没有任何风险可言。

③ 当 R 达到最大值1时，表明该评价问题是在拥有最小信息量的情况下进行评价，这时所有的 $H_j = 1$，即所有评价对象的各指标值相同，做任何排序都有很大风险，这时必须重新获取信息，而有效的方法是增加新的指标。

证明

$$\begin{aligned} R = \sum_{j=1}^{m} \lambda_j' H_j = 1, \ j = 1,2,\cdots,m \\ \text{s.t.} \sum_{j} \lambda_j' = 1 \\ 0 \leqslant \lambda_j \leqslant 1 \\ 0 \leqslant H_j \leqslant 1 \end{aligned}$$

只有全部 $H_j = 1$ 时，才能保证 $R = 1$。证毕。

比如，评选优秀企业或个人时，所有评价对象的所有指标值都相等，这时在获取新信息前做的决策风险最大。我们平时所说的竞争激烈的情况就是这样，此时一旦做出评价，必然会引起争议。

④ 如果设两个评价问题的风险分别为 R_1 和 R_2，如果 $R_1 > R_2$，则表明问题1具有的信息量少于问题2，做决策的风险也大于问题2，则决策的可靠性较差。

2）项目的风险熵度量法

绝大多数项目都处在随机环境中，因而具有投资风险。一个项目或工程的风险最常见的是用目标函数概率分布的数字特征来进行量化描述。众所周知，数字特征只能粗略和大概地描述随机变量的随机性质，并不能精细地确定一个概率分布。因此，只用数字特征来描述风险显然也是粗略的做法，人们并不满意这种做法。同时人们在探讨风险度量时，似乎对风险的理解也并不一致，对风险这一概念没有一个权威的定义，度量的方法更是多种多样。本节只介绍风险的熵度量法。

未来环境状态和风险方案是风险的两个要素。因此，应该从这两个方面对风险进行度量。只根据概率分布不能确定一种环境是否具有风险以及风险的大小。风险的度量就是计算不同的方案(要有明确的目标)在已知环境状态概率分布的条件下实现目标所面临的危险程度。

传统的风险度量法：某方案的期望利润 x_1 具有概率分布函数 $F_i(x)$，假定它是有风险的。设 $\bar{x}_i$ 和 σ_i^2 分别表示 x 的均值和方差。

(1) 用方差或标准差直接度量风险(考虑了环境和方案两要素)

用 R 表示该方案的风险,在连续情况下,定义

$$R_i = \sigma_i^2 = \int_{-\infty}^{+\infty} (x_i - \bar{x}_i)^2 \mathrm{d}F_i(x)$$

在 x_i 为离散情况下,定义

$$R_i = \sigma_i^2 = \sum_{j=-\infty}^{\infty} (x_i - \bar{x}_i)^2 P(x_{ij})$$

式中,$P(x_{ij})$ 为第 i 个方案的第 j 种可能利润值 x_{ij} 的概率。

这一度量常被修改为

$$R_i = a\sigma_i^2 - (1 - a)\bar{x}_i, 0 < x < 1$$

或

$$R_i = k\sigma_i - \bar{x}_i$$

$$R_i = \sigma_i^2 / \bar{x}_i$$

$$R_i = \int_{-\infty}^{t_i} (t_i - x_i)^a \mathrm{d}F_i(x), a > 0$$

$$R_i = \sum_{j=-\infty}^{t_i} (t_i - x_i)^a P(x_{ij}) \quad (\text{在离散情况下})$$

上式中,一般设 $a = 2$。

可以用各种量替换 t_i,比如,理想利润目标值、损益平衡点或者 $\bar{x}_i$。

很显然,在以上各种风险度量中,不但没有考虑决策目标,而且只用均值和方差这两个特征数描述风险,随机性比较粗略,不具备唯一性和全面性。因此,只可用作大概估计。

(2) 熵度量

熵是不确定性的度量,因此可用熵来度量风险,有

$$R_i = -\int_{-\infty}^{+\infty} \ln[f_i(x)] \mathrm{d}F(x)$$

或

$$R_i = -\sum_{j=-\infty}^{\infty} [\ln P(x_{ij})] P(x_{ij})$$

但是熵与分布并不是一对一的关系,且一般熵与分布的位置无关,因此,只用熵单独度量风险也达不到全面描述的目的。

(3) 三参量风险度量法

$$R_i = \int_{-\infty}^{\lambda} | c - x_i | \mathrm{d}F_i(x)$$

或

$$R_i = \sum_{j=-\infty}^{\lambda} | c - x_{ij} |^a P(x_{ij})$$

式中,λ 为事先指定值,可以选择为 ∞,c 为参考值,偏差值是相对 c 度量的,c 可以表示 $\bar{x}_i$、0、初值、中间值等。这些度量与一般距离度量完全相同,而且都是一维的。

另外,还有概率支配法、随机优势法等,但它们不是直接对风险进行客观度量,而是结合

决策者的效用与偏好对各方案进行比较。因此,并不能真正地做到度量风险。

6.6 数据包络分析法(DEA)

6.6.1 DEA的产生与发展

在人们的生产活动和社会活动中常常会遇到这样的问题:经过一段时间之后,需要对具有相同类型的部门或单位(称为决策单元)进行评价,其评价的依据是决策单元的"输入"数据和"输出"数据,输入数据是指决策单元在某种活动中需要消耗的某些量,例如,投入的资金总额、投入的劳动力总数、占地面积等;输出数据是决策单元经过一定的输入之后,产生的表明该活动成效的某些信息量,例如,不同类型的产品数量、产品质量、经济效益等。再具体点说,如在评价某城市的高等学校时,输入数据可以是学校全年的资金、教职员工的总人数、教学用房的总面积、各类职称的教师人数等;输出数据可以是培养博士研究生的人数、硕士研究生的人数、大学生的人数、学生的质量(德、智、体)、教师的教学工作量、学校的科研成果(数量与质量)等。根据输入数据和输出数据来评价决策单元的优劣,就是评价部门(或单位)间的相对有效性。

1978 年,由著名的运筹学家 A. 查恩斯、W. W. 库珀和 E. 罗兹首先提出了数据包络分析法(Data Envelopment Analysis, DEA),该方法被用来评价部门间的相对有效性(因此被称为DEA有效)。他们的第一个模型被命名为CCR模型,从生产函数角度看,这个模型是一种用来研究具有多个输入和多个输出的"生产部门"同时为"规模有效"与"技术有效"的方法。1984 年,R. D. 班克、A. 查恩斯和 W. W. 库珀又提出了 BCC 模型。

上述的一些模型都可以作为处理具有多个输入(输入越小越好)和多个输出(输出越大越好)的多目标决策问题的方法。可以证明,DEA 有效性与相应的多目标规划问题的帕累托有效解(或非支配解)是等价的。DEA 可以看作一种统计分析的新方法。它是根据一组关于"输入—输出"的观察值来估计有效生产前沿面的。在经济学和计量经济学中,估计有效生产前沿面,通常使用统计回归法以及其他一些统计方法,这些方法估计出的生产函数并没有表现出实际的前沿面,得出的函数实际上是非有效的。因为这种估计是将有效决策单元与非有效决策单元混为一谈而得出的。在有效性的评价方面,除了 DEA 以外,还有一些其他方法,但是那些方法几乎仅限于单输出的情况。相比之下,DEA 处理多输入,特别是多输出问题的能力是具有绝对优势的。并且,DEA 不仅可以用线性规划来判断决策单元对应的点是否位于有效生产前沿面上,同时又可获得许多有用的管理信息。因此,它比其他方法(包括采用统计的方法)优越,用处也更广泛。

DEA 是运筹学的一个新的研究领域。A. 查恩斯和 W. W. 库珀等人应用 DEA 的第一个十分成功的案例,是在评价为智障儿童开设公立学校项目的同时,描绘出可以反映大规模社会实验结果的研究方法。在评估中,输出数据包括"自尊"等无形的指标,输入数据包括父母的照料和父母的文化程度等,无论哪种指标都无法与市场价格相比较,也难以轻易确定适当的权重(权系数),这也是 DEA 的特点之一。

6.6.2　DEA 的基本模型

1)CCR 模型

决策单元 DMU(Decision Making Unit, DMU)的相对效率为输出加权求和与输入加权求和之比。评价 DMU 的标准 CCR 模型可利用 θ_k 作为 CCR 模型中 DMU 的效率值,反映其自我评价。根据基本 DEA 结果,效率值为 1 的是有效决策单元,效率值小于 1 的是非有效决策单元。但通常在应用基本 DEA 进行效率评价及排序时,评价主体具有自利性,且往往多个决策单元都有效,所以排序效果往往不理想。

假设参与评价的决策单元一共有 n 个,对决策单元 j,其评价指标 $x_{ji}(i=1,2,\cdots,m)$ 越小越好(相对于投入指标),其评价指标 $y_{jr}(r=1,2,\cdots,s)$ 越大越好(相对于产出指标),由此可以构造出 CCR 模型,即

$$x_j = (x_{j1}, x_{j2}, \cdots, x_{jm})^{\mathrm{T}}$$

$$y_j = (y_{j1}, y_{j2}, \cdots, y_{js})^{\mathrm{T}}$$

$$(\mathrm{P}_1)\begin{cases} \max \dfrac{u^{\mathrm{T}} y_0}{v^{\mathrm{T}} x_0} \\ \text{s.t.} \begin{cases} \dfrac{u^{\mathrm{T}} y_j}{v^{\mathrm{T}} x_j} \leqslant 1, j = 1,2,\cdots,n \\ v \geqslant 0 \\ u \geqslant 0 \end{cases} \end{cases}$$

式中,y_j 为决策单元 j 的评价指标(越大越好);x_j 为决策单元 j 的评价指标(越小越好);u 为 y_j 的权重;v 为 x_j 的权重;n 为决策单元的个数;m 为 y_j 指标的熟练度;s 为 x_j 指标的数量;y_0 与 y_{j0},表示待评价决策单元的评价指标;x_0 与 x_{j0},表示待评价决策单元的评价指标。

CCR 模型假定评价有效性的约束条件是所有决策单元的有效性最大值为 1,这是借鉴自然过程中能量转化效率的最大值为 1 的原则。该模型的主要特点是将投入、产出指标的权重 u、v 作为取得待评价决策单元 j_0 有效性最大值的优化变量。决策单元 j_0 有效性值或者等于 1,或者小于 1,前者表示决策单元 j_0 是相对有效的,后者表示决策单元 j_0 是相对无效的。对于相对无效的决策单元,模型的解可以反映该决策单元与相对有效决策单元的差距。对所有的决策单元依次解上述模型,可以得出各个决策单元的相对效率。不同决策单元解对应的评价指标的权重一般来说不同的,这种权重的选择方式比权重分析方法优越,因为权重选择方式更具有客观性。DEA 的缺点是通过对权重精细的选择,使一个在少数指标上有优势,而在多数指标上有劣势的决策单元成为相对有效的决策单元。DEA 的优点是如果决策单元被评价为相对无效,那么就有力地说明了该决策单元在各个指标上都处于劣势。

上述 CCR 模型是一个分式规划模型,想要对其进行深入的讨论一般是比较困难的。为了能够利用线性规划进行进一步的讨论,现对这个分式规划问题进行查恩斯 - 库珀变换,有

$$t = \frac{1}{v^{\mathrm{T}} x}, w = tv, \mu = tu$$

因此,可将分式规划转变为如下的线性规划问题:

$$(\mathrm{P}_2)\begin{cases} \max u^{\mathrm{T}} y_0 \\ \text{s. t.} \begin{cases} w^{\mathrm{T}} x_j - \mu^{\mathrm{T}} y_1 \geqslant 0, j = 1,2,\cdots,n \\ w^{\mathrm{T}} x_0 = 1 \\ w \geqslant 0 \\ \mu \geqslant 0 \end{cases} \end{cases}$$

通过查恩斯 - 库珀变换,分式目标函数中的分子部分从形式上保留下来,分母的值则转变为 1,成为约束条件的一部分。这样分式目标函数就变成了线性目标函数。

定义 6-4 如果线性规划问题的最优解 w^*、μ^* 满足 $u^{\mathrm{T}} y_0 = 1$,则称决策单元 DMU_{j0} 是弱 DEA 有效的。

定义 6-5 如果线性规划问题的最优解 $w^* > 0$、$\mu^* > 0$ 满足 $\mu^{\mathrm{T}} y_0 = 1$,则称决策单元 DMU_{j0} 是 DEA 有效的。

2)CCR-BCC 模型

模型中假设有 n 个决策单元,每个决策单元都有 m 种类型的"输入"以及 s 种类型的"输出",分别表示该单元"耗费的资源"和"工作的成效",用 $x_{ji}(x_{ji} > 0, i = 1,2,\cdots,m)$ 表示第 j 个决策单元对第 i 种类型输入的投入量,用 $y_{jr}(y_{jr} > 0, r = 1,2,\cdots,s)$ 表示第 j 个决策单元对第 r 种类型输入的投入量,并记为

$$x_j = (x_{j1}, x_{j2}, \cdots, x_{jm})^{\mathrm{T}}$$
$$y_j = (y_{j1}, y_{j2}, \cdots, y_{js})^{\mathrm{T}}, j = 1,2,\cdots,n$$

在设定过程中为避免锥性条件即规模收益不变的发生,增添一个凸性假设条件,这时有

$$\sum_{j=1}^{n} \lambda_j = 1$$

可能集 T 可描述为

$$T_{\mathrm{BCC}} = \left\{(x,y) \mid x \geqslant \sum_{j=1}^{n} \lambda_j x_j, \sum_{j=1}^{n} \lambda_j = 1, j = 1,2,\cdots,n\right\}$$

将锥形条件去掉后,本研究就可以严格集中在单个 DMU 水平的生产有效性上,由此可以得到这样一个效率测量手段:一个决策单元的效率指数为 1,当且仅当该 DMU 位于有效生产前沿面上,其甚至可以不是规模有效的。这样建立了基于生产可能集 T_{BCC} 下的 DEA 模型,即 BCC 模型:

$$
(\mathrm{P}_3)\begin{cases} \min \theta = V_{D_2} \\ \text{s. t.}\begin{cases} \sum\limits_{j=1}^{n} x_j\lambda_j \leqslant \theta x_0 \\ \sum\limits_{j=1}^{n} y_j\lambda_j \geqslant y_0 \\ \sum\limits_{j=1}^{n} \lambda_j \leqslant 1 \\ \lambda_j \geqslant 0, j = 1,2,\cdots,n \end{cases} \end{cases}
$$

其对偶问题为

$$
(\mathrm{P}_4)\begin{cases} \max(u^T y_0 + u_0) = V_{\mathrm{P}_2} \\ \text{s. t.}\begin{cases} w^{\mathrm{T}}x_j - u^{\mathrm{T}}y_j - u_0 \geqslant 0, j = 1,2,\cdots,n \\ w^{\mathrm{T}}x_0 = 1 \\ w \geqslant 0, u \geqslant 0 \end{cases} \end{cases}
$$

定义6-6 若上式中存在最优解 w_0、u_0、$\hat{u}_0$ 满足 $V_{\mathrm{P}_2} = u_0^{\mathrm{T}}y_0 + \hat{u}_0 = 1$，则称 DMU_{j0} 为弱 DEA 有效。

定义6-7 若上式中存在最优解 w_0、u_0、$\hat{u}_0$ 满足 $V_{\mathrm{P}_2} = u_0^{\mathrm{T}}y_0 + \hat{u}_0 = 1$，且 $w_0 > 0$、$u_0 > 0$，则称 DMU_{j0} 为 DEA 有效。

6.6.3 评价供应商的 DEA 模型

某机床厂在采购 2M59005 型电机时，需要对多个供应商进行评价，参与竞争的供应商的数据与应用 DEA 模型得出的计算结果如表 6-19、表 6-20 所示。

表 6-19 供应商各个指标的数据

供应商	购货总额	准时供货	维修服务	质量	供货历史	评价结果
1	49.776	5	144	179	183	1
2	44.179 8	7	160	153	157	0.943 3
3	47.193 8	4	176	162	166	0.973 5
4	50.908	13	70	177	178	0.924 9
5	6.125 7	1	30	21	21	0.922 2
6	14.907 3	2	30	50	51	0.923 2
7	29.34	1	48	99	100	1
8	5.856	2	44	18	20	0.894 4
9	83.808	16	120	316	320	1
10	18.771 2	2	56	62	64	0.924 9

续表

供应商	购货总额	准时供货	维修服务	质量	供货历史	评价结果
11	36.777	3	72	129	130	1
12	24.438 3	6	30	87	87	0.954 7
13	17.239 8	3	42	58	59	0.902 5
14	38.996 1	6	136	141	143	0.977 5
15	36.236 8	7	150	127	128	0.929 5
16	6.272 2	16	144	167	169	0.957 2
17	66.514 4	18	57	243	244	1

在表6-19中,价格表示按批次供货量为权重给出的加权平均价格,价格与供货历史的乘积作为购货总额(x_1);准时供货表示准时完成合同的指标,以迟到的供货量计算(x_2);维修服务以响应天数与返修电机数量的乘积计算(x_3);质量表示到货后空运转合格的电机数量(y_1);供货历史表示以往总共订货的数量(y_2)。在上述指标中,购货总额、准时供货与维修服务指标都是越小越好,因此作为评价模型的投入指标;而质量与供货历史都是越大越好,因此作为评价模型的产出指标。评价结果即供应商的相对有效性指标。这里没有直接使用价格指标是由于价格本身是购货总额与供货历史的比值,这样价格因素就包含在评价结果中(评价结果是产出指标与投入指标的综合比率)。

表6-20　产出指标与投入指标的比率

供应商	y_1/x_1	y_1/x_2	y_1/x_3	y_2/x_1	y_2/x_2	y_2/x_3
1	3.596	35.8	1.243	3.676	36.6	1.270 8
2	3.463	21.857	0.956 2	3.553	22.428	0.981 2
3	3.432	40.5	0.920 4	3.517	41.5	0.943 1
4	3.476	13.615	2.528 5	3.496	13.692	2.542 8
5	3.428	21	0.7	3.428	21	0.7
6	3.354	25	1.666 6	3.421	25.5	1.7
7	3.374	99	2.062 5	3.408	100	2.083 3
8	3.073	9	0.409	3.415	10	0.454 5
9	3.77	19.75	2.633 3	3.818	20	2.666 6
10	3.302	31	1.107 1	3.409	32	1.142 8
11	3.507	43	1.791 6	3.534	43.333	1.805 5
12	3.559	14.5	2.9	3.559	14.5	2.9
13	3.364	19.333	1.380 9	3.422	19.666	1.404 7

续表

供应商	y_1/x_1	y_1/x_2	y_1/x_3	y_2/x_1	y_2/x_2	y_2/x_3
14	3.615	23.5	1.0367	3.667	23.833	1.0514
15	3.504	18.142	0.8466	3.532	18.285	0.8533
16	3.609	10.437	1.1597	3.652	10.562	1.1736
17	3.653	13.5	4.2631	3.668	13.555	4.2807

在表6-20中，相对效率为1的决策单元包括1、7、9、11、17号供应商，相对效率在0.9以下的为8号供应商。根据相对效率的特点，供应商的相对效率比较高意味着该供应商在某一（或某几）方面的绝对效率是比较高的。例如，从相对效率的评价结果来看，17号供应商在单位服务成本得到的货物量是最大的，并且单位投入上得到的货物量是比较大的；7、9号供应商只在单一方面具有优势，即准时供货（7号）与价格（9号）。如果在某些方面比较高，而在某些方面比较低，也会影响相对效率的数值，如11号供应商。利用以上的供应商DEA有效性排序进行供应商选择，再结合原始数据，就比较容易选出最低的购货成本、最少的合同延迟时间、最好的维修服务、最高质量的供应商，或者满足采购者多个方面要求的供应商。由于篇幅所限，供应商的组合问题不在此进行讨论。

思考题

1. 请简要说明系统评价在系统分析或系统工程中的作用。

2. 请结合实例具体说明系统评价问题6个要素的意义。

3. 请比较说明系统评价程序与系统分析一般过程在逻辑上的一致性。

4. 请说明系统评价原理及在本专业领域中的作用。

5. 请说明关联矩阵法的原理，并将逐对比较法和古林法加以比较。

6. 请列表分析比较各种系统评价方法的适用条件和功能。

7. 系统评价是客观的还是主观的？如何理解系统评价的复杂性？

8. 某工程有4个备选方案、5个评价指标。经专家组确定的评价指标 X_j 的权重 W_j 和各方案关于各项指标的评价值 V_{ij} 如表6-21所示。请通过求加权法和进行综合评价，选出最佳方案。试用其他规则或方法进行评价，并比较它们的不同。

表6-21 数据表

X_j / W_j / V_{ij} / A_i	X_1	X_2	X_3	X_4	X_5
	0.4	0.2	0.2	0.1	0.1
A_1	7	8	6	10	1
A_2	4	6	4	4	8

续表

X_j / W_j / V_{ij} / A_i	X_1	X_2	X_3	X_4	X_5
	0.4	0.2	0.2	0.1	0.1
A_3	4	9	5	10	3
A_4	9	2	1	4	8

9. 已知 3 个农业生产方案的评价指标及其权重如表 6-22 所示，各指标的评价尺度如表 6-23 所示，预计 3 个方案所能达到的指标值如表 6-24 所示，请使用关联矩阵法进行方案评价。

表 6-22　评价的指标及其权重

评价指标	亩产量 x_1/kg	每百斤产量费用 x_2/ 元	每亩用工 x_3/ 工日	每亩纯收入 x_4/ 元	土壤肥力增减级数 x_5
权重	0.25	0.25	0.1	0.2	0.2

表 6-23　指标的评价尺度

评价值	x_1/kg	x_2/ 元	x_3/ 工日	x_4/ 元	x_5
5	2 200 以上	3 以下	20 以下	140 以上	6
4	1 900 ~ 2 200	3 ~ 4	20 ~ 30	120 ~ 140	5
3	1 600 ~ 1 900	4 ~ 5	30 ~ 40	100 ~ 120	4
2	1 300 ~ 1 600	5 ~ 6	40 ~ 50	80 ~ 100	3
1	1 000 ~ 1 300	6 ~ 7	50 ~ 60	60 ~ 80	2
0	1 000 以下	7 以上	60 以上	60 以下	1

表 6-24　方案能达到的指标值

	x_1/kg	x_2/ 元	x_3/ 工日	x_4/ 元	x_5
A_1	1 400	4.1	22	115	4
A_2	1 800	4.8	35	125	4
A_3	2 150	6.5	52	90	2

10. 请叙述层次分析法的计算过程。

11. 在科研成果评定中，采用层次分析法和模糊综合评价法时有什么不同？

12. 今有一项目建设决策评价问题（如表 6-25 所示），从经济效益（C_1）、环境效益（C_2）、社会效益（C_3）考虑其综合效益（U），试用层次分析法确定 m_1，m_2，m_3，m_4 和 m_5 5 个方案的优先顺序。

表 6-25　判断矩阵

U	C_1	C_2	C_3			C_1	m_1	m_2	m_3	m_4	m_5
C_1	1	3	5			m_1	1	$\frac{1}{5}$	$\frac{1}{7}$	2	5
C_2	$\frac{1}{3}$	1	3			m_2	5	1	$\frac{1}{2}$	6	8
C_3	$\frac{1}{5}$	$\frac{1}{3}$	1			m_3	7	2	1	7	9
						m_4	$\frac{1}{2}$	$\frac{1}{6}$	$\frac{1}{7}$	1	4
						m_5	$\frac{1}{5}$	$\frac{1}{8}$	$\frac{1}{9}$	$\frac{1}{4}$	1
C_2	m_1	m_2	m_3	m_4	m_5	C_3	m_1	m_2	m_3	m_4	m_5
m_1	1	$\frac{1}{3}$	2	$\frac{1}{5}$	3	m_1	1	2	4	$\frac{1}{9}$	$\frac{1}{2}$
m_2	3	1	4	$\frac{1}{7}$	7	m_2	$\frac{1}{2}$	1	3	$\frac{1}{6}$	$\frac{1}{3}$
m_3	$\frac{1}{2}$	$\frac{1}{4}$	1	$\frac{1}{9}$	2	m_3	$\frac{1}{4}$	$\frac{1}{3}$	1	$\frac{1}{9}$	$\frac{1}{7}$
m_4	5	7	9	1	9	m_4	9	6	9	1	$\frac{1}{3}$
m_5	$\frac{1}{3}$	$\frac{1}{7}$	$\frac{1}{2}$	$\frac{1}{9}$	1	m_5	2	3	7	$\frac{1}{3}$	1

13. 现对企业的资信从质量、交货期、服务 3 个方面进行评估，评价集 $V=\{$很好，较好，不太好，不好$\}$，经过抽样调查得到的模糊矩阵如表 6-26 所示

表 6-26　模糊矩阵

评估方面	很好	较好	不太好	不好
质量	0.2	0.7	0.1	0.0
交货期	0.0	0.4	0.5	0.1
服务	0.2	0.3	0.4	0.1

假设质量比交货期稍微重要，交货期比服务稍微重要。试对该企业做出总体评价。

14. 某服装个体经营者营利 10 万元，今考虑投资去向问题。他设想了 3 个方案：一是购买国家发行的债券；二是购买股票；三是扩大服装经营业务。经初步分析，若将 10 万元购买债券，其可取点是风险极小，且资金今后挪作别用时周转容易，但与其他两项投资去向相比，

收益不大。若购买股票，收益可能会很大，资金周转也不困难，但风险大。若扩大服装经营业务，风险相对购买股票要小，收益居中，但资金周转相对较难。经考虑后确定投资的 3 个准则为：风险程度、资金利润率和资金周转难易程度。试用层次分析法进行分析和决策。若该个体经营者请其 5 位亲友来帮助自己决策，请说明用模糊综合评判法进行评价分析的过程。

15. 数据包络分析：

① 搜集某一年度我国大陆 31 个省、自治区、直辖市的能源使用量、资金投入量和人才数量，将其作为投入量，将 GDP 和专利数作为产出量。请计算各个省、自治区、直辖市的经济与科技转化发展水平的相对有效性。

② 如果将以上 31 个省、自治区、直辖市的能源使用量、资金投入量和人才数量作为投入量，将 GDP、专利数作为产出量来衡量各个省、自治区、直辖市的经济与科技转化发展水平的相对有效性，那么考虑相对有效性差异最小的两个省、自治区、直辖市（以其他省、自治区、直辖市数据做参照），是否能断定两个省、自治区、直辖市的能源效率与资金效率相差比照其他省、自治区、直辖市的数据也是最小的？

③ 以 ① 的结果为例给出结论的分析过程。

16. 考虑有 2 个输入、1 个输出的 4 个决策单元 $DMU_j(j=1,2,3,4)$ 如下：

	1	2	3	4	决策单元
输入 →	1	3	3	4	
	3	1	3	2	
	1	1	2	1	→ 输出

分别判断决策单元 DMU_1 和 DMU_4 是否 DEA 有效，若是，写出 DEA 相对有效面方程；若不是，那么其输入、输出值如何变化才 DEA 有效？

17. 考虑有 3 个输入 (x_1,x_2,x_3)、两个输出 (y_1,y_2) 的 12 个决策单元 $DMU_s(s=1,2,\cdots,12)$ 如表 6-27 所示，利用补偿性 DEA 模型分别求 DMU_1 的最小和最大效率。

表 6-27　DMU_s 数据法

DMU_s	x_1	x_2	x_3	y_1	y_2	评价结果
1	350	39	9	67	751	[0.045 4,0.098 9]
2	298	26	8	73	611	[0.052 6,0.119 9]
3	422	31	7	75	584	[0.048 3,0.107 6]
4	281	16	9	70	665	[0.056 4,0.146 8]
5	301	16	6	75	445	[0.049 9,0.167 9]
6	360	29	17	83	1 070	[0.039 3,0.140 2]
7	540	18	10	72	457	[0.030 4,0.126 2]

续表

DMU_s	x_1	x_2	x_3	y_1	y_2	评价结果
8	276	33	5	74	590	[0. 054 9,0. 135 8]
9	323	25	5	75	1 074	[0. 080 0,0. 204 2]
10	444	64	6	74	1 072	[0. 036 3,0. 139 4]
11	323	25	5	25	350	[0. 026 7,0. 066 6]
12	444	64	6	104	1 199	[0. 051 0,0. 156 0]

第7章 系统决策

7.1 系统决策概述

7.1.1 基本概念

人们在日常生活中，经常要做选择和决策，从每天吃什么饭、穿什么衣服，到专业、职业的选择，或者投资理财的决定，这些选择和决定就是决策。从一般意义上来讲，所谓决策，就是指在现代社会的发展过程中，针对某些问题，或者在有问题或机遇存在的处境中，按照预期的目标，采用科学理论、手段，与人们的经验和创造性有机结合，确定目标，制订若干可供选择的行动方案，从中选择出最满意的方案，加以实施，从而实现目标。

决策是人们按主观愿望和客观的认识，制订实际的行动方针的过程，是人们从认识世界到改造世界的中介。这种主观决定建立在行动之前，是对未来实践活动的方向、目标、原则和方法所做的决定，但只能根据实践的结果来进行检验和评价，如果实践结果符合原来的想法和意图，则证明决策是正确的；如果没有达到原来的愿望和意图，则决策是不正确的。所以，可以认为，决策是处在主观与客观、理论与实践这种矛盾对立统一体的不断运动、变化和发展的过程之中。

人类的决策活动有着悠久的历史，人类的语言、思维和有目的的行为，是人类区别于其他动物的重要标志。这种有目的的行为，正是决策过程的成果。对于简单的事，行动之前略做思考就行了；而对于复杂的事，行动之前便要深思熟虑，反复研究比较，这些过程都属于决策过程。人们在日常生活与工作中，随时都要对自己的行动做出选择和决策。这种选择和决策如果是在组织、领导岗位上做出，其正确与否可能会影响到一个单位、一个群体甚至一个地区或部门的工作，其影响是巨大的。

在整个系统工程中，每一个阶段都可能有进行选择和决断的过程，也就是都可能有具体决策过程，因此，可以把系统工程的整个过程看作一系列决策的过程。决策所要回答的问题，笼统地说，就是“做什么”和“怎样做”的问题。决策所要完成的工作，包括审度形势、确立目标、拟订方案、比较评价、做出决策等,所以决策是一个完整的动态过程。对重大问题的决策,不仅涉及技术、经济因素,还会涉及政治、社会、心理因素,是一类复杂的综合问题。

古代的人们在为生存而斗争的实践中,产生了朴素的决策思想。文字的产生,使人类决策活动的成果得以长久记录下来,使知识和智慧得以累积。我们学习古代历史,可以汲取历史上决策的经验和教训,因为历史上对决策者、决策对象、决策目的、决策方法、决策技术均有详尽记载。但是长久以来,由于时代的限制,决策的正确与否,往往取决于决策者的才能,因此,无法达到规范化、程式化、科学化从而为多数人掌握。

人们利用对社会发展规律的认识,借助管理科学和系统科学的成就,以及数学、电子计算机这类工具的帮助,可以把决策建立在科学的基础之上,这样就逐步形成了决策科学。

考虑众多的社会因素、心理因素,在复杂多变的形势下人的直觉判断能力、随机应变能力和创造性的发挥,在处理高层次、宏观的大型决策任务时仍然是不可缺少的方面,因此,有人认为这一类的决策是一种艺术。这类决策不像科学那样有章可循,因而更需要发挥人的右脑的创造性作用。随着人们对客观世界以及对自己主观世界认识的不断深化,即使是社会因素、心理因素也在逐渐形成规律进而变得可以把握,所以决策科学化也在不断扩大自己的阵地,而更重要的则是应把科学与艺术结合起来,使左右脑协同作用,使决策水平进一步提高。

大规模的现代化生产和科学研究,产生了海量动态信息,这使任何一个天才的决策者都无法及时收集、整理、分析、综合这些信息而做出选择。面对这种变化迅速和复杂的系统,要做出正确的科学的决策,不但要有高速自动化的系统进行信息收集、处理、分析,还需要由各个领域的专家来集思广益,只有这种人机结合的系统发挥整体功能,才能完成现代的决策任务。因此形成和发展人机结合的决策系统,是现代决策发展的主要方向之一。

人类从有文字记载至今,大型社会活动都是由决策者和执行者分工进行的。当生产高度发展,人们的平均智力水平有了很大提高的时候,这种分工的界限便逐步消失了,执行者也可能参与决策。而高层领导的决策也由个人决策向群体决策发展,高度集中的决策方式也有向分散化发展的趋势,这就促使群体决策、分散决策、分级决策成为决策发展的重要方向。

我国近年来提出的决策民主化、科学化正是符合这一发展潮流的。怎样做到既发挥科学方法的作用,又发挥人的创造性,还要发挥群体智慧,则是在决策过程中需要具体解决的问题。

7.1.2 决策过程与步骤

决策是管理的重要职能,它是决策者对系统方案所做决定的过程和结果,是决策者的行为和职能。决策者的决策活动需要系统分析人员的决策支持。管理决策分析就是为帮助决策者在多变的环境条件下进行正确决策而提供的一套推理方法、逻辑步骤和具体技术,以及利用这些方法和技术规范选择满意的行动方案的过程。

著名决策科学家赫伯特·A.西蒙把规范化的决策制定过程分成4个阶段:

① 情报活动阶段,即探查环境,分析形势和明确问题。

② 设计活动阶段,即创造、制订和分析可能采取的各种行动方案。

③ 抉择活动阶段,对非劣备选方案进行综合分析、比较、评价,即从可以利用的方案中选出一个行动方案。

④ 审查活动阶段,将决策结果付诸实施并进行有效评估、反馈、跟踪、学习,即对过去的抉择进行评价。

这4个阶段有时候是相互交织的,例如设计阶段可能需要新的情报(信息),抉择阶段又可能产生新的方案等,所以常常交替进行。后来有学者结合决策过程的信息特点(决策过程可以看作信息处理过程),将各阶段又细分为若干步骤。

赫伯特·A.西蒙提出的第一个阶段的活动包括了分析形势和明确问题内容,可将其称为明确问题阶段,第二个阶段可称为制订方案阶段,第三个阶段可称为选择方案阶段,第四个阶段可称为评价方案阶段。每个阶段的具体工作如下所述。

1) 明确问题阶段

该阶段的主要工作是分析环境,确定问题,或者在问题不明确时分析有问题存在的环境,从环境中的各种联系与影响去发现问题。一般来说,该工作包括了获取信息、信息的汇总与筛选、分析问题环境并确定问题等。

(1) 获取信息

获取信息包括通过观测、调查、收集或者实验来得到信息,以便对环境有所了解,这些需要的信息可能是当时当地的,也可能是历史的信息和外地的信息。对于决策者或决策分析人员来说,在收集信息之前头脑中不是一张白纸,而是已经具备一些基础信息,这些信息来自他们过往的知识、经验,对决策是有用的。但另一方面,由于知识和经验的局限性,也会使这类信息带有片面性,也易受到主观因素的影响。

收集的信息,有些是客观的信息与数据,如统计报表、记录,也有一些是通过征询、谈话得到的信息,这就不可避免地受到调查者和被调查者主观意图的影响。这在我们收集、分析和利用信息时是需要时刻注意的。例如,人们容易提供和接受他们以前所坚持的意见或符合他们愿望、预期后果的信息,忽略那些不符合他们愿望的信息。所以我们在收集信息时,应该尽可能注意信息的客观性、全面性。

(2) 信息的汇总与筛选

对收集到的信息,要加以预处理,这种预处理主要有汇总、筛选、典型选择3种类型。这些预处理的目的主要在于提高信息的可信程度,减少误差,以压缩信息(数据量)。

对以自然语言或形式化语言表述的信息,则可以通过语法筛选(结构性筛选)、语义筛选(解释性筛选)和语用筛选(价值筛选)等进行处理。第一个筛选的作用是减少由外界引起的偏差,第二个筛选的作用则是减少系统内部(由于认识和理解引起)的偏差。在数理统计中有所谓第一类误差(研究者偏离了正确的假设而造成的误差)和第二类误差(研究者采用了错误的假设而造成的误差),这两类误差都可以认为是语义性质的误差,因为它们都来自对信息不正确的理解和解释。后来,提出了第三类误差,即决策者提出了虚假的决策任务,这是语用层次的偏差。

(3) 分析问题环境并确定问题

从获得的信息中可对环境中的各种因素以及它们之间的相互关系有所了解,这时有可能确定问题,也可能确定不了,但从对问题环境的分析,以及对各种因素的研究可以逐步明确问题的所在,这时首先需要对问题环境中各种因素及其相互关系进行定性、定量研究,从而明确限制条件(如资源条件),然后,明确任务和目标,确定评价目标的准则,接着,再把要求(目标) 与条件(约束、限制) 进行联系对比,为方案的生成做准备。

2) 制订方案阶段

方案的制订是一种创造性的工作,可分为探索阶段与设计阶段。

探索阶段是为了寻找实现目标的可能途径。对于一些例行的决策问题,根据过去的经验可以找得到类似的方案,但对于一些新的问题,没有规则可循,就需要拟订方案的人充分运用他们的知识、能力和创新精神来开辟新的途径。决策者需要具备对问题的敏感性,思想的流畅性、灵活性,创新的能力和对问题再认识和反思的能力,而敢于创新、不受环境束缚、坚韧不拔,则更是探索新方案的重要条件。此外还要克服社会障碍和思想方法(片面性和局限性) 障碍。

经过探索阶段可能形成了一些初步的方案,为了对方案进行落实,需要进行精心的设计。因为每个初步方案都涉及许多因素,有许多问题需要解决,如果对这些细节不加以研究,就不能认为这是可供选择的方案。如果说探索阶段需要勇于创新的精神和丰富的想象力,那么设计阶段就需要冷静的头脑和坚毅的精神。因为设计需要反复地计算分析、严密地论证和细致地推敲。

这个阶段的主要工作就是拟订措施、估计后果。这时可能需要进行预测,并进行建模分析,最好能建立数学模型进行定量分析,当然进行定性分析推断也是必要的。另外,在一个方案本身的分析过程中,由于某些因素是可以调整的,因此也会有优化的问题。

3) 选择方案阶段

(1) 确定方案评价的准则

要对方案进行比较选择,就需要先确定价值标准。这里的价值,不仅仅指用货币衡量的价值,还泛指方案的作用、效果、获益、影响、意义等。日常生活中常说的一件事情“值不值得” 干,指的就是这个广义的价值。这种价值有时可以客观度量,有时难以度量,但至少要做到能够比较方案的优劣程度。在社会经济等问题中,同样的客观效果对不同的人的主观满足程度不一样,因此还需要进行“效用” 的衡量或比较。

(2) 对多个准则的权重或重要顺序的确定

很多问题的决策准则不止一个,这就需要确定各个准则的重要顺序或比重,这样才能在评价选择时有章可循。

(3) 对各方案进行评价选择

在一些简单的决策过程中,有时可以凭借经验进行判断选择,但对复杂的问题,就需要进行详尽分析然后再选择。在进行定量分析的时候,鉴于系统分析、运筹学等优化方法的发展,采用定量分析方法可以取得最优结果。但取得这种最优结果的前提是目标、约束能够全部定量给出,且系统能够进行精确的定量描述。这事实上很难做到,因为存在一些局限性,例如:客观世界的复杂性、人类知识的不完备、个人的偏好缺乏一致性、人与人之间价值观的矛盾、计算能力的限制等。人们与其花大力气去寻求难以获得广泛认可且能够实现的最优解,不如求得一个满意解,在多目标、多属性决策或综合评价时更是如此。

有时我们需要的不是唯一的最优方案,而是各方案的优劣次序,只要我们能够排出顺序就算完成了决策分析阶段的任务,最后的选择则由管理决策者自行决定。

4) 评价方案阶段

对于已经选定的方案,应该进行评价,主要包括:对信息的全面性、精确性、可信程度进行核查;对目标与约束条件反复进行研究检查;对选定的方案与落选方案进行再比对,明确选中方案的优越之处以及现存的不足之处;如有可能,应进行灵敏度分析,看环境与条件变化会产生什么影响,甚至要研究环境与条件的改变程度,这就需要我们在方案的选择上重新加以考虑。如果采纳所选方案,下达执行指令,也应在执行期间和执行后及时进行分析总结。

7.1.3 决策问题的基本模式和常见类型

决策问题的基本模式为

$$W_{ij}=f(A_i,s_j),i=1,2,\cdots,m,j=1,2,\cdots,n \tag{7-1}$$

式中,A_i 为决策者的第 i 种策略或方案,属于决策变量,是决策者的可控因素;s_j 为决策者和决策对象(决策问题) 所处的第 j 种环境条件或自然状态,属于状态变量,是决策者不可控制的因素;W_{ij} 为决策者在第 j 种状态下选择第 i 种方案的结果,是决策问题的价值函数值,一般叫损益值、效用值。

决策可以按照不同的分类标准进行分类。按照决策影响的层次,可以分为战略决策、战术决策和运作决策。按照决策的依据,可以分为科学决策和经验决策。按照决策的结构化程度,可分为结构化决策、非结构化决策和半结构化决策。结构化决策是可重复进行的常规例行决策;非结构化决策是偶发性的、无规则可循的决策;半结构化决策则介于上面两种情况之间。

按照人们对状态的了解或自然本身的不同,各种状态 s_j 出现的可能性(概率 P_{s_j}) 有时是可知或可以预测的,有时是事先无法知道的。因而决策问题可以分成确定型决策、风险型决策和完全不确定性决策 3 类。

根据决策问题的基本模式,可将决策问题的类型划分为如图 7-1 所示。其中,根据 s_j 的不同所得到的 4 种类型是最基本和最常见的,多目标决策及群体决策等在管理决策中也具有重要意义。

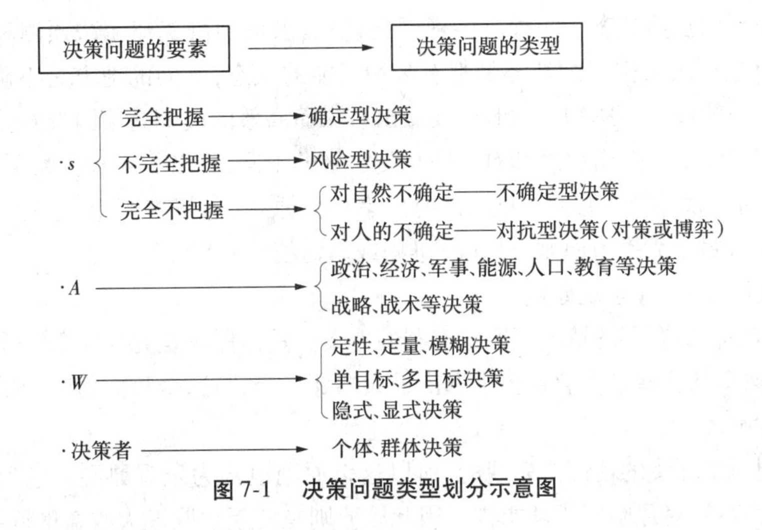

图7-1　决策问题类型划分示意图

7.1.4　几类基本决策问题的分析

1）确定型决策

条件:① 存在决策者希望达到的明确目标(收益大或损失小);② 存在确定的自然状态;③ 存在可供选择的两个及两个以上的行动方案;④ 不同行动方案在确定状态下的损益值可以计算出来。

方法:在方案数量较大时,常用运筹学中的规划论等方法来分析解决,如线性规划、目标规划。

严格地讲,确定型决策问题只是优化计算问题,而不属于真正的管理决策问题。

2）风险型决策

条件:① 存在决策者希望达到的明确目标(收益大或损失小);② 存在两个及两个以上不以决策者主观意志为转移的自然状态,但决策者或分析人员根据过去的经验或科学理论可预先估算出自然状态的概率值 P_{s_j};③ 存在两个及两个以上可供决策者选择的行动方案;④ 不同行动方案在确定状态下的损益值可以计算出来。

方法:期望值法、决策树法。

风险型决策问题是一般决策分析的主要内容,在基本方法的基础上,应注意把握信息的价值及其分析和决策者的效用观等重要问题。

3）不确定型决策

条件:① 存在决策者希望达到的明确目标(收益大或损失小);② 自然状态不确定,且其出现的概率不可知;③ 存在两个及两个以上可供决策者选择的行动方案;④ 不同行动方案在确定状态下的损益值可以计算出来。

决策者面临的自然状态有两种或多种可能,但其出现的概率却无法预测和估计。不确定型决策和风险型决策类似的地方是都有多种可能的状态,不同的地方是不确定型决策对各种会出现的可能性一无所知。这时想要做出可靠而高效的决策是很困难的。

根据人们对结果的关切程度和对风险承受水平的不同,提出了几种决策原则:最大最大原则(乐观原则)、最小最大原则(悲观原则)、平均值原则(等概率原则,也是一种特殊的风险型决策)、最大最小后悔值原则(Savage 准则或后悔值法)。

(1) 最大最大原则(乐观原则)

这个原则是在最有利的情况下取最有利的方案。具体做法是先确定每一个可选方案的最大收益值,然后从这些最大收益值中选出最大的那一个,与这个最大值对应的方案就是决策所选择的方案。

这个原则对于环境的估计是乐观的,所以这个原则也称为乐观原则。它反映了决策者急于获得最大收益,对风险则不够重视。因此该原则在希望获取最大收益的同时,存在着较大风险。

(2) 最小最大原则(悲观原则)

这个原则是在最不利的情况下取最有利的方案。具体做法是先确定每一个可选方案的最小收益值,然后从这些最小收益值中选出最大值,与这个最大值对应的方案就是决策所选择的方案。

这个原则对于环境的估计是悲观的,所以它又称为悲观原则。其出发点是在最不利的情况下,这个方案仍能得到比其他方案在同样情况下更高的收益(或更小的损失)。

(3) 平均值原则(等概率原则)

这个原则带有折中的想法,它认为各种情况出现的概率是相同的,因此要计算出每一种方案在各种情况下收益的平均值,然后取平均值最大的那个方案作为最好的方案。平均值原则认为,每种情况出现的概率是相等的,所以也叫作等概率原则。

(4) 最大最小后悔值原则

这个原则的考虑方式是:在每一种外界条件下,必有一个方案比其他方案的收益大,如果决策者没有选择这个方案而选择了其他方案,势必感到后悔,这个后悔的程度是最大收益与所选方案的收益值之差,叫作后悔值。我们可以为所有其他会引起后悔的方案计算后悔值(显然收益最大的那个方案的后悔值为0)。然后求出每一个方案可能产生的后悔值中最大的一个,最后选择最大后悔值最小的方案。

上面几种原则反映了决策者在对环境可能发生的情况一无所知的情况下,在收益和风险之间如何权衡的几类典型想法,很大程度上反映了决策者的价值观和风险态度。因此,对不确定型决策分析问题,若采用不同的求解方法,则所得的结果也会有所不同。而具体采用何种方法,又视决策者的态度或效用观而定,在理论上还不能证明哪种方法是最合适的。鲁棒决策分析是一类较有效的方法。

4) 对抗型决策

$$W_{ij}=f(A_i,B_j),i=1,2,\cdots,m,j=1,2,\cdots,n \tag{7-2}$$

式中,A_i 为决策者的策略集;B_j 为竞争对手的策略集。

可采用对策论(博弈论)及冲突分析等方法来分析解决。这类决策分析问题是当前管理、经济界比较关注的问题。

5) 多目标决策

系统工程所研究的大规模复杂系统一般具有属性及目标多样化的特点,在管理决策时通常要考虑多个目标,且它们在很多情况下又是相互消长或矛盾的,这就使多目标决策分析在管理决策分析中有了日益重要的作用。多目标决策的理论、方法与应用,在国际上是最近二三十年才得到蓬勃发展的。目前分析该类决策问题的方法已有不少,常用方法有:化多目标为单目标的方法(含系统评价中的加权和各种确定目标权重的方法)、重排次序法、目标规划法以及 AHP 等。

6) 行为决策

基于预期效用理论的决策模型处理解决的是当人们面对风险时他们应该怎样理性地行动的问题,20 世纪中期以来,在决策分析中这类决策模型占据了主流地位。但是近年来,该类决策模型遇到了问题,它不能解释众多的异常现象,因而推动了其他的一些试图解释风险或者不确定性条件下个人行为的理论的发展,从而使行为决策的研究受到了重视。

行为决策的基础是行为学科,行为学科的任务是通过人们在各种活动(其中决策是重要的活动之一)中的行为解释社会经济活动的本质,借助心理学的分析方法,研究人性中某些非理性的本质。前景理论(Prospect Theory)的研究是其中具有代表性的一个方向。

7.2　确定型决策

条件:① 存在决策者希望达到的明确目标(收益大或损失小);② 存在确定的自然状态;③ 存在可供选择的两个及两个以上的行动方案;④ 不同行动方案在确定状态下的损益值可以计算出来。

方法:在方案数量较大时,常用运筹学中的规划论等方法来分析解决,如线性规划、目标规划。

在确定型决策中,自然状态已经完全清楚和确定,这样就可以根据原来的目标和评价准则来选定方案。这相当于决策矩阵中某一状态,例如,s_j 出现的概率为 P_{s_j},而其余 $P_{s_k}=0(k\neq j)$,那么很显然,应该选择在这种情况下收益最高的方案。

例 7-1　某企业预备生产一种新产品,可以采取改造原来生产线、引进新生产线、与其他厂联合生产3种不同的方案。产品的销量有高、中、低3种可能,可以画出如表7-1所示的矩阵表,矩阵中各元素的值为相应的方案在一定状态下使工厂得到的收益,单位为万元,负值表示亏损。

表7-1 某企业新产品的决策矩阵表 单位(万元)

	高销量 s_1	中销量 s_2	低销量 s_3
改造生产线 A_1	$W_{11}=150$	$W_{12}=75$	$W_{13}=-75$
引进新生产线 A_2	$W_{21}=210$	$W_{22}=70$	$W_{23}=-120$
联合生产 A_3	$W_{31}=90$	$W_{32}=45$	$W_{33}=-3$

很显然,从以上矩阵表可以看出:如果产品销量高,应选择引进方案;如果产品销量中等,应选择改造方案;如果产品销量不好,则应选择联合生产方案。

如果评价准则是按结果 W_{ij} 的大小直接评定优劣,那么问题就在于选定能使 W_{ij} 极大值(收益)或极小值(损失)的方案,有时可化简到直接比较 W_{ij} 的大小,选择能使 W_{ij} 取得最优值的方案 A_i 即可。

也有这种情况:若方案不是有限个,因为某些可控因素是连续变化的,这时候问题就转化为一个优化问题了。相对而言,确定型决策问题是比较容易解决的。如果 W_{ij} 对决策者在主观上的满足程度并不完全正比于 W_{ij} 的具体数值,这时就需要从满意程度来进行比较了,详见后文关于效用函数的分析。

7.3 风险型决策

7.3.1 风险型决策分析概述

如果决策者面临的自然状态不是唯一的,而是有两种或两种以上,而各状态出现的可能性(概率)是能够预测出来的,这时如果按照不同的概率值确定方案,使在统计意义下能取得较好结果,这种决策称为统计型决策或随机型决策。由于这样决策要冒一定风险,因此也叫风险型决策。

实际在系统管理中所面对决策分析问题时,决策分析人员对各种自然状态可能出现的信息一无所知的情况是极为少见的,通常可根据过去的统计资料和积累的工作经验,或通过一定的调查研究来获得信息,并可以对各种自然状况的概率做出一定估算。这种在事前估算和确定的概率叫作"主观概率"。所以,在实际工作中需要进行决策分析的问题大多数属于风险型决策分析问题。

如果在各种可能出现的状态中,某一状态出现的可能性比其余状态大得多(它的出现概率值 P_{s_j} 远远大于其余的概率值),有时就按这种状态来进行方案比较选择,这种选择标准称为最大似然性标准。但如果各种状态的出现概率相差无几,或者状态数较多,每种状态的出现概率都不大,就不能采用这种标准。这时人们认为合理的选择标准是期望值标准。

所谓期望值,就是用概率加权计算出的平均值(有人称为统计平均值,不够贴切)。如果方案A_i在状态$s_1,s_2,\cdots,s_n$下的结果分别为$W_{i1},W_{i2},\cdots,W_{in}$,而$s_1,s_2,\cdots,s_n$可能出现的概率分别为$P_{s_1},P_{s_2},\cdots,P_{s_n}$,则该方案结果的期望值为各状态结果与相应的出现概率乘积之和,有

$$E(A_i)=P_{s_1}W_{i1}+P_{s_2}W_{i2}+\cdots+P_{s_n}W_{in}$$

我们可以比较各方案$(A_1,A_2,\cdots,A_m)$的期望值,看哪一个大就选择哪一个。

仍以例7-1所示新产品问题为例,如果$P_{s_1}=0.2,P_{s_2}=0.5,P_{s_3}=0.3$,则

$$E(A_1)=150\times0.2+75\times0.5-75\times0.3=45(\text{万元})$$

$$E(A_2)=210\times0.2+70\times0.5-120\times0.3=41(\text{万元})$$

$$E(A_3)=90\times0.2+45\times0.5-3\times0.3=39.6(\text{万元})$$

从上面的数据看来,显然是改造方案A_1好。

期望值标准在下列条件下使用是合理的:

① 概率具有明显客观性质,而且很稳定。

② 决策不是解决一次性问题,而是解决重复性问题。

③ 后果对决策者没有重大的威胁。

如果不符合这些条件,则需进一步考虑。

风险型决策问题的条件:① 存在决策者希望达到的明确目标(收益大或损失小);② 存在两个及两个以上不以决策者主观意志为转移的自然状态,但决策者或分析人员根据过去的经验或科学理论可预先估算出自然状态的概率值P_{s_j};③ 存在两个及两个以上可供决策者选择的行动方案;④ 不同行动方案在确定状态下的损益值可以计算出来。

方法:期望值法、决策树法。

风险型决策问题是一般决策分析的主要内容,在基本方法的基础上,应注意把握信息的价值及分析和决策者的效用观等重要问题。

7.3.2 风险型决策分析的基本方法

1) 期望值法

期望值是指概率论中随机变量的数学期望。这里,把采取的行动方案看作离散的随机变量,则m个方案就有m个随机变量,离散变量的取值就是行动方案相对应的损益值。离散随机变量x的数学期望为

$$E(x)=\sum_{i=1}^{m}p_ix_i \tag{7-3}$$

式中,x_i为随机离散变量x的第i个取值$(i=1,2,\cdots,m)$,p_i为$x=x_i$时的概率。

期望值法就是利用上述公式算出每个行动方案的损益期望值并加以比较。所采用的决策目标(准则)是期望收益最大,则选择收益期望值最大的行动方案为最优方案;若采用的

决策目标是期望费用最小,则选择费用期望值最小的方案为最优方案。

例 7-2 某企业要决定明年的产量,以便及早做好生产前的准备工作。假设产量的大小主要根据该产品的销售价格好坏而定。根据以往市场销售价格的统计资料及市场预测的信息得知:未来产品销售价格将出现上涨、不变和下跌 3 种状态的概率分别为 0.3、0.6、0.1。若该产品按大、中、小 3 种不同批量投产,则下一年度在不同价格状态下的损益值可以估算出来,具体如表 7-2 所示。

现要求通过决策分析来确定下一年度的产量,使该产品能获得的期望收益最大。

表 7-2 某企业产品的损益值表

单位:万元

	价格上涨 s_1	价格不变 s_2	价格下跌 s_3
	0.3	0.6	0.1
大批量生产 A_1	40	32	-6
中批量生产 A_2	36	34	24
小批量生产 A_3	20	16	14

这是一个面临3种自然状态和3种行动方案的风险型决策分析问题,现在运用期望值法求解。

根据表7-2所列各种自然状态的概率和不同行动方案的损益值,可用公式 $E(x) = \sum_{i=1}^{m} p_i x_i$ 算出每种行动方案的损益期望值。

方案 A_1:$E(A_1) = 40 \times 0.3 + 32 \times 0.6 + (-6) \times 0.1 = 30.6$(万元);

方案 A_2:$E(A_2) = 36 \times 0.3 + 34 \times 0.6 + 24 \times 0.1 = 33.6$(万元);

方案 A_3:$E(A_3) = 20 \times 0.3 + 16 \times 0.6 + 14 \times 0.1 = 17.0$(万元)。

通过计算比较后可知,方案 A_2 的数学期望 $E(A_2) = 33.6$ 万元,为最大,所以选择行动方案 A_2 为最优方案,也就是下一年度按中批量投产所获的期望收益最大。

2) 决策树法

决策树法,就是利用树形图模型来描述决策分析问题,并直接在决策树图上进行决策分析。其决策目标(准则)可以是损益期望值或经过变换的其他指标值。仍以例 7-2 为例介绍决策树法。

首先,绘制决策树。通常,使用“□”表示决策节点,从它引出的分枝叫作方案分枝,分枝数量与行动方案数量相同;“○”表示状态节点,从它引出的分枝叫作状态分枝或者概率分枝,在每一分枝上注明自然状态名称及概率,状态分枝数量与自然状态相同;“△”表示结果节点,即将不同行动方案在不同自然状态下的结果(如损益值)注明在结果节点的右端。

将表 7-2 所示的各种行动方案和自然状态及其相应的损益值和主观概率等信息,按从左到右的顺序画出决策树图,如图 7-2 所示。

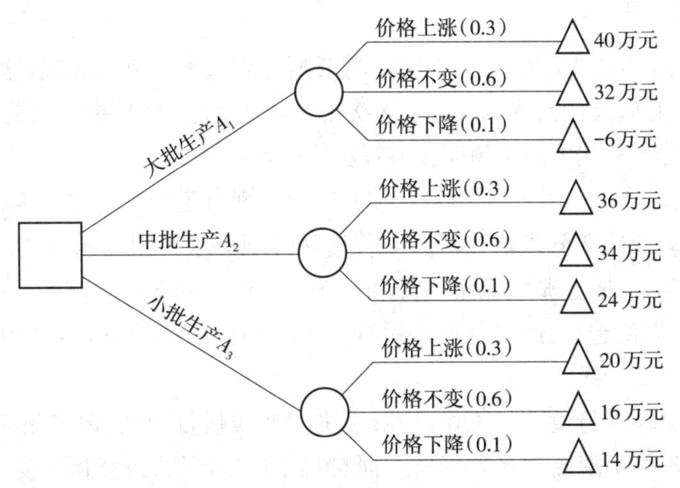

图 7-2　某企业产品的决策树

然后,计算各行动方案的损益期望值,并将计算结果标注在相应的状态节点上。如图 7-3 所示为方案 A_2 的损益期望值。

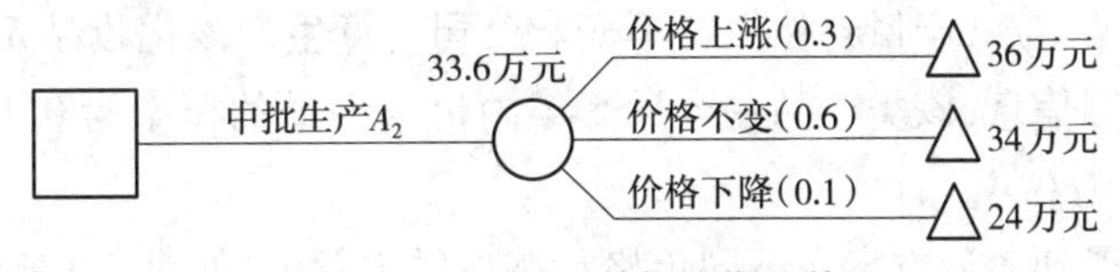

图 7-3　方案 A_2 的损益期望值

再比较所得到的各行动方案的损益期望值,选择其中最大的期望值并标注在决策节点上方,如图 7-4 所示。与最大期望值相对应的方案是 A_2,即 A_2 是最优方案[illegible]时在其余的方案分枝上画上"‖"符号,表明这些方案已被舍弃。

合格证
书刊检验

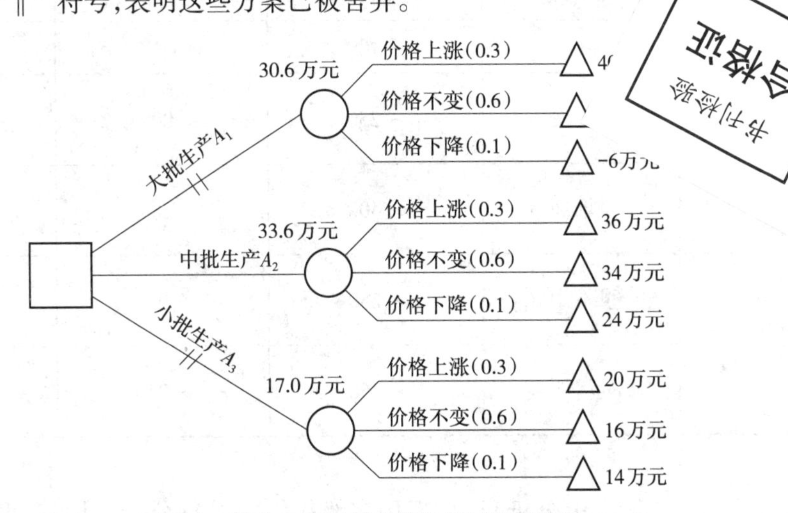

图 7-4　某企业产品的决策分析过程及结果

3）多级决策树

从例7-2中可知，如果只需做一次决策，其分析求解过程可立即完成，这种决策分析问题为单级决策问题；有些决策问题需要经过多次决策才能完成，这种决策问题就叫作多级决策问题。多级决策分析采用的决策树叫作多级决策树。

例7-3 某化妆品公司生产某型号化妆品。由于现有生产工艺比较落后，产品质量不易保证，且成本较高，销路受到影响。若产品价格保持现有水平则无利可图，若产品价格下降还要亏本，只有产品价格上涨才能稍有赢利。为此，该公司决定对该产品生产工艺进行改进，提出两种方案以供选择：一是从国外引进一条自动化程度较高的生产线，二是自行设计一条有一定水平的生产线。

根据以往引进和自行设计的工作经验，引进生产线投资较大，但产品质量好，且成本较低，年产量大，引进技术的成功率为80%。而自行设计生产线，投资相对较小，产品质量也有保证，成本也较低，年产量也大，但成功率只有60%。进一步考虑到无论是引进还是自行设计生产线，产量都能增加，因此公司又制订了两个生产方案：一是产量与过去相同（保持不变），二是产量增加，因此需要进行决策。最后，若引进或自行设计均不成功，公司只能仍采用原有生产工艺继续生产，产量自然保持不变。公司打算生产该化妆品5年，根据以往价格统计资料和市场预测信息，该类产品在今后5年内价格下跌的概率为0.1，保持原价的概率为0.5，涨价的概率为0.4。

通过估算可以得到各种方案在不同价格状态下的损益值，如表7-3所示。

表7-3　某公司生产某型号化妆品的损益值表　　单位：万元

方案＼价格信息		价格下跌 s_1	价格不变 s_2	价格上涨 s_3
		0.1	0.5	0.4
按原有工艺生产		-100	0	125
引进生产线（成功率0.8）	产量不变 B_1	-250	80	200
	产量增加 B_2	-400	100	300
自行设计生产线（成功率0.6）	产量不变 B_1	-250	0	250
	产量增加 B_2	-350	-250	650

可知这是一个二级决策分析问题，现用多级决策树进行分析，其过程和结果如图7-5所示。

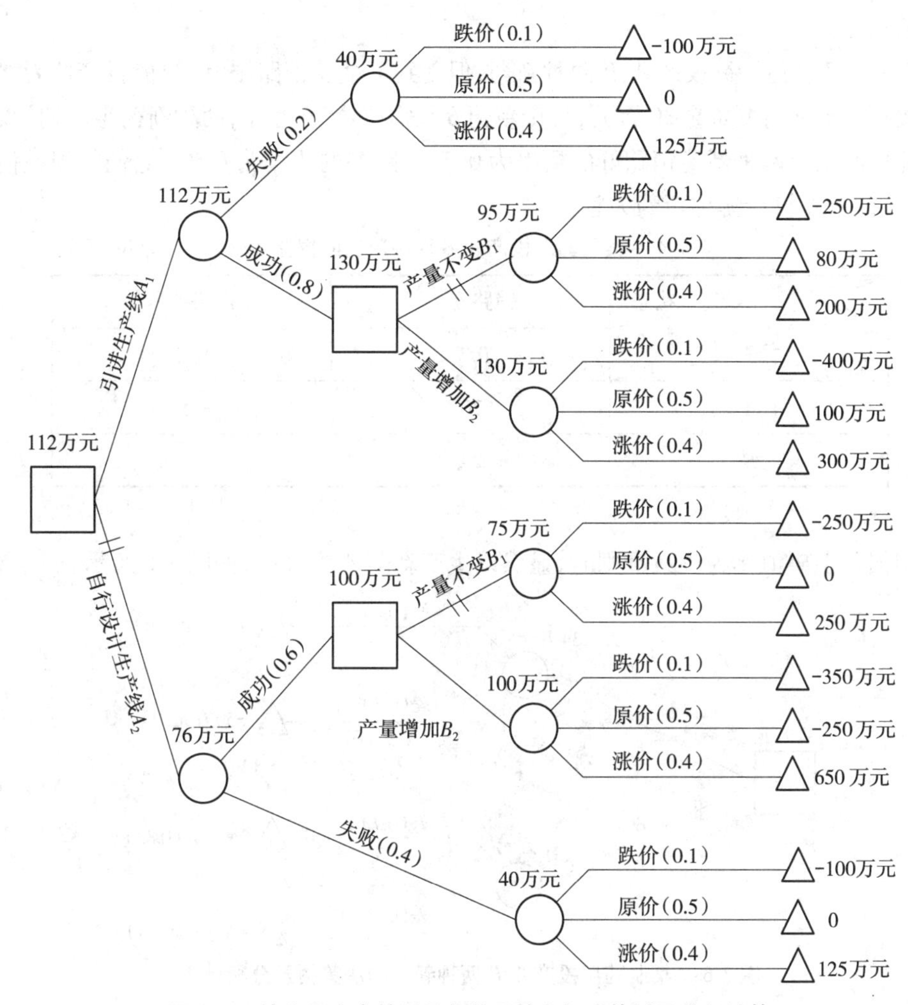

图 7-5　某公司生产某型号化妆品的多级决策树及分析计算

7.3.3　效用曲线的应用

1) 效用曲线的应用

从以上风险型决策分析的求解中可知，各种决策都以损益期望值的大小作为在风险情况下选择最优方案的准则。如前所述，所谓的“期望值”，是指在相同条件下通过大量试验所得的平均值。但在实际工作中，如果同样的决策分析问题只做一次或少数几次试验，用损益期望值作为决策的准则就不太合理。同时，在决策分析中需要反映决策者对决策问题的主观意图和倾向，反映决策者对决策结果的满意程度等。而决策者所持有的主观意图和倾向又往往随着各种错综复杂的主观或客观因素而变化，在这种情况下，用货币形式表现的期望值是无法反映这些客观或主观影响因素的。所以，除了用损益期望值作为决策准则外，还要利用一些能反映上述主、客观因素的指标，作为决策时衡量行动方案优劣的准则。效用函数及其效用曲线所确定的效用值就是一种有效的准则或尺度。效用实质上反映了决策者对风险所抱的态度。

例 7-4 某制药厂欲投产 A、B 两种新药,但受到资金及销路限制,只能投产两者之一。若已知投产新药 A 需要资金 30 万元,投产新药 B 只需资金 16 万元,两种新药生产期均定为 5 年。在此期间估计两种新药销路好的概率为 0.7,销路差的概率为 0.3。它们的损益值如表 7-4 所示。问究竟投产哪种新药为宜?

表 7-4　某制药厂投产 A、B 两种新药的损益值表　　单位:万元

状态 / 损益值/万元 / 概率 / 新药	销路好 s_1	销路差 s_2
概率	0.7	0.3
A	70	-50
B	24	-6

采用损益期望值作为决策准则时,显然以生产新药 A 为最优,如图 7-6 所示。

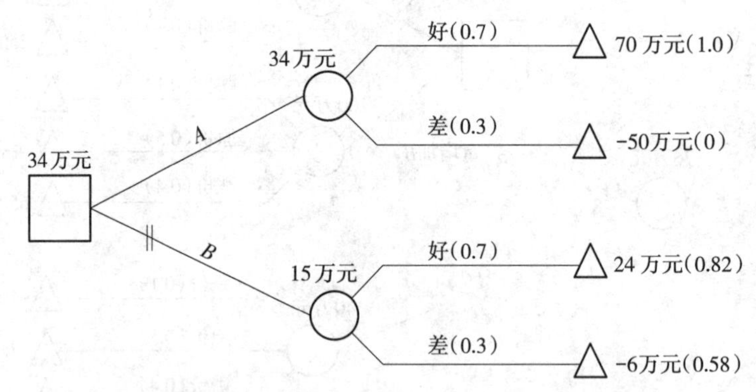

图 7-6　某制药厂投产 A、B 两种新药的决策树及分析计算

若用效用值作为决策标准,其步骤如下:

STEP 1:绘制决策人的效用曲线。设 70 万元的效用值为 1.0,-50 万元的效用值为 0,然后由决策人经过多次辨优过程,找出与损益值相对应的效用值后,就可以画出决策人的效用值曲线,如图 7-7 所示。

然后,根据效用曲线,找出生产新药 B 与损益值相对应的效用值,分别为 0.82 和 0.58,将其标注在决策树相应的结果节点右端。这样就可以用效用期望值为决策准则进行计算和决策。

新药 A 的效用期望值为:$0.7 \times 1.0 - 0.3 \times 0 = 0.70$(万元);

新药 B 的效用期望值为:$0.7 \times 0.82 + 0.3 \times 0.58 = 0.748$(万元)。

由此可见,若以效用期望值作为决策标准,生产新药 B 比生产新药 A 好。这是因为,决策人是一个保守型的人物,他不愿冒太大的风险。

从效用曲线可以测出,效用期望值 0.70 相当于损益值 8 万元,这大大小于原来的损益期望值 34 万元;效用期望值 0.75 相当于损益期望值 13 万元,也小于原来的损益期望值 15 万元。

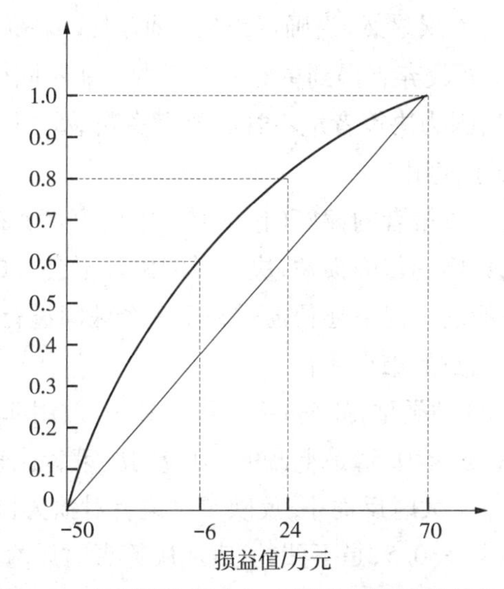

图7-7　某制药厂投产 A、B 两种新药的效用曲线

2）效用函数的构造

不同的决策者面临同一决策问题，他们的效用函数是不同的，即使是同一决策者，在不同处境下效用函数也不同，构造效用函数并不是一件容易的事情。从实际意义上来说，相当于向决策者提出以下问题。

在有可能找到的最好结果 W^* 与最差结果 W^0 之间，存在着一个可以肯定得到的结果 W_{ij}（三个结果都是已知的）。现在，要在作为必然事件的 W_{ij} 和由 W^* 与 W^0 按照一定概率 p 与 $(1-p)$ 构成的可能前景之间做出选择。显然，如果获得最好结果 W^* 的可能性很大，会选择由 W^* 与 W^0 构成的前景而不选 W_{ij}；反之，如果 W^* 可能性甚小，宁可选择 W_{ij} 而不选由 W^* 与 W^0 构成的前景。在上述两种情况之间，必然有一个临界情况，也就是应该存在一个概率值，当获得 W^* 的概率等于这个值时，选择 W_{ij} 或者选择由 W^* 与 W^0 构成的前景已经无偏好，也就是无差异了。经过反复考虑与比较，怎样才能提供这个概率值呢？答案涉及人们对风险的承受能力与得到 W^* 后的满足程度。如果这个答案得到了，那么 p_{ij} 也就得到了。

用一个例子来说明。某工厂面临究竟是生产新产品，还是仍旧生产老产品的选择。如果生产新产品，根据市场预测，销路好时可获利8万元，销路差时只能获利3万元。如果仍旧生产老产品，可稳获利5万元。试问：销路好的概率达到什么值时两者可以看作无差异？决策者经过反复对比选择 $p=0.6$，这个值实质上体现了决策者对各种可能结果的偏好模式。

这样一来，决策分析的关键在于怎样寻找 p_{ij} 的值。从上面的讨论可以看出，当 W^* 与 W^0 不变时，如果 W_{ij} 的值不同，人们选择的 p_{ij} 也不同，W_{ij} 高则所选 p_{ij} 也会高，W_{ij} 低则所选 p_{ij} 也会低。以 W_{ij} 为自变量，p_{ij} 为因变量 $(0 \leqslant p_{ij} \leqslant 1)$，由于 p_{ij} 通过与 W_{ij} 的关系反映了 W_{ij} 对决策者所提供的价值或效用，因此这样构成的函数可以作为效用函数。这就是从另一种角度构成效用函数。

这种构成效用函数的方法，利用了前景确定当量，并通过向决策者提问寻求某一结果值所对应的效用值(即概率 p_{ij})。很显然,当确定当量为 W^0 时,$p_{ij}=0$,即 $u(W^0)=0$,因为决策者绝不甘心稳获最坏的结果而放弃有得到更好的结果的可能。同样,当确定当量为 W^* 时,必然有 $p_{ij}=1$,即 $u(W^*)=1$,因为决策者绝不甘心放弃稳获最好的结果。这种效用函数取值为[0,1],已经归一化了,便于使用。

但是,这里有一个假定是决策者的偏好(包括对风险的态度)在整个区间内是不变的。但是在多数情况下,对不同数额的得失损益,决策者的偏好不会一成不变。所以上述公式只能在有限情况下使用,在一般的情况下还得通过一个一个区间进行对话,让决策者反复衡量来确定,这也正是构造效用函数的难点所在。

通常得出的效用函数有3种类型,如图7-8所示。其中,效用曲线Ⅱ是直线,效用值与结果值成正比;效用曲线Ⅰ的 $\varepsilon<0.5$,是上凸的,对应的决策者比较稳健,害怕风险,因为该曲线在 x 较小时斜率较大,在 x 大时反而小,反映了决策者对损失比较敏感,对大的风险并不太感兴趣。效用曲线Ⅲ的 $\varepsilon>0.5$,是下凹的,表明决策者对风险的高收益更敏感。

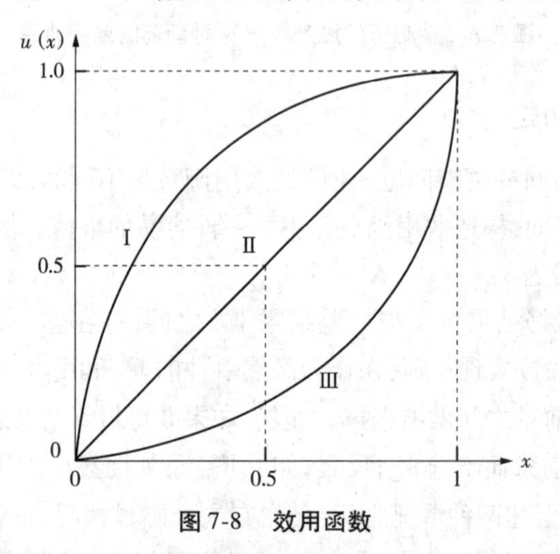

图7-8　效用函数

效用函数在比较简单的情况下是收益的一元函数,但有时候效用取决于多种因素,此时则是多元函数。有了效用函数,人们可以根据各种情况下的效用值,利用前面介绍的风险决策方法来进行决策,这种方法称为期望效用决策方法。因为外环境的不确定性,人们需要知道各种情况出现的可能性,或者出现的概率。

7.4　不确定型决策

7.4.1　鲁棒决策分析

在各种自然状态不确定,且其出现概率无法估算的情况下,基于概率的风险型决策就不再适用。此时,可以采用基于“最坏情景(Worst Scenarios)”分析的鲁棒性方法(Robustness

Approach)。作为一种不确定型决策方法,它的主要特点是利用"情景"描述不确定的自然状态,目的是找到在任何情境下都不会太差的方案,可以避免最坏情况的发生。

不同于计算损益值的风险型决策方法,鲁棒性方法常用的决策准则有:绝对鲁棒准则(Absolute Robust Criterion,又称悲观法)和最大最小后悔值准则(Minimax Regret Criterion)。两种决策准则均是基于最坏情形进行分析的,不需要估计自然状态下的概率信息。

绝对鲁棒准则中的管理者比较悲观,他们认为将来会发生最坏的自然状态,无论采取哪种方案,都只能得到该方案的最小收益或最大损失。如果决策方案所对应的损益值表现为收益,那么绝对鲁棒准则的形式表现为"小中取大"。决策者将每一种方案在各种情景下收益最小的值选出,然后从各个最小收益中选出收益最大的方案。如果损益值表现为损失,那么绝对鲁棒准则的形式则表现为"大中取小",该方法着眼于各方案的最坏结果,虽然风险较小,但也过于保守。

最大最小后悔值准则,是指决策者在选择了某方案后,如果将来发生的自然状态表明其他方案的收益更大,那么他会为自己的选择而后悔。"后悔值"是决策者失策造成的机会损失,可以用同一自然状态下最优方案的损益值与该自然状态下决策者所选方案的损益值偏差或者偏差的百分比来衡量。用偏差来计算后悔值的准则又称为鲁棒偏差准则(Robust Deviation Criterion),用偏差的百分比计算后悔值的准则又称为相对鲁棒准则(Relative Robust Criterion)。为了避免较大的机会损失,最大最小后悔值准则选取最大后悔值最小的方案。该决策准则以最优方案为"标杆"来计算机会损失,既能避免最坏情况的发生,也能保证良好的结果,不像绝对鲁棒准则那样保守,更符合大多数人规避风险的心理。因为鲁棒偏差准则和相对鲁棒准则只是后悔值的定义与计算方式不同,它们的决策步骤是一致的,所以仅以鲁棒偏差准则为例,即最大最小后悔值准则中的后悔值是用各自然状态下最优方案与其他方案损益值的偏差来衡量的。

7.4.2 鲁棒决策模型及步骤

1) 鲁棒决策的数学描述

在鲁棒优化方法中,不确定的自然状态用情景集合 S 来描述的。一个情景 $s \in S$ 代表一种可能发生的结果,但其发生概率未知。若 $\varnothing$ 表示行动方案集合,则 $f(X,s)$ 表示行动方案 $X \in \varnothing$ 在情景 s 下的损益值(假设决策者希望收益最大)。

绝对鲁棒准则是在最坏的结果中选取最好的方案,可表示为

$$\max_{X \in \varnothing} \min_{s \in S} f(X,s)$$

其中,X 收益最小 $\left[\min\limits_{s \in S} f(X,s)\right]$ 的情景,称为 X 的最坏情景。

情景 s 下的最优行动方案 X_s^* 及其收益 f_s^*,可以通过求解

$$f_s^* = f(X_s^*, s) = \max_{X \in \varnothing} f(X,s)$$

这个确定型决策问题得到。

如果决策者采取方案 X,那么将来发生情景 s 时,他的后悔值 $r(X,s)$ 为最大收益 f_s^* 与实际收益 $f(X,s)$ 的偏差,即 $r(X,s)=f_s^*-f(X,s)$。

最大最小后悔值的鲁棒决策准则是选取最大后悔值最小的方案,即

$$\min_{X\in\varnothing}\max_{s\in S}\left[f_s^*-f(X,s)\right]$$

此时,最坏情景为使 X 的后悔值最大,即 $\max_{s\in S}\left[f_s^*-f(X,s)\right]$ 的情景。

2) 鲁棒决策步骤

鲁棒优化方法是基于最坏情景进行分析的,无论是绝对鲁棒准则还是最大最小后悔值准则,都是选取最坏结果中最好的方案。因为不同决策准则下最坏情景的定义不同,所以下面将分别阐述两种鲁棒决策准则下的实施步骤。

(1) 绝对鲁棒准则

运用绝对鲁棒准则寻找最优策略的步骤为:

① 设描述不确定参数可能出现的情景集合为 $S=\{s_1,s_2,\cdots,s_j,\cdots,s_n\}$。

② 确定可行方案的集合,即 $\varnothing=\{X_1,X_2,\cdots,X_i,\cdots,X_m\}$。

③ 计算各行动方案在各种情景下的收益,即 $f(X_i,s_j)$。

④ 确定各方案的最小收益,即 $\min_{s_j\in S}f(X_i,s_j)$ 及其对应的最坏情景。

⑤ 比较各方案最坏情景下的收益,从中找出收益最大的方案。

可以直接通过收益矩阵进行计算。首先,根据各方案在各种情景下的收益列出收益 $f(X_i,s_j)$ 矩阵,然后按照上述步骤决策。绝对鲁棒准则对应的决策矩阵模型如表 7-5 所示。

表 7-5　绝对鲁棒准则决策矩阵模型

收益 / 方案	情景				最小收益
	s_1	s_2	…	s_n	
X_1	$f(X_1,s_1)$	$f(X_1,s_2)$	…	$f(X_1,s_n)$	$\min_{s_j\in S}f(X_1,s_j)$
X_2	$f(X_2,s_1)$	$f(X_2,s_2)$	…	$f(X_2,s_n)$	$\min_{s_j\in S}f(X_2,s_j)$
⋮	⋮	⋮	⋮	⋮	⋮
X_m	$f(X_m,s_1)$	$f(X_m,s_2)$	…	$f(X_m,s_n)$	$\min_{s_j\in S}f(X_m,s_j)$
决策	$\max_{X_i\in\varnothing}\min_{s_j\in S}f(X_i,s_j),i=1,2,\cdots,m,\quad j=1,2,\cdots,n$				X_i

(2) 最大最小后悔值准则

运用最大最小后悔值准则寻找最优策略的步骤为:

① 设各方案在不同情境下的收益为 $f(X,s)$。

② 确定各情景下的最大收益,即 f_s^* 及其对应方案。

③ 计算各方案在不同情景下的后悔值,有 $r(X,s)=f_s^*-f(X,s)$。

④ 确定各方案的最大后悔值,即 $\max_{s\in S}[f_s^*-f(X,s)]$ 及其对应的最坏的情景。

⑤ 选取最大后悔值最小的方案。

根据上述步骤也可以建立最大最小后悔值准则的决策矩阵模型。首先确定各情景下的最大收益,然后建立后悔值矩阵,如表 7-6 和表 7-7 所示,并基于此做出决策。

表 7-6　收益矩阵及最大收益表

收益 / 方案	情景(自然状态)			
	s_1	s_2	…	s_n
X_1	$f(X_1,s_1)$	$f(X_1,s_2)$	…	$f(X_1,s_n)$
X_2	$f(X_2,s_1)$	$f(X_2,s_2)$	…	$f(X_2,s_n)$
⋮	⋮	⋮	⋮	⋮
X_m	$f(X_m,s_1)$	$f(X_m,s_2)$	…	$f(X_m,s_n)$
最大收益 f_s^*	$\max_{X_i\in\varnothing} f(X_i,s_1)$	$\max_{X_i\in\varnothing} f(X_i,s_2)$	…	$\max_{X_i\in\varnothing} f(X_i,s_n)$

表 7-7　最大最小后悔值准则决策矩阵模型

后悔值 / 方案	情景(自然状态)				最大后悔值
	s_1	s_2	…	s_n	
X_1	$r(X_1,s_1)$	$r(X_1,s_2)$	…	$r(X_1,s_n)$	$\max_{s_j\in S} r(X_1,s_j)$
X_2	$r(X_2,s_1)$	$r(X_2,s_2)$	…	$r(X_2,s_n)$	$\max_{s_j\in S} r(X_2,s_j)$
⋮	⋮	⋮	⋮	⋮	⋮
X_m	$r(X_m,s_1)$	$r(X_m,s_2)$	…	$r(X_m,s_n)$	$\max_{s_j\in S} r(X_m,s_j)$
最大收益 f_s^*	$\min_{X_i\in\varnothing}\max_{s_j\in S} r(X_i,s_j)$				X_i

注意:当决策者的目的是减少损失时,在绝对鲁棒准则中,第 ④ 步变为寻找各方案的最大损失,第 ⑤ 步则是在最大损失中选择最小值;在最大最小后悔值准则中,第 ② 步变为确定各情景下的最小损失,第 ③ 步后悔值变为实际损失与最小损失的偏差,即 $f(X,s)-f_s^*$。也可以将损失值看作负的收益值,按照上述步骤进行决策。

7.4.3　鲁棒决策实例

下面来看一个收益最大的例子。

例 7-5　某企业准备生产一种全新产品。估计该产品的销售量有较高、一般、较低、很低

4 种情况,而对每种状态出现的概率则无法预测。为生产该产品,企业有 3 种实施方案:新建一个车间进行生产;改造一个现有车间进行生产;部分零件在现有车间生产,部分零件外购。该新产品能生产 10 年,10 年内在不同状态下的损益值(扣除投资费用)如表 7-8 所示。请分别运用绝对鲁棒准则和最大最小后悔值准则来决策实施方案。

表 7-8 某企业生产一种全新产品的损益值表 单位:万元

方案 \ 收益	销售量状态			
	较高(s_1)	一般(s_2)	较低(s_3)	很低(s_4)
建立新车间(X_1)	850	420	-150	-400
改造现有车间(X_2)	600	400	-100	-350
部分生产、部分外购(X_3)	400	250	90	-50

(1) 绝对鲁棒准则

根据表 7-8 所列的 3 种行动方案在四种情景下的损益值,可以确定各方案的最小收益(单位:万元)及其对应的最坏情景。

方案 X_1:$\min\{850, 420, -150, -400\} = -400$,最坏情景为 s_4;

方案 X_2:$\min\{600, 400, -100, -350\} = -350$,最坏情景为 s_4;

方案 X_3:$\min\{400, 250, 90, -50\} = -50$,最坏情景为 s_4。

选取最小收益值中的最大值(单位:万元),有

$$\max\{-400, -350, -50\} = -50$$

对应的实施方案为 X_3,即部分零件在现有车间生产、部分零件外购。

上述过程也可直接通过决策矩阵完成,对应的决策矩阵模型如表 7-9 所示。

表 7-9 某企业生产一种全新产品的绝对鲁棒准则决策矩阵模型 单位:万元

方案 \ 收益	销售量状态				最小收益
	较高(s_1)	一般(s_2)	较低(s_3)	很低(s_4)	
建立新车间(X_1)	850	420	-150	-400	-400
改造现有车间(X_2)	600	400	-100	-350	-350
部分生产部分外购(X_3)	400	250	90	-50	-50
决策	$\max\{-400, -350, -50\} = -50$				X_3

所选方案为 X_3,在销售量比较高的时候,X_3 的收益比其他两种方案都低,只有在销售量低的时候表现才比其他方案好。可以看出,该种决策准则只关注了最坏情景的发生,适合最坏情景经常发生的决策环境。

(2) 最大最小后悔值准则

根据损益值表,可以确定4种情景下的最大收益(单位:万元)及其对应的方案。

情景 s_1:$\max\{850,600,400\}=850$,最优情景为 X_1;

情景 s_2:$\max\{420,400,250\}=420$,最优情景为 X_1;

情景 s_3:$\max\{-150,-100,90\}=90$,最优情景为 X_3;

情景 s_4:$\max\{-400,-350,-50\}=-50$,最优情景为 X_3。

计算在4种不同情境下各行动方案的后悔值(单位:万元)。

方案 X_1:$r(X_1,s_1)=850-850=0, r(X_1,s_2)=420-420=0,$

$r(X_1,s_3)=90-(-150)=240, r(X_1,s_4)=-50-(-400)=350$;

方案 X_2:$r(X_2,s_1)=850-600=250, r(X_2,s_2)=420-400=20,$

$r(X_2,s_3)=90-(-100)=190, r(X_2,s_4)=-50-(-350)=300$;

方案 X_3:$r(X_3,s_1)=850-400=450, r(X_3,s_2)=420-250=170,$

$r(X_3,s_3)=90-90=0, r(X_3,s_4)=-50-(-50)=0$。

根据后悔值表,可以得到各方案的最大后悔值(单位:万元)及其对应的最坏情景。

方案 X_1:$\max\{0,0,240,350\}=350$,最坏情景为 s_4;

方案 X_2:$\max\{250,20,190,300\}=300$,最坏情景为 s_4;

方案 X_3:$\max\{450,170,0,0\}=450$,最坏情景为 s_1。

选取最大后悔值(单位:万元)最小的方案,有

$$\min\{350,300,450\}=300$$

对应实施方案为 X_2,即改造一个现有车间进行生产。选择的方案 X_2 在4种情景下得到的收益均不是最大的,也不是最小的,但它的最大后悔值比其他方案都小。采取这一准则说明决策者已经放弃追求最大收益的努力,只希望在减少风险的同时求得一个可以接受的收益。

上述决策过程也可通过最大最小后悔值准则决策矩阵模型来完成,如表7-10所示。

表7-10　某企业生产一种全新产品的最大最小后悔值准则决策矩阵模型　　单位:万元

方案 \ 后悔值	销售量状态				最大后悔值
	较高(s_1)	一般(s_2)	较低(s_3)	很低(s_4)	
建立新车间(X_1)	0	0	240	350	350
改造现有车间(X_2)	250	20	190	300	300
部分生产部分外购(X_3)	450	170	0	0	450
决策	$\min\{350,300,450\}=300$				X_2

下面来看一个损失最小的例子。

例7-6　某建筑公司承建一座桥梁,现因雨季将至,需停工并将施工设备安置好。公司考虑了3种可行方案。方案 A:花2万元将设备运走;方案 B:将设备留在工地,并利用现有围

堰;方案 C:将设备留在工地,并投资 1.2 万元将围堰加高至 2 m。据勘查,如果将设备留在工地上并利用现有围堰,当水位超过 1 m 时,部分设备会被淹没,经济损失为 5 万元;不管是否加高围堰,当水位超过 2 m 时,全部设备会被淹没,经济损失为 12 万元。分析该公司应如何安置设备。

解　除了 3 种行动方案 A、B、C,还有三种水位情景,分别是 1 m 以下(s_1)、1—2 m(s_2)、超过 2 m(s_3)。现计算 3 种方案在不同情景下的损益值。

方案 A:将设备运走,无论水位高低,都不会淹没设备,只有成本 2 万元,因此 3 种情景下,损失均为 2 万元。

方案 B:s_1 情景下损失为 0 万元,s_2 情景下损失为 5 万元,s_3 情景下损失为 12 万元。

方案 C:s_1、s_2 情景下设备都不会被淹没,因此只有加高围堰的成本 1.2 万元;在 s_3 情景下,设备被淹没损失为 12 万元,加上加高围堰的成本 1.2 万元,共损失 13.2 万元。

(1) 绝对鲁棒准则

构造绝对鲁棒准则决策矩阵模型,如表 7-11 所示。

表 7-11　某建筑公司安置施工设备的绝对鲁棒准则决策矩阵模型　单位:万元

方案＼收益	情景			最小收益
	1 m 以下(s_1)	1—2 m (s_2)	超过 2 m (s_3)	
A	−2	−2	−2	−2
B	0	−5	−12	−12
C	−1.2	−1.2	−13.2	−13.2
决策	$\max\{-2, -12, -13.2\} = -2$			A

绝对鲁棒准则下的最优方案是将设备运走,确保万无一失。

(2) 最大最小后悔值准则

3 种情景下的最大收益分别为 0 万元、−1.2 万元、−2 万元,据此计算各方案的后悔值(单位:万元)。

方案 A:$r(A,s_1)=0-(-2)=2$,$r(A,s_2)=-1.2-(-2)=0.8$,

$r(A,s_3)=-2-(-2)=0$;

方案 B:$r(B,s_1)=0-0=0$,$r(B,s_2)=-1.2-(-5)=3.8$,

$r(B,s_3)=-2-(-12)=10$;

方案 C:$r(C,s_1)=0-(-1.2)=1.2$,$r(C,s_2)=-1.2-(-1.2)=0$,

$r(C,s_3)=-2-(-13.2)=11.2$。

构造最大最小后悔值准则决策矩阵模型,如表 7-12 所示。

表7-12 某建筑公司安置施工设备的最大最小后悔值准则决策矩阵模型 单位:万元

方案 \ 后悔值	情景			最大后悔值
	1 m 以下(s_1)	1—2 m(s_2)	超过 2 m (s_3)	
A	2	0.8	0	2
B	0	3.8	10	10
C	1.2	0	11.2	11.2
决策	min{2,10,11.2} = 2			A

可知,最大最小后悔值准则下的最优策略也是方案A,即将设备移走,其对应的最坏情景是水位在1 m以下,最大后悔值为2万元。

上述两个实例中,不确定的自然状态均是用离散情景表示的,情景个数有限且每一个情景是具体给定的。当不确定参数采用区间情景时,可以在给定最小可能值和最大可能值的区间内任意取值(相当于有无穷多个情景),而决策模型的求解复杂度将会大大增加。

7.4.4 鲁棒决策评价

绝对鲁棒准则要求决策者在处理问题时从最不利的结果出发,凡事做最坏的打算,更多考虑的是自身是否能承受决策失误带来的打击。采用该准则的决策者处理问题时谨慎小心、追求稳妥,其思想较为保守消极。同时也反映了决策者对出现有利自然状态的信心不足、态度悲观,他们只看重最坏情况下的收益数据,而忽略了其他有价值的信息。虽然绝对鲁棒准则带有保守性质,但却留有余地、稳妥可靠,是在"最不利"中找出"最有利"的方案。对于那些把握性很小、损失很大的决策问题,用该决策准则比较合适。在某些特定的情况下,这一准则也具有一定的适用性,比如,规模较小的企业,其经济基础薄弱,经不起大的经济冲击,或者决策者认为最坏状态发生的可能性很大,对好的状态缺乏信心,这时便可采取这种准则。此外,在某些行动中,人们已经遭受了重大损失,如人员伤亡、天灾人祸等,人们需要恢复元气,也会采用这一较为稳妥的准则进行决策。

最大最小后悔值准则也是基于最坏情景进行分析的,能尽量避免较大的决策失误。决策者对未来出现"最有利状态"的信心不足,但又不愿失去机会,所以在追求最优结果的同时,努力减少决策失误的机会成本。这一决策准则体现了决策者不求收益最高但求遗憾最小的保守性格,决策者是从避免决策失误的角度进行决策,这是一个比较稳妥的决策方法,并且从某种意义上讲,要比只从最坏结果考虑的绝对鲁棒准则更合乎情理。

最大最小后悔值准则对进行事后评估的决策者非常有用。因为在这些企业中,管理人员的考核是以事后所得到的最优决策为依据,如果管理者实际决策的收益与最优决策收益相差很大就会被认为管理绩效差。这就决定了决策者不仅要关注各种情境下决策绩效的变化,还要关注各种实际情景下决策绩效与该情景下最优决策绩效之间的差距。近年来,这一鲁棒准则引起了学者们的关注,并被广泛地应用于组合优化问题,如线性规划、指派、最短路、最小二叉树、背包、资源配置、调度、生产计划、选址、库存、设施规划、网络设计等。一方面,因为它只需要较小的信息量就可以建立模型进行求解;另一方面,也是因为它能平衡风险与绩效之间的关系,既能避免最坏情况的发生也能保证良好的绩效,比较符合大多数决策者规避风险的心态。

在实践中,最大最小后悔值准则一般适用于有一定基础的中小企业。这类企业一方面能承担一定的风险,可以不必因太保守而过于稳妥;另一方面,因不能抵挡大的灾难,因此又不会冒进。对这类企业来讲,采用最大最小后悔值准则进行决策属于一种稳中求发展的决策。另外,竞争实力相当的企业在竞争决策中也可采用此法。因为竞争者已有一定实力,必须在现有基础上进一步开拓,不可丧失机会,但又不易过激,否则欲速则不达,危及基础。因此,在势均力敌的竞争中,采用此法既可以稳定已有的地位,又可以把市场开拓的机会损失降到最低。

7.5 多目标决策

在实际工作中所遇到的决策分析问题,常常要考虑多个目标。多目标决策是现实生活、工程或管理中普遍存在的问题。目标的增多,产生了目标间的不可公度性,甚至矛盾性等特点,也导致了多目标决策问题的求解困难。

7.5.1 基本概念

多目标决策和单目标决策的根本区别在于目标的数量。单目标决策,只要比较各待选方案的期望效用值即可,而多目标问题需要考虑各个目标的具体情形,并且对各个目标进行权衡比较。

例 7-7 某企业计划建一个物流中心,在选址以及建筑面积一定的情境下,有两个设计方案可供选择,现要求根据以下目标综合选择备选方案:

① 成本(每平方米造价不低于 800 元、不高于 1 000 元)。

② 工期(越快越好)。

③ 结构合理(单元划分、生活设施及使用面积比例等)。

④ 造型美观(评价越高越好)。

表 7-13　两个房屋设计方案的目标值

具体目标	方案 1(A_1)	方案 2(A_2)
低造价 / 元 · 平方米$^{-1}$	500	900
建造时间 / 年	1	1.5
结构合理(定性)	中	优
造型美观(定性)	良	优

由表7-13中可见,两个方案各有优缺点。例如,方案1的造价要低于方案2,并且其建造时间也短。但是,方案2的结构和造型目标则优于方案1。选择哪个方案需要由企业的偏好决定,即企业更加看重哪个目标。

1) 多目标决策问题的基本特点

多目标决策问题除了目标不止一个这一最明显的特点外,显著的还有两个特点:目标间的不可公度性和目标间的矛盾性。目标间的不可公度性是指各个目标没有统一的度量标准,因而难以直接进行比较。目标间的矛盾性是指如果选择一种方案以改进某一目标的值,可能会使另一目标的值变坏。

2) 多目标问题的3个基本要素

一个多目标决策问题一般包括目标体系、备选方案和决策准则3个基本因素。目标体系是指由决策者选择方案所考虑的目标组及其结构。备选方案是指决策者根据实际问题设计出的解决问题的方案。有的被选方案是明确的、有限的,而有的备选方案不是明确的,还需要在决策过程中根据一系列约束条件解出。决策准则是指用于选择的方案的标准。通常有两类,一类是最优准则,可以把所有方案依某个准则排序。另一类是满意准则,它牺牲了最优性使问题简化,把所有方案分为几个有序的子集,如"好的"与"坏的","可接受的"与"不可接受的"。

3) 基本概念——劣解和非劣解

如某方案的各目标均劣于其他目标,则该方案可以直接舍去。这种通过比较可直接舍弃的方案称为劣解。既不能立即舍去,又不能立即确定为最优的方案称为非劣解。非劣解在多目标决策中有非常重要的作用。

单目标决策问题中的任意两个方案都可比较优劣,但在多目标决策问题中任何两个解不一定可以比较出优劣。这也是单目标与多目标决策的本质区别。如果能够判别某一解是劣解,则可将其淘汰。如果是非劣解,因为没有别的解比它更优,就无法简单淘汰。倘若非劣解只有一个,当然就选它。问题是在一般情况下非劣解远不止一个,这就需要决策者选择,选出来的解叫选好解。

对m个目标,一般用m个目标函数$f_1(x)$,$f_2(x)$,$\cdots$,$f_m(x)$刻画,其中x表示方案,而x的约束就是备选方案范围。设最优解为x^*,它满足

$$f_i(x^*) \geqslant f_i(x), i = 1, 2, \cdots, n \tag{7-4}$$

在处理多目标决策时,先找最优解,若无最优解,就尽力在各待选方案中找出非劣解,然后权衡非劣解,再从中找出一个比较满意的方案。这个比较满意的方案就称为选好解。单目标决策主要是通过对各方案进行两两比较,即通过辨优的方法求得最优方案。而多目标决策除了需要辩优以确定哪些方案是劣解或非劣解外,还需要通过权衡的方法来求得决策

者认为比较满意的解。权衡的过程实际上就反映了决策者的主观价值和意图。

7.5.2 多目标决策方法

解决多目标决策问题的方法目前已有不少,本节主要介绍3种:化多目标为单目标的方法、重排次序法、分层序列法。

1) 化多目标为单目标的方法

由于多目标决策问题复杂且各个目标间既相互联系又相互制约,不能求出满足各个目标的最优解,因此将多目标问题转化为单目标问题,寻求最大限度满足各个要求的最优解是比较好的转化方法。常用的化多目标为单目标的方法有主要目标优化兼顾其他目标的方法、线性加权和法、平方和加权法、乘除法、功效系数法。

(1) 主要目标优化兼顾其他目标的方法

设多目标决策问题有 m 个需要满足的目标,但其中有一个是主要目标,例如为 $f_1(x)$,此目标需要满足最大解,其他目标只要满足解在一定区间内即可。

在这种条件下,其他目标值只需要处于一定的数值区间范围内,即 $f'_i \leqslant f_i(x) \leqslant f''_i (i=2,3,\cdots,m)$。这样,这个多目标决策问题便可转化为以下的单目标决策问题:

$$\max_{x \in R'} f_1(x) \tag{7-5}$$

$$\text{s.t.} \quad f'_i \leqslant f_i(x) \leqslant f''_i, i=2,3,\cdots,m$$

只需要求出此单目标决策问题的解,便可求得上述多目标决策问题的解。

例7-8 设某厂生产 A、B 两种产品以供应市场的需要。生产两种产品所需的设备台时、原料等消耗定额及其质量和单位产品利润等如表7-14所示。在制订生产计划时工厂决策者考虑了3个目标:第一,计划期内生产产品所获得的利润最大;第二,为满足市场对不同产品的需要,产品 A 的产量必须为产品 B 的产量的1.5倍;第三,为充分利用设备台时,设备台时的使用时间不得少于11个单位。

表7-14 产品消耗、利润表

	A	B	限制量
设备台时/小时	2	4	12
原料/吨	3	3	12
单位利润/千元	4	3.2	

显然,上述决策问题是一个多目标决策问题,若将利润最大作为主要目标,则后面两个目标只要符合要求即可。这样,上述问题就可变换成单目标决策问题,并可用线性规划进行求解。

设 x_1 为产品 A 的产量,x_2 为产品 B 的产量,则将利润最大作为主要目标,其他两个目标

可作为约束条件，其数学模型为

$$\max z = 4x_1 + 3.2x_2$$

$$\text{s.t.}\begin{cases}2x_1 + 4x_2 \leqslant 12(\text{设备台式约束})\\3x_1 + 3x_2 \leqslant 12(\text{原料约束})\\x_1 - 1.5x_2 = 0(\text{目标约束})\\2x_1 + 4x_2 \geqslant 11(\text{目标约束})\\x_1, x_2 \geqslant 0\end{cases}$$

具体的求解过程可以参考相关线性规划。

(2) 线性加权和法

设多目标决策问题共有 $f_1(x), f_2(x), \cdots, f_m(x)$ 等 m 个目标，如果对目标 $f_i(x)$ 分别分配权重系数 $\lambda_i(i=1,2,\cdots,m)$，则可构成以下新的目标函数：

$$\max F(x) = \sum_{i=1}^{m} \lambda_i f_i(x) \tag{7-6}$$

然后计算全部方案的 $F(x)$ 值，某一方案的 $F(x)$ 值越大，则此方案就为多目标决策问题的最优解。

在多目标决策问题中，各个目标之间存在差异性，各个目标的量纲都不一样，并且有些目标值需要求最大值而有些则需要求最小值，不能统一计算，遇到这种情况，则可用判断矩阵或者效用值法将目标值变换成无量纲值或者效用值，再用线性加权和法计算新的目标函数值并进行比较，以求得多目标问题的最优解。

(3) 平方和加权法

设多目标决策问题有 m 个需要满足的目标，如果要使各方案的目标值($f_1(x), f_2(x), \cdots, f_m(x)$)提出的 m 个满意值($f_1^*, f_2^*, \cdots, f_m^*$)都尽可能缩小差距，则可利用平方和加权的方法重新设计一个目标函数，即

$$\min F(x) = \sum_{i=1}^{m} \lambda_i (f_i(x) - f_i^*)^2 \tag{7-7}$$

求出 $\min F(x)$ 的值，其中 λ_i 便是第 i 个需要满足目标的权重系数。

(4) 乘除法

设某个多目标决策问题共有 m 个目标($f_1(x), f_2(x), \cdots, f_m(x)$)，其中，目标 $f_1(x), f_2(x), \cdots, f_k(x)$ 的值要求越小越好，目标 $f_k(x), f_{k+1}(x), \cdots, f_m(x)$ 的值要求越大越好，并假定 $f_k(x), f_{k+1}(x), \cdots, f_m(x)$ 都大于0。于是可以采用如下目标函数进行求解：

$$\min F(x) = \frac{f_1(x) \times f_2(x) \times \cdots \times f_k(x)}{f_{k+1}(x) \times f_{k+2}(x) \times \cdots \times f_m(x)} \tag{7-8}$$

(5) 功效系数法

设一个多目标决策问题共有 m 个目标($f_1(x), f_2(x), \cdots, f_m(x)$)，其中第 k_1 个目标要求最大，第 k_2 个目标要求最小。给目标 $f_1(x), f_2(x), \cdots, f_m(x)$ 以一定的功效系数 $d_i(i=1, 2, \cdots, m)$，有 $0 \leqslant d_i \leqslant 1$。则当第 i 个目标达到最大满意度时，有 $d_i = 1$；达到最不满意度时，有

$d_i=0$,其他情形则按照满意度的大小赋以[0,1]之间的某个值。描述 d_i 与 $f_i(x)$ 关系的函数叫作功效函数,用 $d_i = F(f_i)$ 表示。

功效函数根据目标函数性质或者要求的不同而有不同类型的函数形式,如指数型功效函数、线性功效函数等。线性功效函数有两种类型,一种是功效系数与目标函数值成正比,即 f_i 值越大,d_i 也越大;另一种功效系数与目标函数成反比,即 f_i 越小,d_i 越大。记 $\max f_i(x)=f_{i\max}$,$\min f_i(x)=f_{i\min}$,若要求 $f_i(x)$ 越大越好,可设 $d_i(f_{i\min})=0$,$d_i(f_{i\max})=1$,则第 i 个目标的功效系数 d_i 满足

$$d_i(f_i(x)) = \frac{f_i(x) - f_{i\min}}{f_{i\max} - f_{i\min}} \tag{7-9}$$

若要求 $f_i(x)$ 越小越好,可设 $d_i(f_{i\min})=1$,$d_i(f_{i\max})=0$,则第 i 个目标的功效系数 d_i 满足

$$d_i(f_i(x)) = 1 - \frac{f_i(x) - f_{i\min}}{f_{i\max} - f_{i\min}} \tag{7-10}$$

同理,对于指数型功效函数的两种类型,亦可类似地确定 d_i 的取值。

当求出 n 个目标的功效系数后,便可设计一个总的功效系数,设以

$$D = \sqrt[m]{d_1 \times d_2 \times \cdots \times d_m} \tag{7-11}$$

作为总的目标函数,并使 $\max D$。

从式(7-11)可知,D 的数值介于0 ~ 1。当 $D=1$ 时,方案最令人满意,$D=0$ 时,方案最差。另外,当某方案第 i 个目标的功效系数 $d_i=0$ 时,就会导致 $D=0$,这样的方案也不满足要求。

2) 重排次序法

重排次序法是将多目标决策问题的待选方案的解重排次序,然后对解进行取舍,得到"选好解"。设多目标决策问题共有 n 个方案、m 个目标,m 个目标的重要程度不同,对每个目标按照一定的方法事先确定权重系数。若用 f_{ij} 表示第 i 方案第 j 个目标的目标值,则 n 个方案的 m 个目标值如表7-15所示。

表7-15　n 个方案的 m 个目标值

方案 \ λ_i \ 目标	f_1	f_2	…	f_j	…	f_{m-1}	f_m
	λ_1	λ_2	…	λ_j	…	λ_{m-1}	λ_m
1	f_{11}	f_{12}	…	f_{1j}	…	$f_{1,m-1}$	$f_{1,m}$
2	f_{21}	f_{22}	…	f_{2j}	…	$f_{2,m-1}$	$f_{2,m}$
⋮	⋮	⋮	⋮	⋮	⋮	⋮	⋮
i	f_{i1}	f_{i2}	…	f_{ij}	…	$f_{i,m-1}$	$f_{i,m}$
⋮	⋮	⋮	⋮	⋮	⋮	⋮	⋮
n	f_{n1}	f_{n2}	…	f_{nj}	…	$f_{n,m-1}$	$f_{n,m}$

① 为了方便重排次序，将目标值f_{ij}经过处理变成无量纲的数值y_{ij}。其方法如下：对目标f_j，若目标值越大越好，则在n个待选方案中选出第j个目标的最大值作为最好值，而其最小值为最差值。即

$$\max_{1\leqslant i\leqslant n} f_{ij}=f_{i_b j},\min_{1\leqslant i\leqslant n} f_{ij}=f_{i_w j}$$

并相应地规定$f_{i_b j}\rightarrow y_{i_b j}=100$，$f_{i_w j}\rightarrow y_{i_w j}=1$。同时可根据取值对其他方案的目标值进行线性插值处理，得到无量纲值。

对目标f_i，若目标值越小越好，则可先从n个方案中的第j个目标中找最小值作为最好值，而其最大值为最差值。可规定$f_{i_b j}\rightarrow y_{i_b j}=1$，$f_{i_w j}\rightarrow y_{i_w j}=100$。其他方案的无量纲值可类似求得。这样就能把所有的$f_{ij}$变换成无量纲的$y_{ij.}$。

② 通过对n个方案的两两比较，即可从中找出一组"非劣解"，记作$\{B\}$，然后对该组非劣解做进一步比较。

③ 通过对非劣解$\{B\}$的分析比较，从中找出"选好解"，最简单的方法是设一新的目标函数，即

$$F_i=\sum_{j=1}^{m}\lambda_i y_{ij},i\in\{B\} \tag{7-12}$$

若F_i的值为最大值，则方案i为最优方案。

3）分层序列法

分层序列法是将多目标决策问题中的目标按照其重要程度进行重新排序，最重要的目标排在最前面，最不重要的目标排最后面，其余目标按重要程度依次排序。例如，对已知的目标有一个排序组合为$f_1(x)$，$f_2(x)$，…，$f_m(x)$，首先求第一个目标的最优解，求出所有最优解的集合，用R_1表示，接着在集合R_1范围内求第二个目标的最优解，求得的最优解集合用R_2表示，依此类推，直到求出第m个目标的最优解为止。上述过程的数学表达为

$$f_1(x^{(1)})=\max_{x\in R_0} f_1(x)$$

$$f_2(x^{(2)})=\max_{x\in R_1} f_2(x)$$

$$\vdots$$

$$f_m(x^{(m)})=\max_{x\in R_{m-1}} f_m(x)$$

$$R_i=\{x\mid \min f_i(x),x\in R_{i-1}\},i=1,2,\cdots,m-1,R_0=R \tag{7-13}$$

分层序列法有解的前提条件是$R_1,R_2,\cdots,R_{m-1}$等集合非空，并且集合里包含不止一个元素。但在实际问题中这种情况很难做到。于是在此基础上，提出了一种允许宽容的方法。在此方法的求解过程中，当求解后一目标最优时，不必要求前一目标达到严格最优，即在前一个目标达到一个相对最优的区间内时，可在一个宽容限度内寻找后一目标的最优解，其过程的数学表达为

$$f_1(x^{(1)})=\max_{x\in R_0} f_1(x)$$

$$f_2(x^{(2)})=\max_{x\in R_1} f_2(x)$$

$$\vdots$$

$$f_m(x^{(m)}) = \max_{x \in R_{m-1}} f_m(x)$$

$$R_i = \left\{ x \mid f_i(x) \leq a_i \min f_i(x), x \in R'_{i-1} \right\}, i = 1,2,\cdots,m-1, R'_0 = R \tag{7-14}$$

其中,$a_i > 0$ 是一个宽容限度,可以事先给定。

7.6 对策分析

7.6.1 博弈论

博弈论(Game Theory)又称对策论,是研究两个或两个以上参与者在对抗性或竞争性局势下如何采取行动、如何做出有利于己方决策的数学理论与方法。

博弈论的研究始于策梅洛(Zermelo)、波莱尔(Borel)及冯·诺依曼(John von Neumann)。1928 年,冯·诺依曼证明了博弈论的基本原理,宣告了博弈论的正式诞生。1944 年,冯·诺依曼和奥斯卡·摩根斯坦(Oskar Morgenstern)的《博弈论与经济行为》将二人博弈推广到二人博弈结构并将博弈论系统地应用于经济领域,从而奠定了这一学科的基础和理论体系。约翰·F. 纳什(John F. Nash)的开创性论文《N 人博弈中的均衡点》(1950 年)、《非合作博弈》(1951 年)等,给出了纳什均衡的概念和均衡存在定理,为博弈论的一般化奠定了坚实的基础。随后,莱因哈德·泽尔腾(Reinhard Selten)、约翰·海萨尼(John C. Harsanyi)的研究也对博弈论的发展起到了重要的推动作用。

1)基本要素与博弈结构

(1)局中人(Player)

博弈中独立决策、独立承担博弈结果的参与者称为局中人或博弈方。有 n 个局中人参与的博弈称为 n 人博弈:$n=1$ 是单人博弈,严格地讲,单人博弈已退化为一般的最优化问题;$n=2$ 是两人博弈;$n>2$ 是多人博弈。

(2)策略(Strategy)

博弈中各局中人可选择的实际可行的完整的行动方案称为策略。一般地,如果一个博弈中每个博弈方的策略都是有限的,则称为有限博弈(Finite Game),如果一个博弈中每个博弈方的策略都是无限的,则称为无限博弈(Infinite Game)。

(3)得益(Payoffs)

得益即参与博弈的各个博弈方从博弈中所获得的收益,它是各博弈方追求的根本目标,也是他们行为和判断的主要依据。得益可以是利润、收入,也可以是量化的效用、社会效益、福利等。

在两人或者多人博弈中,每个博弈方在每种策略组合下都有相应的得益,将每个博弈方的收益相加得到博弈方的"社会总收益"。在一些博弈中,不管博弈的策略组合是什么,总得益始终为某一常数,具有这种特征的博弈称为"零和博弈"(Zero-sum Game) 和"常和博弈"(Constant-sum Game)。不具备这种特征的博弈称为变和博弈(Variable-sum Game)。

(4) 次序(Orders)

博弈的过程可以是几个博弈方一次性同时进行策略选择,也可以是先后、反复或者重复的策略对抗,如寡头的削价竞争就是先后进行的。根据博弈次序的这种差异,博弈问题可以分为静态博弈、动态博弈、重复博弈。

所有博弈方同时或者可以看作同时选择策略的博弈称为静态博弈(Static Game)。静态博弈设定各方是同时决策的,或者决策时间不一定是真正一致,但做出选择之前不允许知道其他博弈方的策略,或者在知道其他博弈方的策略之后不能改变自己的选择。例如,齐威王与田忌赛马、石头剪刀布的游戏、猜硬币、古诺模型和投标活动等。

在现实生活中,大量存在各博弈方的选择和行动不仅有先后次序,而且后选择、后行动的博弈方在自己选择、行动之前,可以看到其他博弈方的选择、行动。这种博弈称为动态博弈(Dynamic Game) 或多阶段博弈(Multistage Game),显然弈棋就是一种动态博弈。

重复博弈(Repeated Game) 是由同一个博弈反复进行所构成的博弈过程。构成重复博弈的一次性博弈(One-shot Game) 也称为"原博弈" 或"阶段博弈"。

(5) 信息结构(Information)

知己知彼,百战不殆。博弈环境和博弈方的信息,是影响博弈方选择和博弈结果的重要因素,信息的差异通常会造成决策行为的差异和博弈结果的不同。

博弈中最重要的信息之一是关于得益的信息,即每个博弈方在每种策略组合下的得益情况。一般地,将各博弈方都完全了解所有博弈方各种情况下得益的博弈称为完全信息(Complete Information) 博弈,而将少部分博弈方不了解其他博弈方得益情况下的博弈称为不完全信息(Incomplete Information) 博弈。不完全信息也意味着各博弈方在对博弈信息的了解方面是不对称的,因此不完全信息博弈也是不对称信息(Asymmetric Information) 博弈。

在动态博弈中,对博弈的进程完全了解的博弈方,称为具有完美信息(Perfect Information) 的博弈方。若动态博弈的所有博弈方都有完美信息,则该博弈称为完美信息动态博弈;反之,具有不完美信息(Imperfect Information) 的博弈方参与的博弈称为不完美信息动态博弈。

2) 博弈分类

在关于博弈结构的分析基础上,可以看出各种博弈分类都是交叉的,不存在严格的层次关系,但可以根据不同的分类对博弈分析的影响程度排列出相应的次序,如:

① 非合作博弈和合作博弈。

② 在非合作博弈范围内,可分为完全理性博弈和有限理性博弈。

③ 静态博弈和动态博弈,包括特殊的动态博弈 —— 重复博弈。

④ 根据信息是否完全和完美,分为完全信息静态博弈和不完全信息静态博弈、完全且完美信息动态博弈、完全但不完美信息动态博弈、不完全信息动态博弈。

3) 纳什均衡

在博弈 $G=\{S_1,S_2\cdots,S_n:u_1,u_2,\cdots,u_n\}$ 中,如果由各个博弈方的各个策略组成的某个策略组合 $(S_1^*,S_2^*,\cdots,S_n^*)$ 中,任一博弈方 i 的策略 S_i^*,都是对其余博弈方策略的组合 $(S_1^*,\cdots,S_{i-1}^*,S_{i+1}^*,\cdots,S_n^*)$ 的最佳对策,也即 $u_i(S_1^*,\cdots,S_{i-1}^*,S_i^*,S_{i+1}^*,\cdots,S_n^*)\geqslant u_i(S_1^*,\cdots,S_{i-1}^*,S_{ij}^*,S_{i+1}^*,\cdots,S_n^*)$ 对任意 $S_{ij}\in S_i$ 都成立,则称 $(S_1^*,S_2^*,\cdots,S_n^*)$ 为 G 的一个纳什均衡。

假设有 n 个局中人参与博弈,给定其他人策略的条件下,每个局中人选择自己的最优策略(个人最优策略可能依赖于也可能不依赖于他人的战略),从而使自己的利益最大化。所有局中人策略构成一个策略组合(Strategy Profile)。纳什均衡指的就是这样一种战略组合,这种策略组合由所有参与人最优策略组成,在给定别人策略的情况下,没有人有足够的理由打破这种均衡。

(1) 纯策略纳什均衡

局中人 Ⅰ 有 m 个策略 $(A_1,A_2,\cdots,A_m)$,局中人 Ⅱ 有 n 个策略 $(B_1,B_2,\cdots,B_n)$,不同策略下双方的收益如表 7-16 所示。

表 7-16　二人博弈的收益

局中人 Ⅱ / 局中人 Ⅰ	B_1	B_2	…	B_n
A_1	a_{11},b_{11}	a_{12},b_{12}	…	a_{1n},b_{1n}
A_2	a_{21},b_{21}	a_{22},b_{22}	…	a_{2n},b_{2n}
⋮	⋮	⋮	⋮	⋮
A_m	a_{m1},b_{m1}	a_{m2},b_{m2}	…	a_{mn},b_{mn}

由每个单元格中前一个数字构成的矩阵 $\boldsymbol{A}=(a_{ij})_{m\times n}$ 是局中人 Ⅰ 的收益矩阵,由后一个数字构成的矩阵 $\boldsymbol{B}=(b_{ij})_{m\times n}$ 是局中人 Ⅱ 的收益矩阵。

当局中人 Ⅱ 采用某策略 B_j 时,如果局中人 Ⅰ 采用其 m 个策略中的策略 A_i 可以获得最大收益,则称 A_i 是对 B_j 的最优反应。同样,当局中人 Ⅰ 采用某策略 A_i 时,如果局中人 Ⅱ 采用其 n 个策略中的策略 B_j 可以获得最大收益,则称 B_j 是对 A_i 的最优反应。当 A_i 和 B_j 互为最优反应时,称 (A_i,B_j) 为该博弈的纯策略纳什均衡。纯策略博弈问题可能有一个、多个或无纳什均衡点。

例 7-9　某博弈问题的收益如表 7-17 所示,求其纯策略纳什均衡点。

表7-17　某博弈问题的收益

甲方＼乙方	B_1	B_2	B_3
A_1	650,650	350,700*	400,600
A_2	700*,350	600,600	350,650*
A_3	600,400	650*,350	550*,550*

在甲方收益矩阵每一列的最大数字上标上 * 号,在乙方收益矩阵每一行的最大数字上标上 * 号。单元格(3,3)有两个 * 号,所以策略(A_3,B_3)是此博弈问题的纳什均衡点。

(2) 混合策略纳什均衡

如果没有纯策略纳什均衡,可以考虑求混合策略纳什均衡。设局中人 Ⅰ 策略的分布为$(x_1,x_2,\cdots,x_m)$,局中人 Ⅱ 策略的分布为$(y_1,y_2,\cdots,y_n)$,那么有

$$x_1+x_2+\cdots+x_m=1, x_1,x_2,\cdots,x_m\geqslant 0$$

$$y_1+y_2+\cdots+y_n=1, y_1,y_2,\cdots,y_n\geqslant 0$$

局中人 Ⅰ 的期望收益为

$$E_1(X,Y)=\sum_{i=1}^{m}\sum_{j=1}^{n}a_{ij}x_iy_j=\boldsymbol{X}^{\mathrm{T}}\boldsymbol{AY}$$

局中人 Ⅱ 的期望收益为

$$E_2(X,Y)=\sum_{i=1}^{m}\sum_{j=1}^{n}b_{ij}x_iy_j=\boldsymbol{X}^{\mathrm{T}}\boldsymbol{BY}$$

其中,$\boldsymbol{X}=(x_1,x_2,\cdots,x_m)^{\mathrm{T}}$,$\boldsymbol{Y}=(y_1,y_2,\cdots,y_n)^{\mathrm{T}}$。

例7-10　考虑销售商与消费者之间的博弈。销售商有“明天打折销售”和“今天打折销售”两个策略,消费者有“明天购买”和“今天购买”两个策略。双方的收益如表7-18所示,求混合策略纳什均衡(现价折扣促销博弈)。

表7-18　销售商与消费者博弈的收益

销售商＼消费者	明天购买(y)	今天购买($1-y$)
明天打折(x)	3,7	9,4
今天打折($1-x$)	7,3	4,9

由表7-18可以看出,此博弈问题没有纯策略纳什均衡点。销售商和消费者的收益矩阵分别为

$$\boldsymbol{A}=\begin{pmatrix}3&9\\7&4\end{pmatrix},\boldsymbol{B}=\begin{pmatrix}7&4\\3&9\end{pmatrix}$$

设销售商采用两个策略的概率分别为x和$1-x$,消费者采用两个策略的概率分别为y和

$1-y$。记 $\boldsymbol{X}=(x,1-x)^{\mathrm{T}}, \boldsymbol{Y}=(y,1-y)^{\mathrm{T}}$。那么

$$\boldsymbol{X}^{\mathrm{T}}\boldsymbol{B}=(x,1-x)\begin{pmatrix}7 & 4\\3 & 9\end{pmatrix}=(3+4x, 9-5x)$$

一个合理的假设是:销售商确定的 x 最好使消费者无论哪一天购买商品都无所谓,即令 $3+4x=9-5x$,由此可算出 $x=\frac{2}{3}, 1-x=\frac{1}{3}$。另外

$$\begin{pmatrix}\text{销售商明天打折的期望收益}\\\text{销售商今天打折的期望收益}\end{pmatrix}=\boldsymbol{AY}=\begin{pmatrix}3 & 9\\7 & 4\end{pmatrix}\begin{pmatrix}y\\1-y\end{pmatrix}=\begin{pmatrix}9-6y\\4+3y\end{pmatrix}$$

基于同样的考虑,令 $9-6y=4-3y$,得 $y=\frac{5}{9}, 1-y=\frac{4}{9}$。所以销售商的混合策略 $\boldsymbol{X}=\left(\frac{2}{3},\frac{1}{3}\right)^{\mathrm{T}}$,消费者的混合策略 $\boldsymbol{Y}=\left(\frac{5}{9},\frac{4}{9}\right)^{\mathrm{T}}$。

由于 $\boldsymbol{AY}$ 的两个分量 $(\boldsymbol{AY})_1$ 和 $(\boldsymbol{AY})_2$ 相等,$\boldsymbol{X}$ 的两个分量和为1,所以销售商的期望收益为

$$E_1(X,Y)=\boldsymbol{X}^{\mathrm{T}}\boldsymbol{AY}=(\boldsymbol{AY})_1=9-6\times\frac{5}{9}=\frac{51}{3}$$

由于 $\boldsymbol{X}^{\mathrm{T}}\boldsymbol{B}$ 的两个分量 $(\boldsymbol{X}^{\mathrm{T}}\boldsymbol{B})_1$ 和 $(\boldsymbol{X}^{\mathrm{T}}\boldsymbol{B})_2$ 相等,$\boldsymbol{Y}$ 的两个分量和为1,所以消费者的期望收益为

$$E_2(X,Y)=\boldsymbol{X}^{\mathrm{T}}\boldsymbol{BY}=(\boldsymbol{X}^{\mathrm{T}}\boldsymbol{B})_1=3+4\times\frac{2}{3}=\frac{17}{3}$$

4) 合作博弈

存在具有约束力的合作协议的博弈就是合作博弈,否则就是非合作博弈。合作博弈强调的是集体理性,强调效率、公正、公平,参与者能够联合达成一个具有约束力且可强制执行的协议。合作博弈最重要的两个概念是联盟和分配。

合作博弈的结果必须是一个帕累托改进,即博弈双方的利益都有所增加,或者至少是一方的利益增加,而另一方的利益不受损失。合作博弈研究人们达成合作时如何分配合作得到的收益,即收益分配问题。合作博弈采取的是一种合作的方式,合作之所以能够增进双方的利益,就是因为合作博弈能够产生一种合作剩余。至于合作剩余在博弈各方之间如何分配,取决于博弈各方的力量对比和制度设计。因此,合作剩余的分配既是合作的结果,又是达成合作的条件。

(1) 联盟和分配

用 U 表示 n 个参与人的集合,U 的任意一个子集 S 称为一个联盟,U 称为大联盟。联盟 S 的收益记为 $V(S)$,它满足以下公理:

①$V(\varnothing)=0$,$\varnothing$ 为空集。

② 对任意 $S_1,S_2\subset U$,如果 $S_1\cap S_2=\varnothing$,那么 $V(S_1\cup S_2)\geqslant V(S_1)+V(S_2)$(超可加性)。

设$\{S_1,S_2,\cdots,S_k\}$是U的非空子集,如果它们的并集等于U,任何两个的交集为空集,就称它们为一个联盟结构,记为$[S_1,S_2,\cdots,S_k]$。按照超可加性有

$$V(S_1)+V(S_2)+\cdots+V(S_k)\leqslant V(U)$$

即任何一个联盟结构的总收益不大于大联盟的收益。如果上式的等号成立,称该联盟为有效联盟(包括大联盟)。

用$\varphi_i(V)$表示参与人i分得的数额,按以下公式计算的数值称为Shapley值:

$$\varphi_i(V)=\sum_{i\in S\subset U}W(|S|)[V(S)-V(S\backslash\{i\})],i=1,2,\cdots,n$$

其中,$W(|S|)=\dfrac{(n-|S|)!\ (|S|-n)!}{n!}$,$|S|$表示集合$S$中元素的个数。

例7-11 A、B、C三人单独经商或者联合经商,其收益如表7-19所示,求每个人分配的数额。

表7-19 A、B、C三人经商的收益

S	A	B	C	AB	AC	BC	ABC
$V(S)$	10	10	10	70	50	40	100

按Shapley值公式,参与人A的分配数额$\varphi_A(V)$的计算见表7-20。

表7-20 参与人A分配数额的计算表

S	A	AB	AC	ABC
$V(S)$	10	70	50	100
$V\left(\frac{S}{A}\right)$	0	10	10	40
$V(S)-V\left(\frac{S}{A}\right)$	10	60	40	60
$\|S\|$	1	2	2	3
$(n-\|S\|)!\ (\|S\|-1)!$	2	1	1	2
$W(\|S\|)$	$\frac{1}{3}$	$\frac{1}{6}$	$\frac{1}{6}$	$\frac{1}{3}$
$\varphi_A(V)$	40			

同理可算出参与人B的分配额$\varphi_B(V)=35$,C的分配额$\varphi_C(V)=25$。

(2)合作博弈的核

假设联盟中的每个人均匀地分配该联盟的收益。在一个联盟结构中,如果有人从某联盟中退出可以获得更大的收益,则该联盟结构是不稳定的;否则是稳定的。

前面已经介绍,总收益等于大联盟收益的联盟结构称为有效联盟结构,而稳定的有效联盟结构称为合作博弈的核。

例 7-12 塔木德分配法。塔木德分配法是根据若干债权人所声明的债权分配总财产的一种方法。设总财产为 E,n 个债权人所声明的债权分别为 $c[1],c[2],\cdots,c[n]$,他们分得的财产分别为 $x[1],x[2],\cdots,x[n]$。不妨设 $c[1]\leqslant c[2]\leqslant\cdots\leqslant c[n]$。按塔木德分配法依次分配财产,得到的分配结果$(x[1],x[2],\cdots,x[n])$ 叫作核仁(Nucleolus)。例如,二人争产问题的塔木德分配法,只需考虑债权人1的分配额 $x[1]$ 即可,债权人2的分配额 $x[2]=E-x[1]$,有

$$x[1]=\begin{cases}E/2,E\leqslant c[1]\\ c[1]/2,c[1]\leqslant E\leqslant c[2]\\ \dfrac{E+c[1]-c[2]}{2},E>c[2]\end{cases}$$

5）博弈论在企业经营活动中的应用策略

著名营销专家希顿曾说,企业家的艺术就是对企业的策略性经营和管理,因为博弈是策略,所以企业在当今激烈的市场竞争中也需要博弈。

哈佛商学院波特教授的五力模型,给了我们一种全面而详细地分析行业市场竞争状况和态势的方法,其中一种力量是潜在进入者的威胁。根据市场类型(完全竞争市场、垄断竞争市场、完全垄断市场和寡头垄断市场),由于多数行业市场属于垄断竞争市场,因此就存在现有企业和新进入者之间的进入和退出博弈,这取决于彼此结构性的进入障碍、对关键资源的控制度、规模经济效应以及现有企业的市场优势等因素。

那么,作为现有行业的垄断者和一定程度的影响者,阻止潜在进入者进入市场或遏止现有企业恶性竞争的博弈策略有:

(1) 扩大生产能力策略

垄断者为阻止潜在进入者进入市场,可能对潜在进入者进行威胁。但垄断者的这种威胁是否能达到阻止潜在进入者进入的目的,取决于其承诺。所谓承诺(Promise),就是指对局者所采取的某种行动,这种行动使威胁成为一种令人可信的威胁。那么,一种威胁在什么条件下会变得令人可信呢?一般只有当对局者在不实行这种威胁会遭受更大损失的时候。与承诺行动相比,空头威胁无法有效阻止市场进入的主要原因是它不需要任何成本,且发表声明是容易的,仅仅宣称将要做什么或者标榜自己是说一不二的也都缺乏实质性的意义。因此,只有当对局者采取了某种行动,而且这种行动需要较高的成本或代价时,才会使威胁变得可信。

(2) 保证最低价格条款策略

例如,某商店规定,顾客在本商店购买某种商品,一定时期内(如一个月)如果其他任何商店以更低的价格出售同样的商品,本商店将退还差价,并补偿一定百分比的差额(如10%)。就是说,如果你在该商店花5 000元购买了一台尼康照相机,一周后你在另一家商店发现那里只卖4 500元,那么你就可以向该商店交涉,并获得550元的退款。

又如,假定存在一个两期的市场。在第一期只有一个厂商,其面临两种选择:

① 制订一个垄断高价 60 元,可获得 1 000 元的利润,但会使潜在企业认为该行业有利可图,从而选择在第二期进入;而一旦该市场有两个企业存在,将会使市场价格下降到 30 元,企业利润降为 200 元。这样,两期的总利润是 1 000 + 200 = 1 200 元。

② 制订一个低价 40 元,潜在企业如果进来,价格降到 20 元,则两个企业的利润都将是 0,此时潜在企业将不会进入。这样,第二期的价格可以确定一个垄断高价 60 元,因此总利润为 600 + 1 000 = 1 600 元。

对消费者来说,保证最低价格条款使其至少在一个月内不会因为商品降价而后悔购买,但这种条款对消费者是承诺,对竞争者是警告,无疑是企业之间竞争的一种手段。保证最低价格条款是一种承诺,由于法律的限制,商店在向消费者公布了这一条款之后是必须实行的,因此它是绝对可信的。这一承诺隐含着企业 A 向企业 B 发出的不要采取降价竞争的威胁,并且这种威胁能产生预期的效果。

(3) 限制进入定价策略

限制进入定价是指现有企业通过收取低于进入发生的价格的策略来防范竞争者进入,潜在进入者看到这一低价后,推测出进入后价格也会变低甚至更低,进入该市场将无利可图而放弃进入。

(4) 掠夺性定价策略

掠夺性定价是指将价格设定到低于成本来达到驱逐其他企业的目的,而期望由此发生的损失在新进入企业或者竞争对手被逐出市场后,掠夺企业能够在行使市场权力时得到补偿,即在驱逐其他企业后,再制订垄断高价以弥补前期的损失。这也是一种价格报复策略。掠夺性定价与限制进入定价之间的差异在于限制进入定价是针对那些尚未进入市场的企业,是在较长一段时间内维持低价来限制新企业的进入;而掠夺性定价则将矛头指向已经进入的企业或即将进入的企业。如果企业产能过剩,则在新企业进入时可以进行产能扩张,如将商品大幅度降价以防止新企业进入。

(5) 广告战博弈

有些商品只有在使用后才知道其质量如何,这种商品称为经验品。只有那些生产高质量经验品的企业才会选择做巨额广告,而生产低质量经验品的企业将不会做广告。原因是高质量经验品会有大量的回头客,而低质量经验品则鲜有人再次光顾。

另外,现有厂商之间产量、价格竞争的博弈,尚有古诺模型、伯川德模型可以用来描述。博弈理论在宏微观层对企业参与竞争、制定竞争策略均有指导意义。

7.6.2　冲突分析的由来

冲突分析(Conflict Analysis)是国外在经典对策论(博弈论)和偏对策理论基础上发展起来的一种对冲突行为进行正规分析(Formal Analysis)的决策分析方法。其主要特点是能最大限度地利用信息,通过对许多难以定量描述的现实问题的逻辑分析,可以进行冲突事态的结果预测和过程分析(预测和评估、事前分析和事后分析),帮助决策者科学周密地思考问题。冲突分析是分析多人决策和解决多人竞争问题的有效工具之一。国外已将冲突分析在社会、政治、军事、经济等不同领域的纠纷谈判、资源管理、环境工程、运输工程等方面进行了应用,我国也已在社会经济、企业经营和组织管理等领域开始应用冲突分析。

对策或博弈(Game)是决策者在某种竞争场合下做出的决策,是一种人为的不确定型决策(竞争或对抗型决策)。作为一类特殊的决策问题,对策的基本模式(概念模型)如图 7-9 所示。

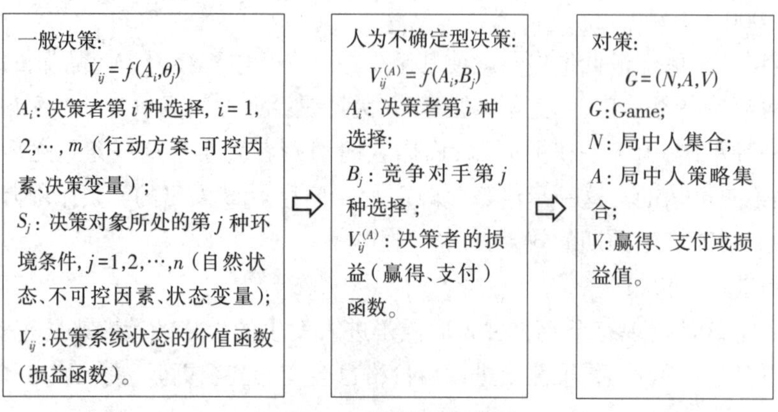

图 7-9　对策的概念模型

20 世纪 70 年代初,一种以现实生活中最容易出现的情况为基础的对策理论——偏对策理论被提出。其基本思想是:在选择策略时要考虑其他局中人可能的反应,即将各局中人的策略作为一种函数,使其构成更高一级的对策,即偏对策。另外,在该理论描述中,主张用结局的优先序代替其赢得值,从而使对策模型的可实现性大大增强。

到了 20 世纪 80 年代,弗雷泽和希佩尔在偏对策的基础上,提出了一种研究冲突事态的方法——冲突分析方法,从而使对策理论更加实用化。该方法的提出也迎合了近一二十年以来用对策化或模拟手段来研究对策问题的趋势。

冲突分析方法有以下主要特点:

① 能最大限度地利用信息,尤其对许多难以定量分析的问题,用冲突分析解决起来更得心应手,因而较适用于解决工程系统中考虑社会因素影响时的决策问题和社会系统中的多人决策问题。

② 具有严谨的数学(集合论)和逻辑学基础,是在一般对策论(博弈论)基础上发展起来的偏对策理论的实际应用。

③ 冲突分析既能对冲突事态的结果进行预测(事前分析),也能对事态的过程进行描述和评估(事后分析),从而可为决策者提供多方面有价值的决策信息,同时,还可用来对政策和决策行为进行分析。

④ 分析方法在使用中几乎不需要任何数学理论和复杂的数学方法,很容易被理解和掌握。主要分析过程还可利用计算机,通过人机对话解决,因而具有很强的实用性。目前,使用较多的冲突分析软件是 CAP(Conflict Analysis Program)或 DM(Decision Maker)。

⑤ 冲突分析用结局的优先序代替了效用值,并认为对结局进行比较判断时可无传递性,从而在实际应用中避开了经典对策论关于效用值和传递性假设等障碍。

7.6.3　冲突分析的程序及要素

1) 冲突分析的一般过程

冲突分析的过程如图7-10所示。

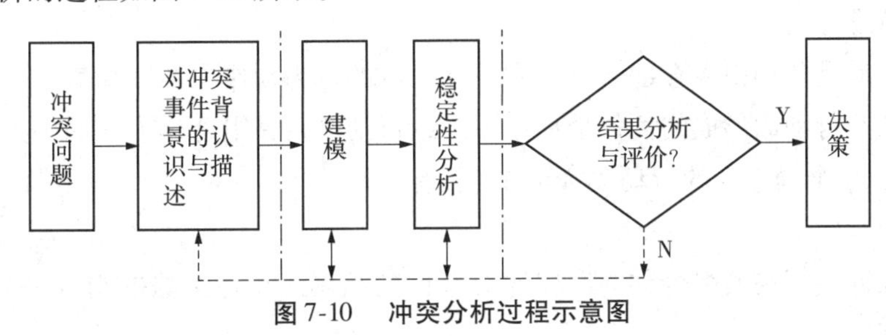

图7-10　冲突分析过程示意图

(1) 对冲突事件背景的认识与描述

以对事件有关背景材料的收集和整理为基本内容,整理和进行恰当的描述是分析人员的主要工作,包括:① 冲突发生的原因(起因)及事件的主要发展过程;② 争论的问题及其焦点;③ 可能的利益和行为主体及其在事件中的地位及相互关系;④ 有关各方参与冲突的动机、目的和基本的价值判断;⑤ 各方在冲突事态中可能独立采取的行动。

对冲突事件背景的深刻了解和恰当描述,是对复杂的冲突问题进行正规分析的基础。

(2) 冲突分析模型(建模)

冲突分析模型是在初步信息处理之后,对冲突事件进行稳定性分析时采用冲突事件或冲突分析要素间相互关系及其变化情况的模拟模型,一般采用表格形式。

(3) 稳定性分析

稳定性分析是使冲突问题得以"圆满"解决的关键,其目的是求得冲突事态的平稳结局(局势)。所谓平稳局势,是指所有局中人都可接受的局势(结果),也即对任一局中人 i,更换策略后得到新局势,而新局势的效用值或偏好度都较原局势小,则称原来的局势为平稳局势。由于在平稳状态下,没有一个局中人愿意离开他已经选定的策略,因此稳结局也为最优结局(最优解)。稳定性分析必须考虑有关各方的优先选择和相互制约。

(4) 结果分析与评价

结果分析与评价主要是对稳定性分析的结果(即各平稳局势)做进一步的逻辑分析和系统评价,以便向决策者提供有实用价值的决策参考信息。

2) 冲突分析的基本要素

冲突分析的要素(也叫冲突事件的要素)是使现实冲突问题模型化、分析正规化所需的基本信息,也是对冲突事件原始资料进行处理的结果。其主要要素有:

(1) 时间点

时间点是说明"冲突"开始发生的标志;对建模而言,则是能够得到有用信息的终点。

冲突是一个动态的过程，各种要素都在变化，这样很容易使人认识不清，所以需要确定一个瞬间时刻，使问题明朗化，但时间点不直接进入分析模型。

(2) 局中人

局中人是指参与冲突的集团或个人(利益主体)，他们必须有部分或完全的独立决策权(行为主体)。冲突分析要求局中人至少有两个或两个以上。局中人集合记作N，$|N| = n \geqslant 2$。

(3) 选择或行动

选择或行动是各局中人在冲突事件中可能采取的行为动作。冲突局势正是由各方局中人各自采取某些行动而形成的。每个局中人一组行动的某种组合称为该局中人的一个策略(Strategy)。第i个局中人的行动集合记作O_i，有$|O_i| = k_i$。

(4) 结局

各局中人冲突策略的组合共同形成冲突事件的结局。全体策略的组合(笛卡儿乘积或直积)为基本结局集合，记作T，有$|T| = 2^{\sum_{i=1}^{n} k_i}$。结局是冲突分析问题的解。

(5) 优先序或优先向量

各局中人按照自己的目标要求及好恶标准，对可能出现的结局(可行结局)排出优劣次序，形成各自的优先序(向量)。

7.6.4 冲突分析基本方法举例——古巴导弹危机

1) 背景

1957年以前，古巴在经济和政治等方面长期处于美国的控制之下，美国的许多公司在古巴的农业、旅游业等方面大量投资，当时的古巴政府十分重视美国的利益。

1956年年末，卡斯特罗(Castro)领导革命运动，1959年取得政权，并推翻了巴蒂斯塔(Batista)政府，这是出乎美国意料的。新政府没收了美国在古巴的所有财产，使之国有化，紧接着与苏联建立了亲密友好的关系。这样，古巴问题引起了美国的高度重视。

1961年4月，美国军队入侵古巴邻海的猪湾失败。在这之后，美国的国际威望受到影响，而苏联则借机申明愿意向古巴提供武器(包括导弹)援助，以增强古巴对美国的防御能力。

1961年中期，美国总统肯尼迪召集内阁会议，决定阻止在古巴建立进攻性导弹基地的任何行动。

1962年10月14日，美国空中侦察队侦察到古巴已有由苏联援建并控制的进攻性导弹基地。

在当时的情况下，苏联在古巴设立导弹基地可能有如下几点考虑：① 把古巴导弹基地作为美国撤除其在土耳其和意大利导弹基地的交换条件；② 如果美国对古巴采取强硬措施，世界舆论将对美国极其不利，这时，苏联就可能乘“虚”进攻西柏林；③ 建立导弹基地履行了苏联“保卫古巴”的诺言，有助于维护苏联在第三世界国家中的威望；④ 针对美国而在古巴设置导弹基地，是苏联在“冷战”中的一个巨大而冒险的迈进，这时如果美国举棋不定，将会使它对其他国家的许多承诺付诸东流，有争议的柏林问题也将改变状况；⑤ 古巴导弹基地的设置是平衡美、苏两国核力量的有效措施。

当时,肯尼迪总统立即对10月中旬的发现做出反应,成立国家安全委员会,研究该冲突事件的情况,并且考虑如何消除来自苏联的威胁。该委员会研究的结果即美国可能采取的行动大致有:① 不采取任何进攻性行动,基本维持现状;② 在海上由美国海军设置一个封锁圈,作为防止一切有利于古巴舰只出入的禁区;③ 空袭苏联设在古巴的导弹基地。该委员会分析苏联可能采取的相应行动大致有:① 不从古巴撤回导弹基地,基本维持现状;② 撤回导弹基地;③ 加剧局势的紧张化,使事态升级,这可通过入侵西柏林、袭击美国军舰等来实现。

本分析的目的在于用正规分析的方法检验美国当年所采取军事对策的合理性,并帮助掌握冲突分析的基本方法。

2) 建模

(1) 时间点

时间点选在1962年10月,此时冲突局势已基本明朗,且有关各方(美国等)要对所可能采取的行动做出决定。

(2) 局中人

在古巴导弹危机中,实际的参与者(利益主体)有3个,即美国、苏联和古巴,但古巴在此冲突事件中并没有和冲突有关的独立行动,所以局中人实际上是美国和苏联两个。

(3) 选择或行动

美国为改变现状有两个可能的行动,即设封锁圈和空袭;苏联也只有两个新的行动,即撤除和使事态升级。

(4) 结局

为了分析方便,按照Howard的约定,结局采用二进制数组表征,分别用"1"和"0"表示某行动的"取"和"舍"。

在人工分析时,将结局用一个十进制数表达比较方便,转换公式为

$$q = x_0 \cdot 2^0 + x_1 \cdot 2^1 + \cdots + x_j \cdot 2^j + \cdots + x_L \cdot 2^L$$

其中,$L = \sum_{i=1}^{n} k_i - 1$,$x_j = 1,0$,在基本结局表中对应于第$j+1$行动行的元素。

据此,可得到古巴导弹危机的16($2^{2+2} = 2^4$)个基本结局,如表7-21所示。

表7-21 古巴导弹危机中的局中人及其行动和基本结局

局中人及其行动		基本结局															
美国	1. 空袭(A)	0	1	0	1	0	1	0	1	0	1	0	1	0	1	0	1
	2. 封锁(B)	0	0	1	1	0	0	1	1	0	0	1	1	0	0	1	1
苏联	3. 撤销(W)	0	0	0	0	1	1	1	1	0	0	0	0	1	1	1	1
	4. 升级(E)	0	0	0	0	0	0	0	0	1	1	1	1	1	1	1	1
十进制数		0	1	2	3	4	5	6	7	8	9	10	11	12	13	14	15

值得注意的是，在这16个基本结局中，由于苏联的行动一般不可能是既撤除导弹基地，同时又加剧局势的紧张化（使事态升级），因此表7-21中最后4个结局（12—15）从逻辑上是不可行的，应该删除。剩下的12个结局均是可行结局，如表7-22所示。不可行结局的删除是冲突分析模型化过程中的一步重要工作，后面还将专门讨论。

表7-22　古巴导弹危机中的可行结局

局中人及其行动		可行结局											
美国	1. 空袭(A)	0	1	0	1	0	1	0	1	0	1	0	1
	2. 封锁(B)	0	0	1	1	0	0	1	1	0	0	1	1
苏联	3. 撤销(W)	0	0	0	0	1	1	1	1	0	0	0	0
	4. 升级(E)	0	0	0	0	0	0	0	0	1	1	1	1
十进制数		0	1	2	3	4	5	6	7	8	9	10	11

(5) 优先序的确定

这一步通常需要经过大量而细致的研究。在优先序中，最有利的结局排在左边，最不利的结局排在右边。经过对美、苏双方的反复研究，确定出各自的优先序，如表7-23和表7-24所示。估计对手（如苏联）的优先序有一定的不确定及不确切性，而这又正是确定优先序的难点和重点。

在优先序中，尽可能避免冲突紧张化而导致核战争是双方的共同原则。在此基础上，美国力图使苏联撤除导弹基地，苏联则极希望维持现状。

表7-23　美国在古巴导弹危机中的优先序（向量）

局中人及其行动		可行结局												说明
美国	1. 空袭(A)	0	0	1	1	0	1	1	0	1	1	0	0	美国的期望： ① 苏联撤销导弹基地 ② 避免冲突升级而导致核战争等
	2. 封锁(B)	0	1	0	1	1	0	1	0	1	0	1	0	
苏联	3. 撤销(W)	1	1	1	1	0	0	0	0	0	0	0	0	
	4. 升级(E)	0	0	0	0	0	0	0	0	1	1	1	1	
十进制数		4	6	5	7	2	1	3	0	11	9	10	8	

表7-24　苏联在古巴导弹危机中的优先序（向量）

局中人及其行动		可行结局												说明
美国	1. 空袭(A)	0	0	0	0	1	1	1	1	1	1	0	0	苏联的期望： ① 不希望冲突紧张化 · 自己不愿采取紧张化行动 · 不希望美国空袭 ② 极希望维持现状
	2. 封锁(B)	0	0	1	1	0	0	1	1	1	0	1	0	
苏联	3. 撤销(W)	0	1	1	0	1	0	1	0	0	0	0	0	
	4. 升级(E)	0	0	0	0	0	0	0	0	1	1	1	1	
十进制数		0	4	6	2	5	1	7	3	11	9	10	8	

3）稳定性分析

稳定性分析解决了从所有可行结局中求得平衡结局的问题。在这个过程中，基本的事实（3 个先决条件）是：①每个局中人都将不断朝着对自己最有利的方向改变策略；②局中人在决定自己的选择时都会考虑其他局中人可能的反应及对自己的影响；③平衡结局必须是能被所有局中人共同接受的结局。

（1）确定单方面改进

假定某一局中人不改变策略，而另一局中人单方面改变策略使自己的处境更好则形成单方面改进（Unilateral Improvement，UI），即对局中人 A 而言，考虑结局 q，如果 A 可以通过改变自己的策略使 q 变到 q'，且 q' 优于 q，则称对于 A，q 存在单方面改进 q'，记作 UI。

$$q \xrightarrow{A} q'\text{，且 } q' > q(A)\text{，则 } q' \text{——UI}(A)$$

单方面改进（UI）是稳定性分析的基础状态，对 UI 的分析是稳定性分析的第一步。每个可行结局的 UI 均列在优先序号与之对应的结局（q）的下面，并按照优先程度的高低从上到下依次排列，具体如表 7-25 所示。

（2）确定基本的个体稳定状态

以 UI 为基础，可得到 3 种基本的个体稳定状态。

合理性稳定（Rational Stable）结局。对局中人 A 而言，考虑结局 q，如果不存在单方面改进，即无 UI，则称对于 A，q 是合理稳定的结局，记作 r。也就是在局中人 B 不改变策略时，对局中人 A 来说，结局 q 是最优的。

连续处罚性稳定（Sequentially Sanctioned Stable）结局。对局中人 A 而言，考虑结局 q，如果存在 UI 结局 q'，而结局 q' 对局中人 B，也存在 UI 结局 q''，但结局 q'' 对局中人 A 不比 q 更优，则称结局 q 的 UI 结局 q' 存在着一个连续性处罚。

如果局中人 A 的结局 q 的全部 UI 结局都存在连续性处罚，则称对于局中人 A，结局 q 为连续处罚性稳定结局，记作 S，即

$$\forall q \xrightarrow{A} q' \xrightarrow{B} q''\text{，而 } q'' \not> q(A)\text{，则 } q\text{——}S(A)$$

非稳定（Unstable）结局。对局中人 A 而言，考虑结局 q，如果存在 UI，但又不是 S，则称对于 A，q 是非稳定结局，记作 u，此时有以下两种情况：

①$q \xrightarrow{A} q' \xrightarrow{B} r$。

②$q \xrightarrow{A} q' \xrightarrow{B} q''$，且 $\forall q'' > q(A)$。

3 种基本的个体稳定状态分析及其结果见表 7-25。需要注意的是，表中美国的结局“5”和“7”不是 S。

表 7-25　古巴导弹危机的稳定性分析

全局平稳		E	E										
美国	个体稳定优先序（UI）	r	s	u	u	r	u	u	u	r	u	u	u
		4	6	5	7	2	1	3	0	11	9	10	8
			4	4	4		2	2	2		11	11	11
				6	6			1	1			9	9
					5				3				10
苏联	个体稳定优先序（UI）	r	s	r	u	r	u	r	u	u	u	u	u
		0	4	6	2	5	1	7	3	11	9	10	8
			0		6		5		7	7	5	6	0
										3	1	2	4

（3）分析同时处罚性稳定

同时处罚性稳定（Simultaneously Sanctioned Stable）结局：对局中人 A 而言，考虑非稳定结局 q，如果另一局中人 B，对结局 q 也是非稳定的，那么结局 q 的 UI 结局 $\{a_i\}$（局中人 A）、$\{b_j\}$（局中人 B）以及 UI（合成）产生的结局 $\{p_k\}$ 中，存在一个 p_0，对局中人 A 而言不比 q 更优，则称对于局中人 A，结局 q 的 UI 结局 a_0 存在一个同时性处罚。若对局中人 A，结局 q 的全部 UI 结局（$\forall a_i$）都存在同时性处罚，则称对于局中人 A，结局 q 为同时处罚性稳定结局，记作 $\not{u}$。

同时处罚性稳定分析是在前面 3 种基本个体稳定性确定之后进行的。两个局中人（A 和 B）以及 UI 产生的结局 p 的计算公式为

$$p = (a + b) - q$$

设初始结局 q 到 a、b 的变化量分别为 e_A、e_B，即有

$$q + e_A = a \rightarrow e_A = a - q$$

$$q + e_B = b \rightarrow e_B = b - q \qquad (e_A、e_B \text{ 有可能为负值})$$

则因 $p = q + e_A + e_B$（同时变化，即变化量叠加），故 $p = q + (a - q) + (b - q) = (a + b) - q$。

据此，古巴导弹危机稳定性分析中的同时处罚性稳定计算的中间结果如表 7-26 所示。

表 7-26　同时处罚性稳定计算的中间结果

q	1	3	9	10	8
p	6	6,5	7,3	7,3,5,1	2,1,3,6,5,7

通过比较可以看出，$q = 1$、3、8、9、10 对美、苏双方皆不稳定，即均未构成同时处罚。

结局 p 的求解除采用计算法外，还可使用以下两种分析方法得到。

① 逻辑推断法。

$$q=1\begin{cases}\xrightarrow{\text{美国}} 2 \xrightarrow{\text{苏联}} 6 \\ \xrightarrow{\text{苏联}} 5 \xrightarrow{\text{美国}} 4,6\end{cases} p=6$$

其中,"⟶" 为 UI,即单方面改进(善)。

$$q=9\begin{cases}\xrightarrow{\text{美国}} 11 \overset{\text{苏联}}{\dashrightarrow} 7,3 \\ \xrightarrow{\text{苏联}} \begin{cases} 5 \overset{\text{美国}}{\dashrightarrow} 4,6,7 \\ 1 \overset{\text{美国}}{\dashrightarrow} 2,3,0 \end{cases}\end{cases} p=7,3$$

其中,"⇢" 为 UC,即单方面变化。

② 结局组合法。

$$\begin{matrix} \text{美国} & \text{“1”}: \begin{pmatrix}1\\0\\0\\0\end{pmatrix} & \longrightarrow & \text{“2”}: \begin{pmatrix}\boxed{0}\\\boxed{1}\\0\\0\end{pmatrix} \\ \text{苏联} & \text{“1”}: \begin{pmatrix}1\\0\\0\\0\end{pmatrix} & \longrightarrow & \text{“5”}: \begin{pmatrix}1\\0\\\boxed{1}\\\boxed{0}\end{pmatrix} \end{matrix} \Bigg\} \text{“6”}: \begin{pmatrix}0\\1\\1\\0\end{pmatrix}$$

虚线所框为原结局(1,0,0,0)中改变的部分。

(4) 确定全局平稳结局

如果结局q对每个局中人都属于(r,s,μ),则称结局q为全局平稳(Equilibrium)结局,记作E,这是稳定性分析的结果。在古巴导弹危机中,$E=\{4,6\}$,如表7-25所示。

4) 结果分析

全局平稳结局有两个,即4和6,到底哪一个是真正的结果呢?需要做进一步分析。

1962年10月中旬,美国还没有采取什么行动,苏联既没有撤除导弹基地,也没有加剧局势的紧张,即结局处于"0"的情况。由表7-24得知,结局"0"对苏联是合理性稳定的,但对美国是非稳定的,即存在UI,且最希望改进到结局"2"。这样,结局"2"对美国是稳定的,但对苏联是非稳定的,可以UI到结局"6"。结局"6"对美国和苏联都是稳定的。所以古巴导弹危机的最终结果是"6",即美国设置封锁圈,苏联撤除导弹基地。

通过分析,可以得出整个事态发展的过程:美国设置一个封锁圈$(0\rightarrow2)$,苏联撤除导弹基地$(2\rightarrow6)$。这个变化的过程正是当年事态发展的过程。

当苏联撤除导弹基地后,美国又将封锁圈撤除,即$6\rightarrow4$。但在表7-25中,美国的$6\rightarrow4$,

存在一个来自苏联的连续性处罚，使美国不能 $6 \to 4$。这正是静态分析中瞬时性和现实世界中动态性、连续性之间矛盾的体现。

平稳结局"4"是否没有任何意义呢？回答是否定的。一方面，局中人的实际行动不一定和正规分析所证明的结果相一致。若局中人双方知己知彼，则会先下手为强，从而获得对自己更为有利的结果。比如，苏联若发现"4"比"6"更好，则会简单地撤除导弹基地而直接造成结局"4"的发生。另一方面，随着冲突事件的发展，当时的平稳结局可能会因局中人优先序的变化而变得不稳定，于是冲突局势会朝着另外的稳定结局发展。因此，所有的平稳结局迟早都有可能发生，这都是有意义的。

例 7-13 给定如下"古巴导弹危机"中局中人的优先序，请完成该冲突事态的稳定性分析（具体分析过程如表 7-27 所示）。

美国：	4	5	7	2	1	3	0	11	9	10	8
苏联：	0	4	6	9	1	11	3	7	5	10	8

表 7-27 稳定性分析过程

局中人	E	E					E		E			
美国	r	s	$\not{u}$	$\not{u}$	r	u	$\not{u}$	u	r	u	u	u
	4	6	5	7	2	1	3	0	11	9	10	8
		4	4	4		2	2	2		11	11	11
			6	6			1	1			9	9
				5				3				10
苏联	r	s	r	u	r	s	r	$\not{u}$	u	u	u	u
	0	4	6	2	9	1	11	3	7	5	10	8
		0		6		9		11	11	9	6	0
									3	1	2	4

7.6.5 冲突分析的一般方法

1）冲突分析建模程序

① 确定时间点、局中人和行动。

② 用二进制数组将全部结局"表出"，得到冲突分析的基本结局，其全体为基本结局集合，记为 T，必要时用十进制数表示结局。

③ 删除各种不可行结局，得到可行结局，其全体为可行结局集合，记为 $S \subseteq T$。

④ 在可行结局中，按照对结局偏好程度的高低，从左至右排出各局中人的优先序。

⑤ 建立可供稳定性分析用的表格模型。

2）不可行结局的类型及其删除方法

有时对基本结局集 T 中的某些结局，从逻辑推理和偏好选择等方面来看是不可能出现或采用的，这样的结局称为不可行结局，其类型如表 7-28 所示。

表 7-28　不可行结局的类型

类型	在逻辑推理上不可能形成	在策略的优先选择上不可能出现	在合作可能上不可行	在递阶要求上不可行
局中人自身	1	2		
局中人相互之间	3	4	5	6

各类不可行结局需要从基本结局集合中予以删除。删除不可行结局的方法有 3 种：

① 罗列法。按次序排列出所有结局，从中删除不可行结局（一般为整块删除），将可行结局罗列出来。这种方法只适用于基本结局数较少的情况，如古巴导弹危机。

② 结局集相减法。例如，考察一个共有 7 个行动的冲突问题，所有在数学上的可能结局（基本结局）可用(-------) 表示。若要删除的结局为(1 ------)，则余下的可行结局集为(0 ------)。同样，从(-------) 中删除(10 -----) 可得(00 -----)、(01 -----) 和(11 -----)。由于(00 -----) 和(01 -----) 可合成为(0 ------)，故结果可用(0 -----) 和(11 -----) 或用(-1 -----) 和(00 -----) 表示。

从所有结局中删除一组不可行结局只需逐组删除（连减）。

例 7-14　将古巴导弹危机中不可行的结局删除，有

$$
\begin{array}{ll}
\quad(----) & (2^4=16) \\
-)(--11) & (2^2=4) \\
\hline
(--00)(--01)(--10) & \\
=(--0-)(--10) & (2^3+2^2=12)
\end{array}
$$

例 7-15　从(-------)(*) 中剔除(1 0 -----)(a)、(1 --- 1 --)(b)、(--- 0 0 --)(c)、(0 ----- 0)(d)，有

$$(*)-(a)=(0\,0\,-----)(0\,1\,-----)(1\,1\,-----)$$
$$=(0\,------)(1\,1\,-----)$$
$$(*)-(a)-(b)=(0\,------)(11\,--\,0\,--)$$
$$(*)-(a)-(b)-(c)=(0\,--\,0\,1\,--)(0\,--\,1\,0\,--)$$
$$(0\,--\,1\,1\,--)(1\,1\,-\,1\,0\,--)$$
$$=(0\,--\,0\,1\,--)(0\,--\,1\,---)(1\,1\,-\,1\,0\,--)$$
$$(*)-(a)-(b)-(c)-(d)=(0\,--\,0\,1\,-\,1)(0\,--\,1\,--\,1)(1\,1\,-\,1\,0\,--)$$
$$(2^3+2^4+2^3=32)$$

③ 可行结局集合并法。列出每个局中人自身的可行结局，通过策略集合的直积（笛卡儿集）将其合并，即得删除第一、第三类不可行结局后的可行结局，即

$$S = S_1 \times S_2 \times \cdots \times S_i \times \cdots \times S_n$$

式中，S 为可行结局集；S_1 为第 i 个局中人的可行策略集。

例 7-16 在古巴导弹危机中，A 代表美国，B 代表苏联，有

$S_A = \{(00),(01),(10),(11)\}$

$S_B = \{(00),(01),(10)\}$

$S = S_A \times S_B = \underbrace{\{(0000),(0001),(0010),(0100),\cdots\}}_{12个}$

3) n 人冲突中第 i 个局中人稳定性分析的程序

稳定性分析的一般程序如图 7-11 所示。

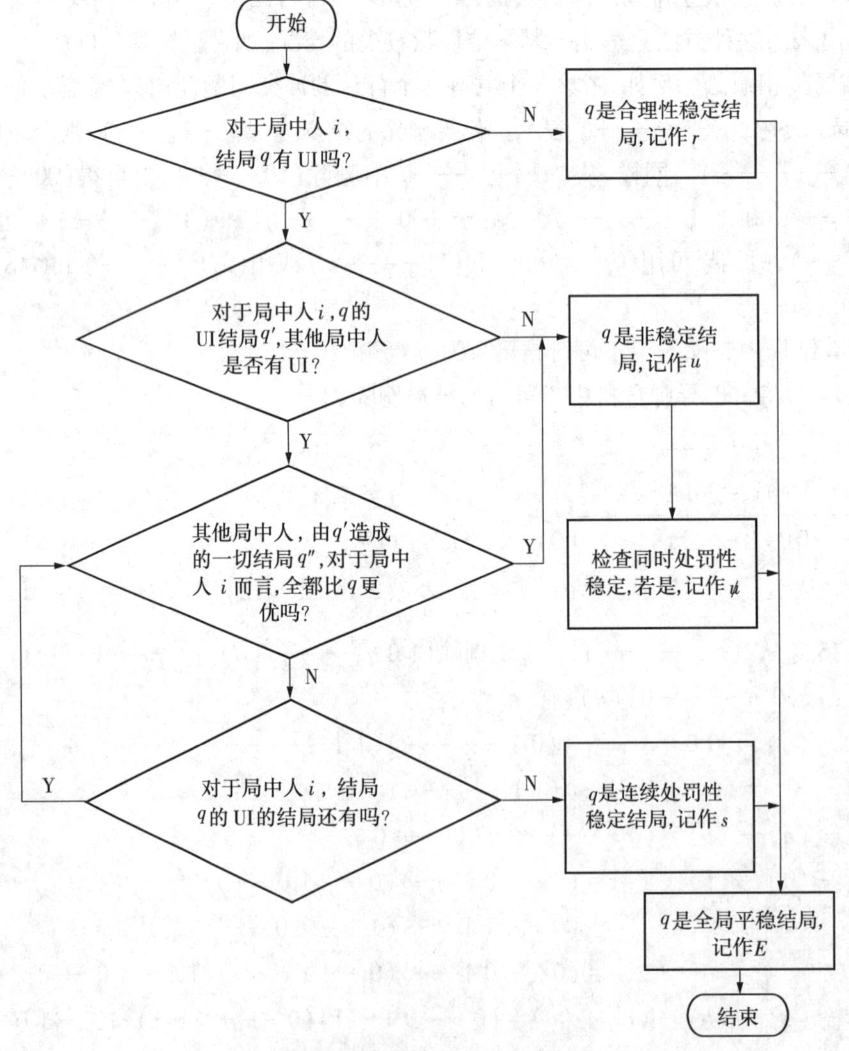

图 7-11　稳定性分析的一般程序

7.7 行为决策

因为期望效用理论对人类的行为预测不一致，所以人们将研究目光转向其他决策模型。针对该问题，1972年，美国的西蒙首次提出了“有限理性”的概念，他认为人们在决策过程中会因为信息不完全、认知能力有限、计算能力有限等因素，做出不完全理性的决策。因此，大量学者通过行为实验的方式提出了用以解释理论模型与行为数据不一致的行为模型，并开始建立起基于人们实际决策行为的描述性决策模型，例如，损失厌恶、框架效应、心理账户、时间偏好不一致等行为模型。

行为决策理论研究在这个阶段的主要研究方法涵盖了观察法、调查法（主要是问卷调查法、访谈调查法）和实验法（心理学实验和经济学实验）等，而且随着实验经济学的逐渐成熟，行为决策研究的方法有逐渐向经济学实验方法靠拢的趋势。多种实证研究方法的应用，尤其是经济学实验方法的逐渐成熟和应用，使人们对实际决策行为的规律得到了一个比较全面的认识，为行为决策理论后来的蓬勃发展，尤其是在经济、金融、管理等领域的广泛应用奠定了扎实基础。

例7-17 对以下问题进行选择。

问题一：

A：2 500，概率33%；2 400，概率66%；0，概率0 B：2 400

有18%的人选A，82%的人选B。

问题二：

A：2 500，概率33%；0，概率67% B：2 400，概率34%；0，概率66%

有83%的人选A，17%的人选B。

问题二是在问题一基础上（2 400，概率66%）变化而来。

显然，按照预期效用理论，如果B > A，则问题二是问题一的变化形式，不应该出现偏好逆转，即$u(2\,400) > 0.33u(2\,500) + 0.66u(2\,400)$。但实验结果违背了这种推测。

问题三：

A：4 000，概率80% B：3 000，概率100%

有20%的人选A，80%的人选B。

问题四：

A：4 000，概率20% B：3 000，概率25%

有65%的人选A，35%的人选B。

问题五：

A：-4 000，概率80% B：-3 000，概率10%

有92%的人选A，8%的人选B。

问题六：

A：- 4 000，概率 20%　B：- 3 000，概率 25%

有 42% 的人选 A，58% 的人选 B。

这些实验给出了两方面的决策心理：一是当获取收益的可能性较大时，决策者更偏好确定收入，而当获取收益的可能性较小时，决策者又喜欢冒险，这是明显的偏好逆转；二是决策者对损失和收益的风险态度不同，在收益区域为风险厌恶，在损失区域则变为风险爱好。这和预期效用理论要求偏好的内在一致性不同。

可见，按照前景理论，新古典经济学的偏好的传递性公理实际上依赖选择程序，这种选择理论有两个致命弱点：一是它假定程序不变，即不同期望的偏好独立于判断和评价偏好的方法和程序；二是假定描述不变，即不同期望的偏好纯粹是相应期望后果的概率分布的函数，不依赖对其给定分布的描述。如上所述，如果这两个假定被放松，新古典选择理论所依赖的偏好次序就很难保证。

实验研究普遍表明，如果选择程序变化，就可能出现偏好逆转，并且当事人决策时普遍存在框架效应（Framing Effect），与描述不变假定矛盾。例如，卡尼曼等人曾经做过一个著名实验，研究人员告诉一个实验群体，让他们设想美国准备帮助亚洲应对一种不寻常的疾病，该病可能导致 600 人死亡。有两种备选方案，实验群体被分成两组，每组进行相应的选择。假设对方案实施结果的准确科学估算有两种。

① 实验群体 1 选择：若方案 A 被采纳，能拯救 200 人；若方案 B 被采纳，有三分之一的可能性拯救 600 人；有三分之二的可能性一个也救不了。

② 实验群体 2 选择：若方案 C 被采纳，400 人将死亡；若方案 D 被采纳，有三分之一的可能性把人全部救活；有三分之二的可能性 600 人全部死亡。

对两个实验群体来说，方案 A 和 C 等价，方案 B 和 D 等价。如果新古典经济学关于偏好完备的公理是正确的，那么两组人的选择结果应该类似。但实验结果表明，在群体 1 中，72% 的人更偏好方案 A；而在实验群体 2 中，68% 的人更偏好方案 D。并且无证据表明两个群体的人有明显影响其选择的差异特征，那么只剩下一种解释，那就是对选择的描述的不同确实影响了人们的选择，这就是框架效应，即人们选择依赖所给的方案的描述本身。

通过一系列的心理学实验，卡尼曼等人在对实验结果科学处理的基础上，提出了自己的选择理论框架，试图以此取代新古典的预期效用理论，为了和预期效用函数相区别，卡尼曼等人把其创立的效用函数称为“价值函数”（Value Function），如图 7-12 所示。在卡尼曼等人看来，任何选择和决策的做出都依赖一定的程序，现实的当事人常常采用的决策程序就是所谓“启发式”（Heuristics）的程序，这种程序不需要当事人完全理性，也不需要当事人完全计算后再决策（像理性预期那样）。启发式决策仅仅需要当事人按照经验规则进行决策，并存在一个决策的学习过程，比如典型的“拇指规则”就被经常应用。在启发式决策下，当事人的决策后果不仅依赖其计算能力和经验，而且依赖决策情景描述和个人的心理状态。在这些约束下，当事人虽然很难找到最优解，但能够获得一个学习过程。

价值函数和预期效用理论中的效用函数不同，一是价值函数对不同前景后果是进行价值评估,而不是效用评价;二是价值函数加权的是概率估值,而不是概率本身。

价值函数是定义在相对于某个参考点的损益,而不是最终财富或福利。参考点可以是当前的财富水平,但也受到决策者预期等因素的影响。

价值函数为 S 型函数,即收益区是凹的($v''(x) < 0, x > 0$),损失区是凸的($V''(x) > 0$, $x < 0$)。这说明,投资者每增加一单位收益,其增加的效用低于前一单位所带来的效用(边际效用递减);每增加一单位损失,其失去的效用也低于前一单位所带来的效用。在图中表现为收益曲线为凹状;损失曲线为凸状,这是因为随着损益水平的上升,当事人的心理感觉递减,比如,当事人对 10 元和 20 元差别的评价明显高于对 110 元和 120 元差别的评价。

价值函数中损失区的斜率高于收益区,即损失区价值曲线比收益区陡,体现为投资者对边际损失更敏感,这就是"损失规避"(Loss Aversion)。此时,损失给当事人带来的心理变化比收益要大,比如在 100 元收益和 100 元损失之间,人们更在乎后者。

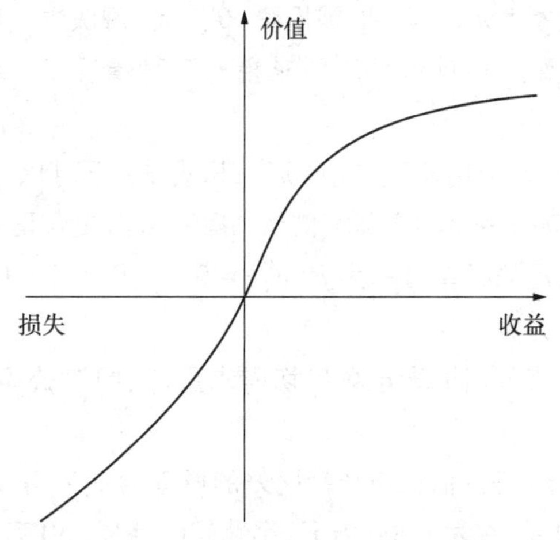

图 7-12　前景理论假定的价值函数

考虑一个赌局$(p,x;q,y)$,其中 $p+q<1$,且 $x,y \in R$,行为经济学认为当事人追求价值最大化,即 $U(p,x;q,y)=\pi(p)v(x)+\pi(q)v(y)$。当事人的风险态度导致了概率权重函数的非线性,以及当事人价值函数的非线性也导致了其决策时面临多种可能组合,如表 7-29 所示。

表 7-29　前景理论的风险态度和行为特征

	小概率	中等概率和大概率
收益	风险爱好	风险回避
损失	风险回避	风险爱好

思考题

1. 试阐述决策分析问题的类型及其相应的构成条件。

2. 管理决策分析的基本过程是怎样的?

3. 如何识别决策者的效用函数?效用函数在决策分析中有什么作用?

4. 试分析完全不确定型决策中,采取不同原则时的心理倾向。

5. 多属性决策和多目标决策有什么不同?

6. 谈谈你对有限理性的实用性和局限性的理解。

7. 为下列博弈举出生活中的实例,并给出其矩阵表达式,进一步分析纳什均衡:① 智猪博弈;② 情侣博弈;③ 斗鸡博弈;④ 囚徒困境;⑤ 零和博弈。

8. 冲突分析方法的适用条件如何?有哪些功能?

9. 请结合我国的实际情况,在冲突分析中应如何考虑上级决策者或协调方的地位和作用?

10. 某钟表公司拟生产一种低价手表,预计每块售价 10 元,有 3 种设计方案:方案 Ⅰ 需投资10 万元,每块生产成本5 元;方案 Ⅱ 需投资16 万元,每块生产成本4 元;方案 Ⅲ 需投资25 万元,每块生产成本 3 元。估计该手表需求量有三种情况:E_1 = 30 000 块、E_2 = 120 000 块、E_3 = 20 000 块。

(1) 建立损益值矩阵,分别用悲观法(原则)、乐观法(原则)、等概率法(原则)、最大最小后悔值法(原则)决定应采用哪种方案?你认为哪种方案更合理?

(2) 若已知市场需求量的概率分别为 $P(E_1)$ = 0. 15、$P(E_2)$ = 0. 75、$P(E_3)$ = 0. 10,试用期望值法决定应采取哪种方案。

(3) 如有部门愿意为该公司调查市场确切需求量,试问该公司最多愿意花费多少调查费用?

11. 某厂面临如下市场形势:估计市场销路好的概率为 0. 7,销路差的概率为 0. 3。若进行全面设备更新,销路好时收益为 1 200 万元,销路差时亏损 150 万元。若不进行设备更新,则无论销路好坏均可稳获收益 100 万元。为了避免决策的盲目性,可以先进行部分设备更新试验,预测新的市场信息。根据市场研究可知,试验结果销路好的概率是 0. 8,销路差的概率是 0. 2;又试验结果销路好实际销路也好的概率是 0. 85,试验结果销路差实际销路好的概率为 0. 15。请建立决策树进行分析。

12. 某公司拟研发一种新产品,有3 种备选方案,分别为方案 A、B、C。预计生产的产品将来可能遇到 3 种市场状态,即高需求、中需求和低需求,但是每种情况出现的概率无法得到。经测算,各方案的收益如表 7-30 所示。请用绝对鲁棒准则和最大最小后悔值准则进行决策。

表 7-30　决策收益表

方案 \ 市场状态	高需求	中需求	低需求
A	100	60	90
B	50	80	120
C	80	60	130

13. A、B 两企业利用广告进行竞争。若 A、B 两企业都做广告,在未来销售中,A 企业可获得20万元利润,B 企业可获得8万元利润;若 A 企业做广告而 B 企业不做,A 企业可获得25万元利润,B 企业可获得2万元利润;若 A 企业不做广告而 B 企业做广告,A 企业可获得10万元利润,B 企业可获得12万元利润;若 A、B 两企业都不做广告,A 企业可获得30万元利润,B 企业可获得6万元利润。

(1) 请画出 A、B 两企业的损益矩阵。

(2) 求出纯策略纳什均衡。

14. 请根据两人博弈的损益矩阵(如表7-31所示)回答问题。

表7-31　损益矩阵

甲 \ 乙	左	右
上	2,3	0,0
下	0,0	4,2

(1) 请写出两人各自的全部策略。

(2) 请找出该博弈的全部纯策略纳什均衡。

(3) 求出该博弈的混合策略纳什均衡。

第8章 系统工程应用实例

8.1 实例一 基于系统动力学的贵州省装备制造业质量评价研究

8.1.1 概 述

对制造业来说，产品质量是企业的命脉所在，《中国制造2025》发展战略中提出的“质量优先”和“质量强国”理念明确了制造业要提高质量竞争力、实现高质量发展的新要求。装备制造业是贵州省的重要支柱产业，但是随着东部沿海城市的发展，以及地形、政策等因素的影响，贵州省装备制造业的竞争力在全国范围内处于较低水平，在贵州省“工业强省”战略和经济结构高质量转型的双重要求下，提升本省装备制造业的质量竞争力迫在眉睫。

科学、合理的评价是提升质量竞争力的基础，考虑到质量竞争力的提升是一个长期、滚动的动态过程，以及质量竞争力具有系统性、复杂性和动态性的特点，本案例将利用系统动力学处理问题的思路及方法完成对提升质量竞争力的评价工作。

8.1.2 系统建模

1）评价指标构建

影响装备制造业的质量竞争力的因素较多，各个因素之间存在着复杂的、特定的关系。本文的研究在以往对质量竞争力的评价研究基础上，采用了实地调研法、专家访问法等分析方法来提炼出影响贵州省装备制造业提升质量竞争力的关键因素，并借鉴已有的研究成果，对质量竞争力的影响因素加以补充和修正，提出了质量竞争力影响因素系统，该系统主要分为生产水平、创新能力、管理能力、可持续发展4个子系统，如图8-1所示。

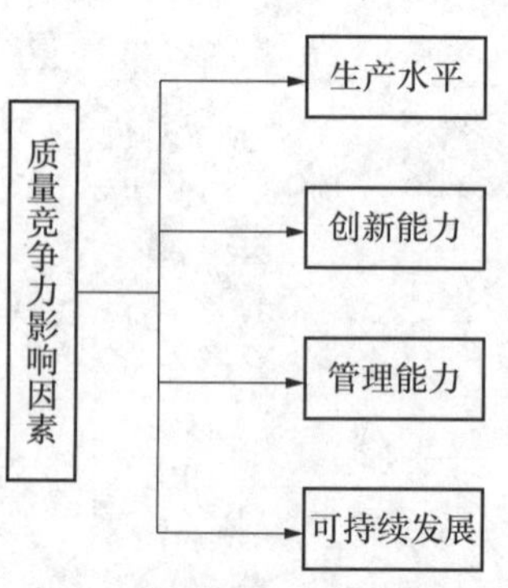

图8-1 质量竞争力影响因素

从上图中可以看出影响质量竞争力的因素,各个因素不仅对质量竞争力产生影响,相互之间还存在复杂的影响机制,符合系统的特性。通过分析各个因素之间的影响机制,得出如图 8-2 所示的影响因素关联图。

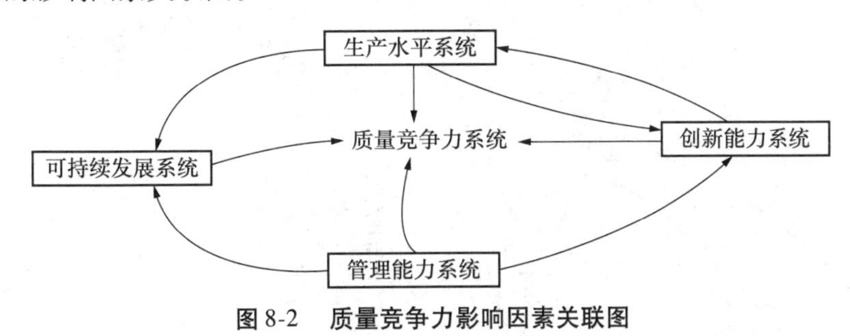

图 8-2　质量竞争力影响因素关联图

2)评价指标体系的确定

通过对质量竞争力的影响因素的进一步分析,得出质量竞争力的评价指标体系(如表 8-1 所示)及评价系统各个指标之间的影响关系图(如图 8-3 所示)。

表 8-1　评价指标体系

一级指标	二级指标	三级指标
质量竞争力	生产水平	员工技能
		设备运作
		生产环境
		过程控制
		物料供应
		及时交货
	创新能力	创新利润
		产学研合作
		设备水平
		政府参与
		创新投入
	管理能力	管理机制
		人力资源
		教育培训
		信息系统
		质量文化
	可持续发展	资源消耗
		环境影响
		考核评价
		企业环保意识
		相关产业支持
		物流运输

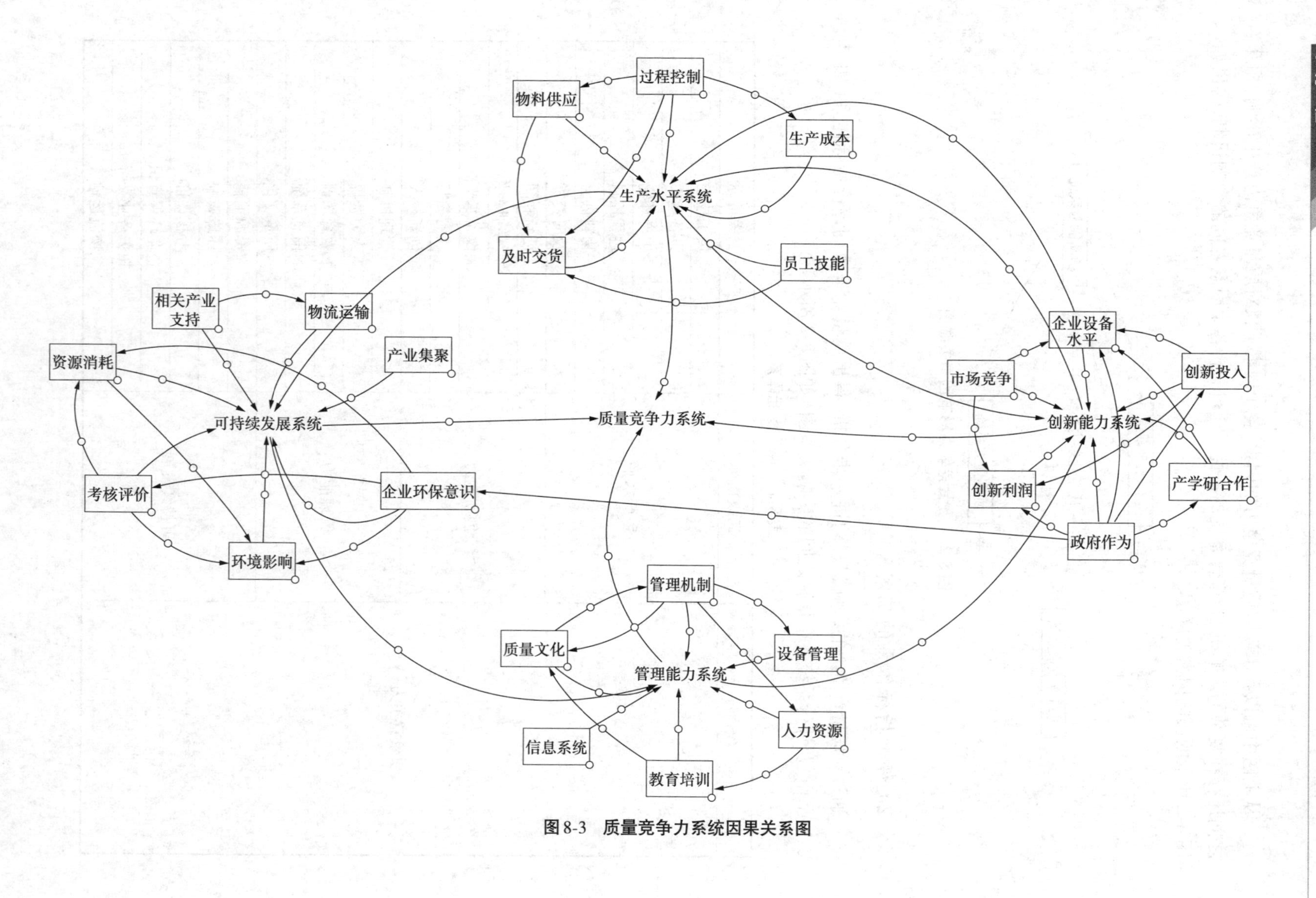

图 8-3　质量竞争力系统因果关系图

3）系统动力学模型建立

建立因果关系图。因果关系图是系统动力学的核心部分，合理地分析因果关系，找出其中的逻辑联系是后续定量分析的基础。

质量竞争力的研究要基于一定的研究视角，通过前文的分析可以知道质量竞争力系统包括生产水平系统、创新能力系统、管理能力系统以及可持续发展系统，结合质量竞争力理论及生产实际，本章将从企业的角度，结合投入产出理论来构建质量竞争力系统的因果关系图，具体如图 8-4 所示。

图中存在以下几条重要的因果回路：

① 质量竞争力提升总投入 ↑ → 员工技能 ↑ → 生产水平 ↑ → 质量竞争力提升程度 ↑ → 质量竞争力提升总投入 ↓；

② 质量竞争力提升总投入 ↑ → 设备运作 ↑ → 生产水平 ↑ → 质量竞争力提升程度 ↑ → 质量竞争力提升总投入 ↓；

③ 质量竞争力提升总投入 ↑ → 生产环境 ↑ → 生产水平 ↑ → 质量竞争力提升程度 ↑ → 质量竞争力提升总投入 ↓；

④ 质量竞争力提升总投入 ↑ → 及时交货 ↑ → 生产水平 ↑ → 质量竞争力提升程度 ↑ → 质量竞争力提升总投入 ↓；

⑤ 质量竞争力提升总投入 ↑ → 过程控制 ↑ → 生产水平 ↑ → 质量竞争力提升程度 ↑ → 质量竞争力提升总投入 ↓；

⑥ 质量竞争力提升总投入 ↑ → 物料供应 ↑ → 生产水平 ↑ → 质量竞争力提升程度 ↑ → 质量竞争力提升总投入 ↓；

⑦ 质量竞争力提升总投入 ↑ → 创新投入 ↑ → 创新能力 ↑ → 质量竞争力提升程度 ↑ → 质量竞争力提升总投入 ↓；

⑧ 质量竞争力提升总投入 ↑ → 企业设备水平 ↑ → 创新能力 ↑ → 质量竞争力提升程度 ↑ → 质量竞争力提升总投入 ↓；

⑨ 质量竞争力提升总投入 ↑ → 产学研合作 ↑ → 创新能力 ↑ → 质量竞争力提升程度 ↑ → 质量竞争力提升总投入 ↓；

⑩ 质量竞争力提升总投入 ↑ → 创新利润 ↑ → 创新能力 ↑ → 质量竞争力提升程度 ↑ → 质量竞争力提升总投入 ↓；

⑪ 质量竞争力提升总投入 ↑ → 人力资源 ↑ → 管理能力 ↑ → 质量竞争力提升程度 ↑ → 质量竞争力提升总投入 ↓；

⑫ 质量竞争力提升总投入 ↑ → 教育培训 ↑ → 管理能力 ↑ → 质量竞争力提升程度 ↑ → 质量竞争力提升总投入 ↓；

⑬ 质量竞争力提升总投入 ↑ → 信息系统 ↑ → 管理能力 ↑ → 质量竞争力提升程度 ↑ → 质量竞争力提升总投入 ↓；

⑭ 质量竞争力提升总投入 ↑ → 质量文化 ↑ → 管理能力 ↑ → 质量竞争力提升程度 ↑

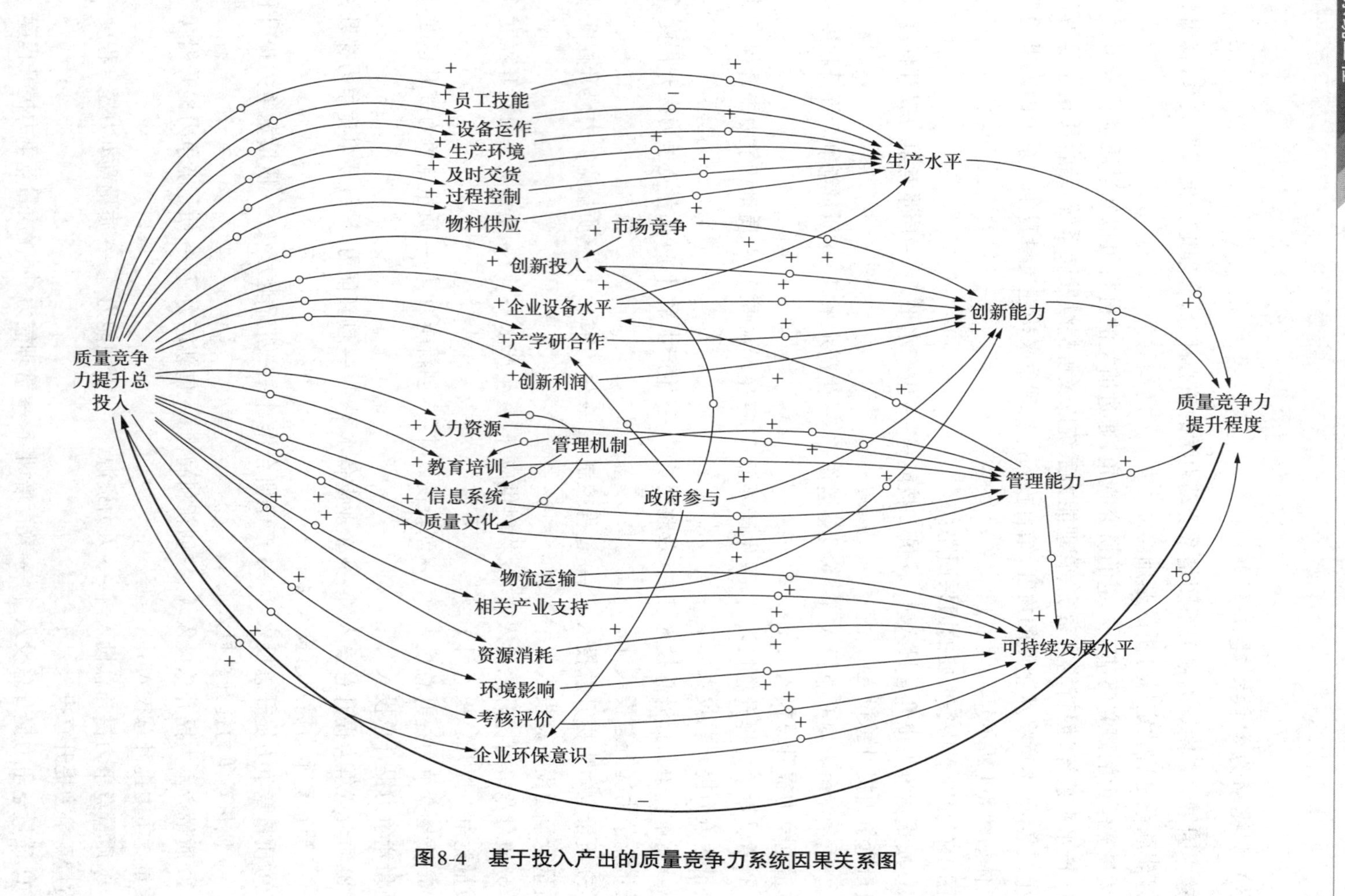

图 8-4 基于投入产出的质量竞争力系统因果关系图

→质量竞争力提升总投入↓;

⑮质量竞争力提升总投入↑→物流运输↑→可持续发展水平↑→质量竞争力提升程度↑→质量竞争力提升总投入↓;

⑯质量竞争力提升总投入↑→相关产业支持↑→可持续发展水平↑→质量竞争力提升程度↑→质量竞争力提升总投入↓;

⑰质量竞争力提升总投入↑→资源消耗↑→可持续发展水平↑→质量竞争力提升程度↑→质量竞争力提升总投入↓;

⑱质量竞争力提升总投入↑→环境影响↑→可持续发展水平↑→质量竞争力提升程度↑→质量竞争力提升总投入↓;

⑲质量竞争力提升总投入↑→考核评价↑→可持续发展水平↑→质量竞争力提升程度↑→质量竞争力提升总投入↓;

⑳质量竞争力提升总投入↑→企业环保意识↑→可持续发展水平↑→质量竞争力提升程度↑→质量竞争力提升总投入↓。

从上述回路中可以看出,随着对质量竞争力的投入加大,各项影响因素的影响水平也发生变化。影响因素之间的共同作用,使质量竞争力更加接近提升总目标,而当质量竞争力达到提升总目标时,应该适当地减少投入。

4）系统流图

结合投入产出理论,从企业的角度出发,以质量竞争力的提升程度作为产出结果,构建如图 8-5 所示的质量竞争力系统投入产出总流图。

8.1.3　系统仿真

1）指标权重确定

对贵州省较具代表性的装备制造业进行实地调研并收集数据,结合专家意见和数据收集情况,利用熵权法确定质量竞争力系统影响因素的权重,得到 C1 = 0.32、C2 = 0.25、C3 = 0.17、C4 = 0.26(C1 为生产水平的权重,C2 为创新能力的权重,C3 为管理能力的权重,C4 为可持续发展能力的权重)(过程略)。

2）仿真及结果分析

本案例在 Vensim PLE 软件平台的基础上进行了模拟仿真,根据前序分析,定义了相关参数并构建方程,结合贵州省的实际情况,设定仿真的时间为 20 年,步长为 1 年,目标值为 100。

(1) 系统模拟仿真

在各个影响因素的投入转换率为 0.01 的情况下,对图 8-5 中的模型进行仿真模拟,得出质量竞争力水平的变化趋势(如图 8-6 所示)及各影响因素水平的发展趋势(如图 8-7 所示)。

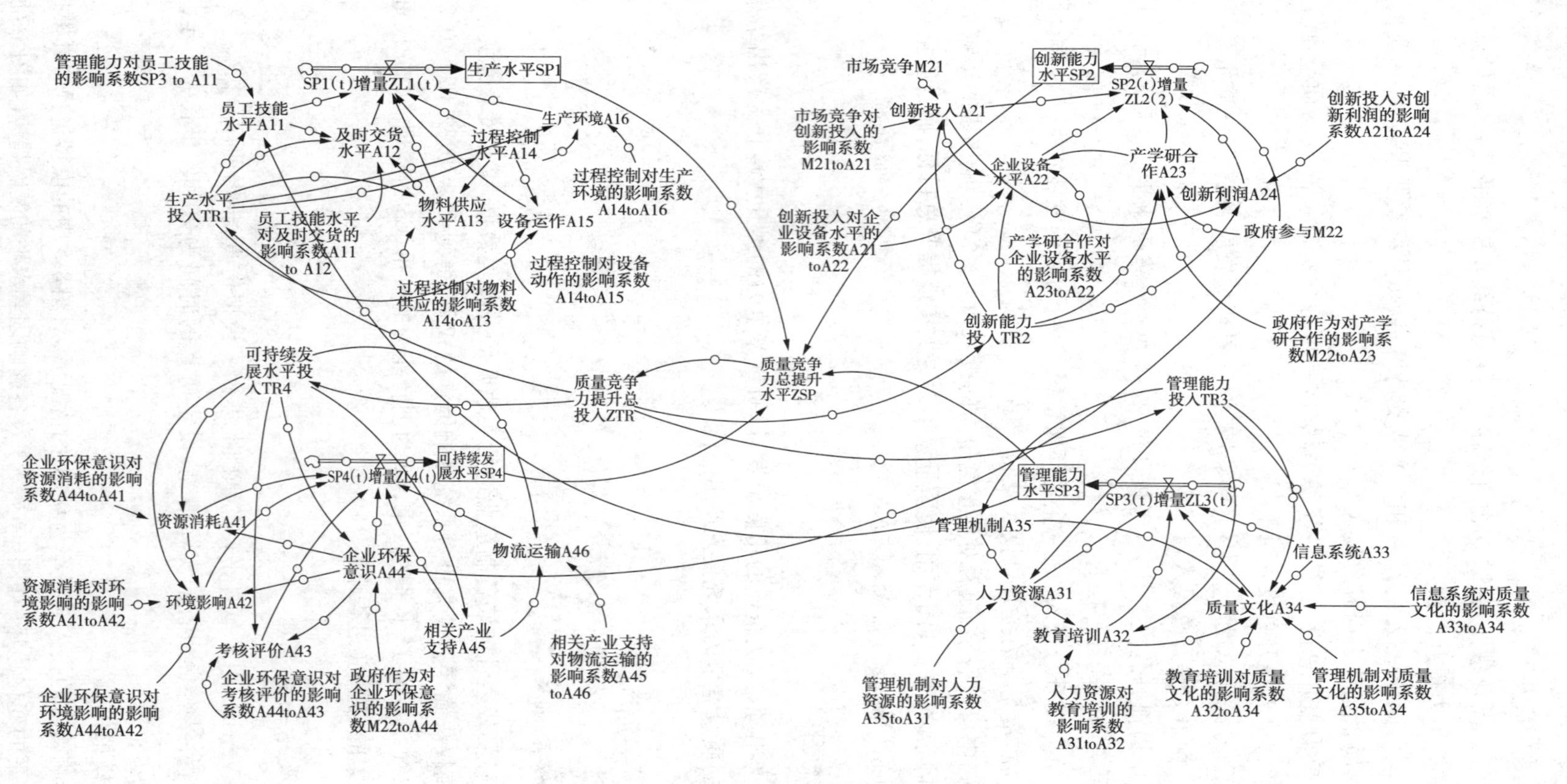

图 8-5 质量竞争力系统投入产出总流图

在设定的初始条件下,质量竞争力在第 29 年左右达到目标值。可见,提升质量竞争力水平需要长期运作。同时,也可以观测到系统中各影响因素水平的发展趋势。

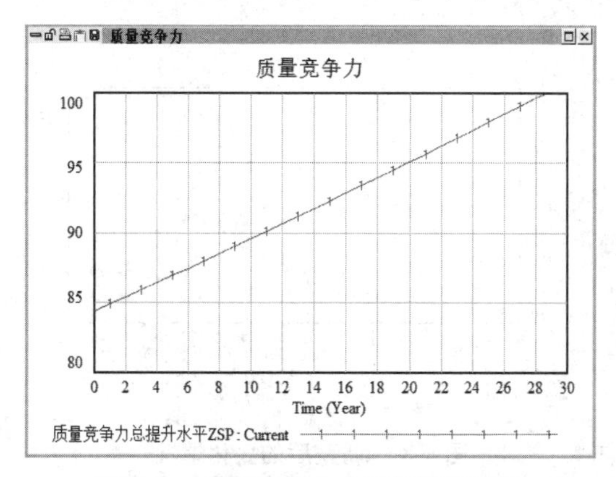

图 8-6　质量竞争力水平的变化趋势

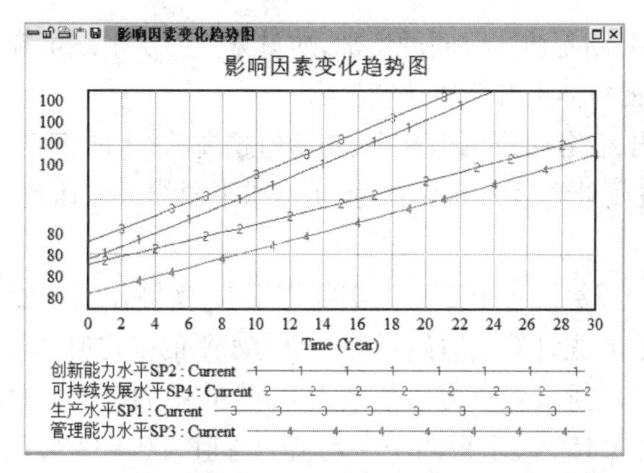

图 8-7　各影响因素水平的发展趋势

为研究不同投入转换率下的仿真运行,现以生产水平系统为例,通过提高生产水平的投入,调整不同的投入比,查看仿真生产水平子系统的提升效果运行情况。例如,依次将生产水平子系统的员工技能、及时交货、物料供应、设备运作、过程控制以及生产环境增加至 0.05,调整后的方案如表 8-2 所示。

表 8-2　不同投入转换率的调整方案

顺序	方案	调整内容
0	Current1	各因子转换率不变
1	Current2	员工技能水平因子转换率增加至 0.05
2	Current3	及时交货水平因子转换率增加至 0.05
3	Current4	物料供应水平因子转换率增加至 0.05
4	Current5	设备运作水平因子转换率增加至 0.05
5	Current6	过程控制水平因子转换率增加至 0.05
6	Current7	生产环境水平因子转换率增加至 0.05

根据以上调整方案,再次对系统进行仿真,得到图 8-8。

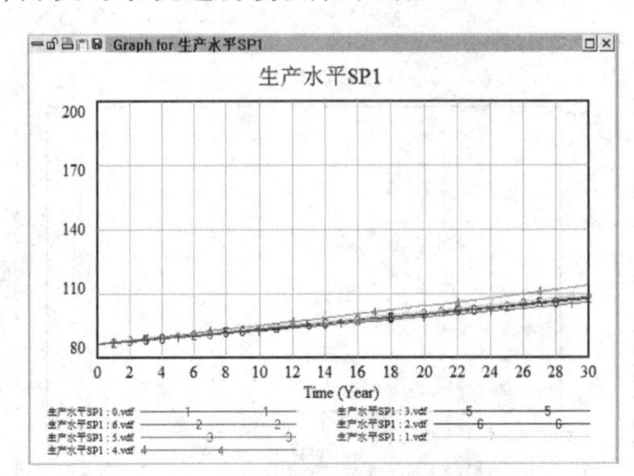

图 8-8　调整后的变化情况

(2) 仿真结果分析

从图 8-6 可以看出,随着仿真时间的增加,质量竞争力水平逐渐提升,在第 29 年左右达到 100,结果表明系统的整体提升需要持续投入。

从图 8-7 可以看出,在各个影响因素中,初始值越高的,增加相应的投入后,达到期望值所需的时间就越短,对质量竞争力系统来说,生产水平曲线最先达到最大值,对整个系统的影响作用最大。

通过以上结果还可以算出各个因素的实际作用率,实际作用率能够相对准确地描述出各个因素的影响水平。首先计算出原始质量竞争力水平的平均值,即计算 Current 的平均值为 96. 212,其次用每年的质量竞争力数值减去 Current 中的数值得每年的质量竞争力水平值,接下来取平均值得 3. 152 2,求得两个平均值的比值为 0. 032 7,该比值反映了员工技能水平的增加率增长最大时对生产水平系统的实际影响程度。同理可以计算出及时交货、物料供应、过程控制、设备运作以及生产环境对生产水平的实际作用率分别为 0. 013、0. 012 1、0. 003 3、0. 003 3、0. 002 1。结合熵权法确定的权重,可以得出各影响因素对质量竞争力的影响程度由大到小依次为:员工技能、生产环境、设备运作、物料供应、及时交货。

从以上结果可以看出,对贵州省装备制造业来说,生产水平是重要的影响因素,其对质量竞争力的提升起到关键的作用,其次是创新能力、可持续发展能力、管理能力。要想提升生产水平,首先应该关注对员工技能的培养,可以采取开展技能培训、组织技能大赛等方法。其次是改善生产环境,在实际调研中发现部分企业对生产现场的管理并不完善,在物料的摆放和现场的噪声控制等方面还做得不够好,企业应该引入先进的生产现场管理方法,比如 6 S 等,培养一线生产员工的 6 S 意识,监督员工对生产现场进行维护。除此之外,设备的运作效率、物料供应的及时程度以及及时交货的控制水平等都应是管理者需要考虑的因素。在投入方面,也应该根据各个因素的实际作用率进行投入,确保资源的合理分配和利用。

8.1.4 小　结

本案例结合了装备制造业的相关特点,从质量竞争力的非线性、动态性等特点出发,将熵权法与系统动力学相结合,仿真分析了贵州省装备制造业的质量竞争力情况,根据仿真结果,给出了相关意见和建议,方便管理者可以有针对性地对资源进行更合理的配置,从而提高质量竞争力水平。该案例也体现了运用系统工程方法解决实际问题的优越性。

8.2 实例二　飞机脉动式装配线站位平衡设计

8.2.1 概　述

飞机装配工艺是航空装备研制中重要且典型的装配工艺类型,在飞机研制中也扮演着技术难度大的重要角色。与传统装配对象不同,飞机装配复杂程度更高。飞机脉动式装配线需要进行复杂的设计、模拟、验证过程,其中设计的好坏决定了脉动线运行效率的高低,以及后续装配线持续运行的效果。设计过程包括工艺数据收集、工艺优化、工序聚合或分解,而这些活动均是以装配线平衡为目标,因此,脉动线装配线平衡也是脉动线设计和建造过程中最有挑战性的工作。为此,本案例以脉动式装配线平衡问题为研究对象,针对飞机脉动式装配线站位平衡问题,建立了脉动式装配线平衡问题的数学模型,并利用遗传算法实现模型的求解。实例证明,该模型及算法是合理有效的。

8.2.2 问题的描述与建模

1）问题描述

脉动式装配线平衡问题分为两个阶段:站位间的工序平衡和站位内的工序平衡。通过对装配线工作节拍的研究发现,站位内装配平衡问题是影响飞机装配效率的关键问题。因此,本案例主要研究站位内的装配线平衡问题。

站位内的工序平衡是基于工序或任务包的装配平衡,侧重于装配任务分配的均衡性,也是飞机脉动式装配线平衡的主要内容。站位内的装配平衡影响因素包括装配线节拍、站位班组数量和每日可用工时。装配线节拍是飞机在站位间移动一次的时间间隔,规定了一个站位内完成所有工序的最大工时;站位班组数量和每日可用工时共同决定了站位装配能力,决定了完成一个站位内所有工序的可用工时。因此,站位内的装配平衡就是在可用的装配能力范围内,合理安排工序的装配顺序和装配班组,使站位内的所有工序在装配线节拍时间内完成。为便于理解和解决脉动式装配线平衡问题,将站位内工序平衡的约束因素和传统装配线平衡的约束因素进行对比(如图 8-9 所示),脉动式装配线平衡约束因素中的装配线节拍、每日可用工时和班组数量分别对应传统装配线平衡约束因素中的设备数量、设备节拍和装配位置。

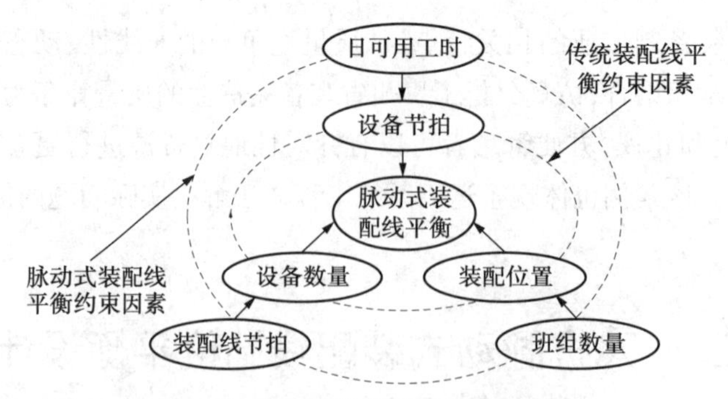

图 8-9　脉动式装配线平衡问题模型

在脉动式装配线平衡问题中，装配线节拍是装配线脉动式移动的必要条件，要求站位的装配线节拍是定值。此外，工厂的制度决定了每日可用工作时间，因此装配线节拍和日可用工时固定不变，装配线只能调节班组数量（装配位置）实现脉动式装配线的平衡。因此，也可以将站位内装配线平衡问题描述为在给定机器设备数量的约束下，合理安排装配位置和工序装配顺序，使机器设备满足设备节拍要求的问题。

2）模型假设

为便于问题的建模和求解，提出如下假设：

① 工艺约束明确。工艺约束包括站位内各工序的装配顺序、工序装配时间、装配班组约束等。

② 仅考虑各工序的装配时间，不考虑运输、等待、故障时间等。

③ 站位间装配线平衡，即站位内装配工序的总数量是定值。

3）符号说明

建立模型所需用到的相关参数定义如下：

ct—— 设备节拍（日可用工时）；

J—— 设备数量（装配线节拍）；

j—— 设备编号，$j = \{1,2,\cdots,J\}$；

K—— 装配位置数量（班组数量）；

k—— 装配位置序号（班组序号），$k \in K$；

I—— 任务集合，$I = \{1,2,3,\cdots,i_{\max}\}$；

i—— 任务序号，$i \in I$；

I_k——k 装配位置能够完成的任务集合；

t_i—— 任务 i 的装配工时；

$t_{i,s}$—— 任务 i 的装配开始时刻；

$P(i)$—— 任务 i 的紧临前序任务；
$Q(i)$—— 任务 i 的紧临后序任务；
$P(i)^*$—— 任务 i 的前序任务集合；
$Q(i)^*$—— 任务 i 的后序任务集合；
(j,k)——j 设备的 k 装配位置；
$st_{j,k}$——(j,k) 的总操作时间；
$sr_{j,k}$——(j,k) 的总空闲时间；
sr—— 站位内所有装配位置的空闲时间；
ssr—— 站位内所有装配位置的空闲时间的标准差；

$$x_{ijk}=\begin{cases}1, & \text{任务 } i \text{ 分配到}(j,k)\\0, & \text{其他}\end{cases};$$

$$y_{i,h}=\begin{cases}1, & \text{任务 } i \text{ 分配在任务 } h \text{ 前}\\0, & \text{其他}\end{cases}。$$

4）数学模型

$$\min K \tag{8-1}$$

$$\min ssr=\frac{1}{K-1}\sqrt{\sum_{k=1}^{K}(\sum_{j=1}^{J}sr_{j,k}-\frac{1}{K}\sum_{k=1}^{K}\sum_{j=1}^{J}sr_{j,k})^2} \tag{8-2}$$

$$\text{s. t.}\quad \sum_{j\in J}\sum_{k\in K}x_{ijk}=1,\forall i\in I \tag{8-3}$$

$$t_{i,s}-(t_{h,s}+t_h)+M\left(1-\sum_{k\in K}x_{ijk}\right)+M\left(1-\sum_{k\in K}x_{hjk}\right)\geqslant 0,\forall j\in J,h\in P(i)^* \tag{8-4}$$

如果

$$x_{ijk}=1$$

那么

$$x_{hmk}=0,h\in P(i)^*,(j,m)\in J,j<m,k\in K \tag{8-5}$$

$$t_{i,s}-(t_{h,s}+t_h)+My_{i,h}+M\left(1-\sum_{k\in K}x_{ijk}\right)+M\left(1-\sum_{k\in K}x_{hjk}\right)\geqslant 0 \tag{8-6}$$

$$\text{s. t.}\quad \forall j\in J,k\in K,i\in I,h\in\{r\mid r=I-P(i)^*-Q(i)^*\}$$

$$t_{h,s}-(t_{i,s}+t_i)+M(1-y_{i,h})+M\left(1-\sum_{k\in K}x_{ijk}\right)+M\left(1-\sum_{k\in K}x_{hjk}\right)\geqslant 0 \tag{8-7}$$

$$\text{s. t.}\quad \forall j\in J,k\in K,i\in I,h\in\{r\mid r=I-P(i)^*-Q(i)^*\}$$

$$\max(st_{j,k})\leqslant ct,j\in J,k\in K \tag{8-8}$$

$$st_{j,k}=\sum_{i\in I}x_{ijk}t_i \tag{8-9}$$

$$sr_{j,k}=ct-st_{j,k} \tag{8-10}$$

$$x_{ijk}=0,i\notin I_k \tag{8-11}$$

5）模型说明

模型说明如下：

① 式(8-1) 表示最少的装配位置,即最小化人力资源数量。

② 式(8-2) 表示最小化站位内所有装配位置的空闲时间的标准差,即最大化装配位置工作量均衡,只有满足式(8-1) 的目标后,才可寻求式(8-2) 的优化目标。

③ 式(8-3) 表示所有任务必须全部得到分配。

④ 式(8-4)、式(8-5)、式(8-6) 和式(8-7) 表示装配工序的顺序约束关系,式(8-4) 表示具有装配顺序约束关系的工序分配在同一设备应满足的条件,式(8-5) 表示具有装配顺序约束关系的工序分配在不同设备应满足的约束,式(8-6) 和式(8-7) 是冗余约束,只需满足一个约束即可,表示不具有先后约束关系的工序分配在同一工作站的先后约束关系。

⑤ 式(8-8) 表示节拍约束,即每个工作站的操作时间小于设备节拍。

⑥ 式(8-9) 表示各装配位置在各设备上的总操作时间。

⑦ 式(8-10) 表示各装配位置在各设备上的总空闲时间。

⑧ 式(8-11) 表示操作人员技能的约束。

8.2.3 遗传算法求解

应用遗传算法求解脉动式装配线平衡问题分为两层,外层以最小化班组数量为目标,内层以各班组任务均衡为目标。只有外层目标得到满足,才会考虑实现装配方案的内层目标。应用遗传算法求解脉动式装配线平衡的流程如图 8-10 所示。

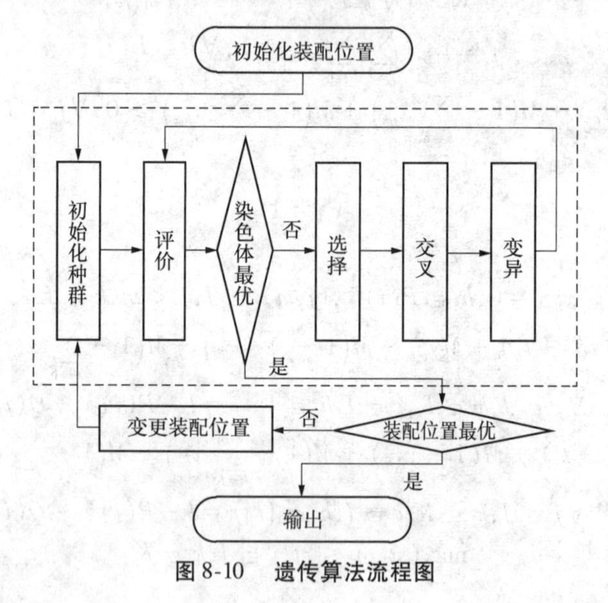

图 8-10 遗传算法流程图

1) 编码设计

采用基于序列的编码方式,令染色体的长度等于站位内所有工序的数量总和,染色体单基因由两部分组成,即 $g=\{g_a,g_b\}$,g_b 表示工序的编号($g_b\in I$),g_a 表示 g_b 的操作位置($g_a\in K$)。

2）初始化

传统的染色体初始化仅生成一组染色体，并没有考虑染色体的可行性，而不可行染色体的存在降低了遗传算法的运算效率。本节提出的初始化方法从工序装配顺序的约束关系出发，从而确保了染色体的可行性；其次通过对可选操作位置的选择，考虑了班组的技能约束；最后通过已分配任务的时间值，将各装配位置的任务量均衡分配，保证了各装配位置任务的均衡性。初始化的步骤如下：

① 从装配网络图中随机选取一个紧邻前序工序为空的工序节点作为待分配工序。

② 依据待分配工序的可选操作位置约束和各可选操作位置已分配任务的时间，随机选取已分配任务时间最小的操作位置作为待分配工序的操作位置。

③ 将染色体放入待分配工序和操作位置，待分配工序的装配时间累加到该操作位置。

④ 将待分配工序从网络图中删除，并判断网络图中是否存在未分配工序，如果有则转到① 继续分配，否则输出染色体。

以图 8-11 所示的装配网络图为例，假设现在有 3 个班组，每道工序均可由 3 个中的任意班组完成，班组序号分别为 1、2、3，且假设各工序装配时间相同。那么最终的两条染色体编码结果如图 8-12 所示。

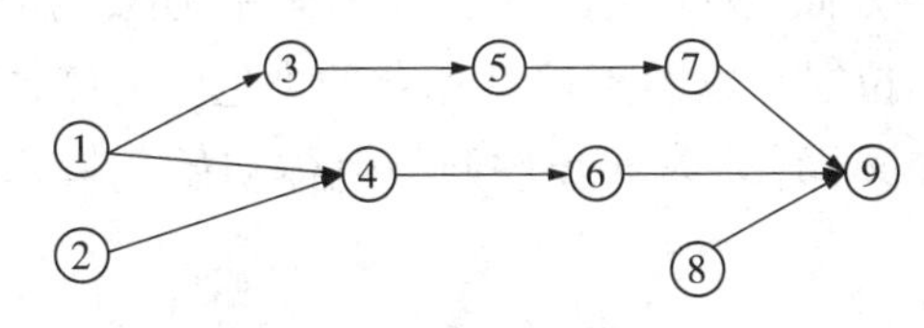

图 8-11　装配网络图

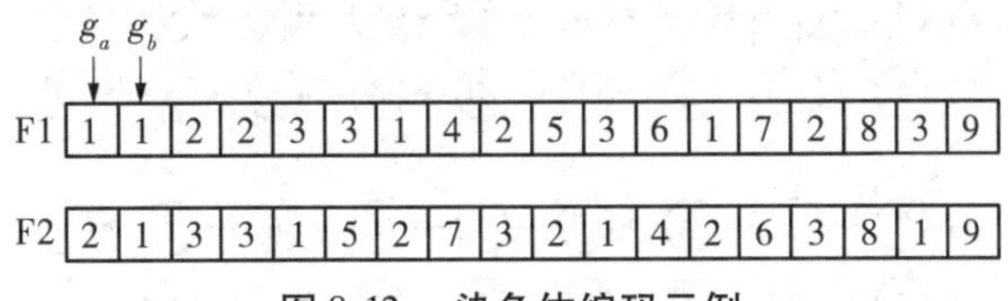

图 8-12　染色体编码示例

3）评价

在装配线平衡的问题中，一条染色体代表一个可行解，可行解的优劣程度由适应度值度量。飞机脉动式装配线的平衡问题既要注重各装配位置的效率，又要考虑各装配位置的任务均衡。设计一个适应度函数为

$$fitness = \alpha \times sr + (1 - \alpha) ssr$$

其中，sr 为可行解中各位置在各设备上的空闲时之和，代表装配位置的效率；ssr 为各班组空闲时间的标准差，代表各装配位置工作量的均衡性；α 为两者重要性的权重值。

4）选择

利用轮盘赌的方法进行染色体选择。在运算初期，由于种群中超级个体的存在，算法出

现早熟性收敛。在运算末期,各染色体的适应度值过于平均,适应度值差异较小,利用轮盘赌的方法很难选出最优个体。因此,采用补偿的方法弥补这两方面带来的影响:

$$a = \frac{1}{n}\sum_{i=1}^{n} fitness_i \times \frac{1 - c}{\max(fitness_i) - \frac{1}{n}\sum_{i=1}^{n} fitness_i}$$

$$b = \frac{1}{n}\sum_{i=1}^{n} fitness_i \times \frac{\max(fitness_i) - c \times \frac{1}{n}\sum_{i=1}^{n} fitness_i}{\max(fitness_i) - \frac{1}{n}\sum_{i=1}^{n} fitness_i}$$

$$new\_fitness = a \times fitness + b$$

上式中,n 表示群组中染色体的数量;$fitness_i$ 表示 i 染色体的原适应度值;$new\_fitness$ 表示 i 染色体处理后的适应度值;c 为补偿系数。

5)交叉

交叉是遗传算法的主要进化手段,这里选择双点交叉的方法进行分析。为确保交叉后染色体的可行性,一方面,仅交叉两点间相同的基因,从而保证交叉的基因与两点外基因装配顺序约束的可行性;另一方面,交叉相同的基因片段后,还要检查交叉片段的装配顺序关系,并根据网络图调整基因位置。以图 8-12 初始化的染色体为例,提取工序信息进行交叉操作,仅进行如下前四步的交叉操作,第五步按照染色体初始化操作。交叉操作的示例如图 8-13 所示。

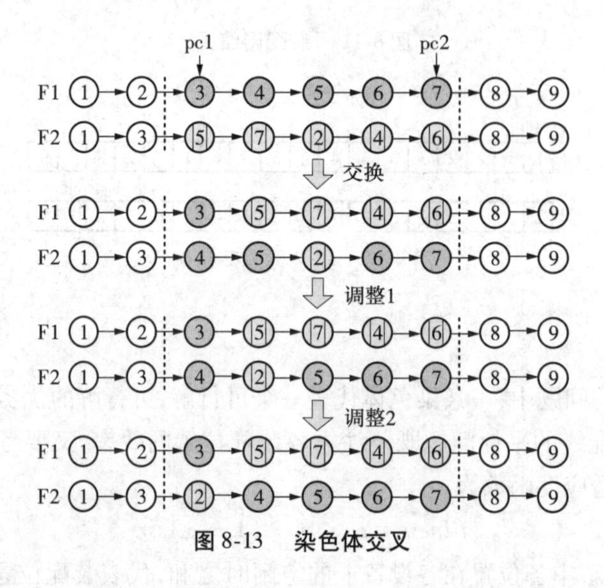

图 8-13 染色体交叉

具体步骤为:

① 随机选取染色体 F1 和 F2 作为交叉染色体。

② 在染色体长度范围内随机生成整数 pc1 和 pc2 作为交叉点的位置坐标。

③ 交换 F1 和 F2 染色体中 pc1 至 pc2 片段中相同的基因,相同基因仅指工序编号相同,

不包括装配位置信息。

④ 按照工序的装配顺序关系，重新排列 F1 和 F2 染色体中 pc1 至 pc2 的片段。

⑤ 依据工序的装配班组约束，调整各班组的装配内容，使各班组装配量均衡。

6）变异

变异算子作为遗传算法的重要进化手段，可以避免搜索过早陷入局部最优。变异步骤如下：

① 根据变异概率选取变异染色体。

② 在染色体长度范围内随机生成两个整数 pm1 和 pm2 作为变异点的位置坐标，pm1 是变异基因的位置，pm2 是变异后基因的位置。

③ 将 pm1 位置的基因向 pm2 方向移动一个位置。

④ 判断两个基因的先后顺序是否合理，如果合理转到 ⑤，不合理则将 pm1 位置的基因放在该位置，转到 ⑥。

⑤ 判断该基因位置与 pm2 的值，如果该基因位置不等于 pm2，那么转到 ③，否则将该基因放入 pm2 位置，转到 ⑥。

⑥ 依据工序的装配班组约束，调整各班组的装配内容，使各班组装配量均衡。

以图 8-12 初始化的染色体 F1 为例，提取工序信息进行变异操作，仅进行前五步的交叉操作，第六步按照染色体初始化操作。变异操作的示例如图 8-14 所示。

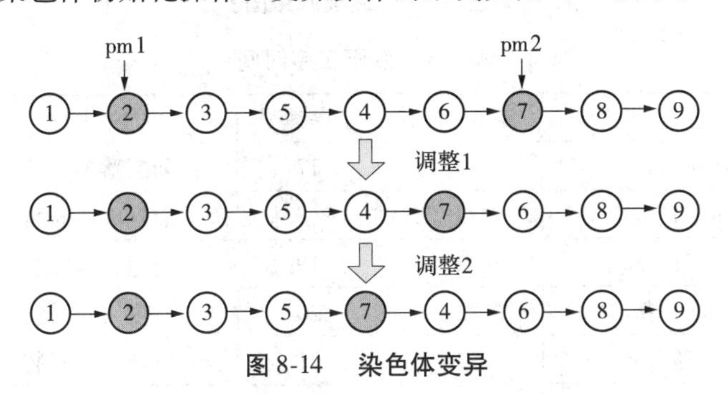

图 8-14　染色体变异

7）终止条件

染色体最优和装配位置最优均以染色体适应度值的缩小比例小于设定比例为终止条件。染色体最优是在同一个种群中找出最优的染色体，装配位置最优是在满足装配周期的条件下，在多个种群中找出最优的染色体。最优染色体代表最佳的装配线平衡方案。

8）装配位置变更

以完成站位内所有工序实际工时与站位内可用工时的比例变化来确定装配位置的变更数量。

8.2.4 案例分析

为验证方法的有效性和可行性,以某民用飞机脉动式装配线为分析对象,针对总装站位内装配线平衡进行案例分析。从现场站位网络计划图可知,站位工作由电缆安装、天线安装、照明系统安装、燃油系统安装、起落架系统安装、发动机系统安装、固定对接操作等功能模块组成。现从网络计划图中提取装配工序名称、装配工序顺序关系、装配工序操作时间等信息,清洗数据后得到装配工序顺序如图 8-15 所示,装配工序时间如表 8-3 所示。

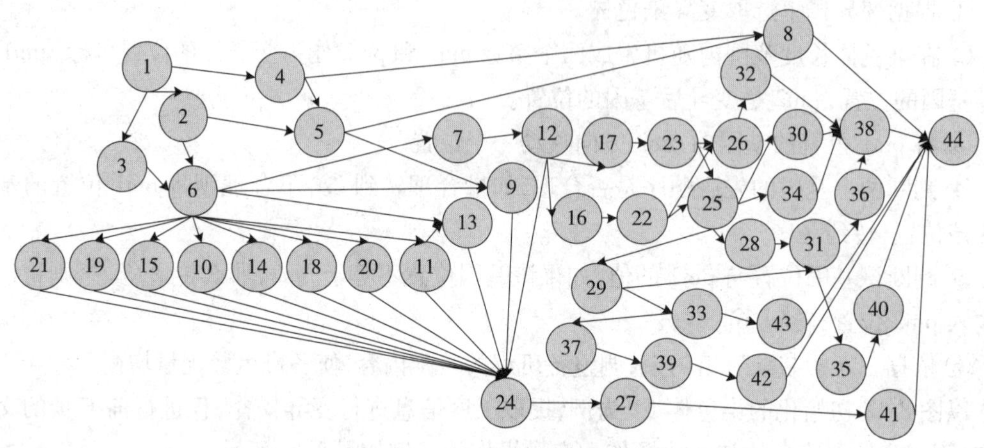

图 8-15 装配网络图

表 8-3 装配工序时间

工序编号	工序名称	装配时间	工序编号	工序名称	装配时间
1	飞机入位	2	17	前起落架安装	4
2	飞机调姿	2	18	数据天线安装	2
3	飞机固定	2	19	交通天线安装	2
4	二次对接	2	20	高度天线安装	2
5	驾驶舱分解	2	21	盲降天线安装	2
6	内饰地板安装	2	22	主起落架附件安装	2
7	高频天线安装	2	23	前起落架附件安装	2
8	电缆安装	28	24	天线密封涂胶	2
9	中频天线安装	2	25	引燃安装	2
10	低频天线安装	2	26	控制阀安装	4
11	导航天线安装	2	27	发电系统安装	4
12	高频通信系统安装	2	28	油尽系统安装	2
13	应急天线安装	2	29	发动机气管安装	2
14	卫星天线安装	2	30	消磁设备安装	2
15	气象天线安装	2	31	通气安装	4
16	主起落架安装	4	32	燃油密封安装	4

续表

工序编号	工序名称	装配时间	工序编号	工序名称	装配时间
33	发动机安装	8	39	矩管安装	2
34	燃油余量设备安装	2	40	主动流系统安装	8
35	燃油系统安装	6	41	照明安装	10
36	油箱安装	4	42	内管安装	10
37	发动机线缆安装	4	43	整流罩安装	8
38	燃油压力系统安装	4	44	飞机转站	2

将装配网络图中包含的约束关系信息转化为工序间的关联矩阵，采用 MATLAB 编程实现遗传算法对飞机脉动式装配线平衡问题的求解。假设脉动式装配线节拍为7天，每日可用工时为7.5小时，交叉概率为0.9，变异概率为0.02，初始种群大小设为200，精英比例为10%。通过程序运行得到多个最优的装配方案，虽然各方案的装配顺序不同，但优化目标值相等，原因是装配顺序关系复杂，非关键路径工序有多种分配方案。其中一种方案的各班组站位装配甘特图如图8-16所示，站位内装配线平衡效率如表8-4所示。

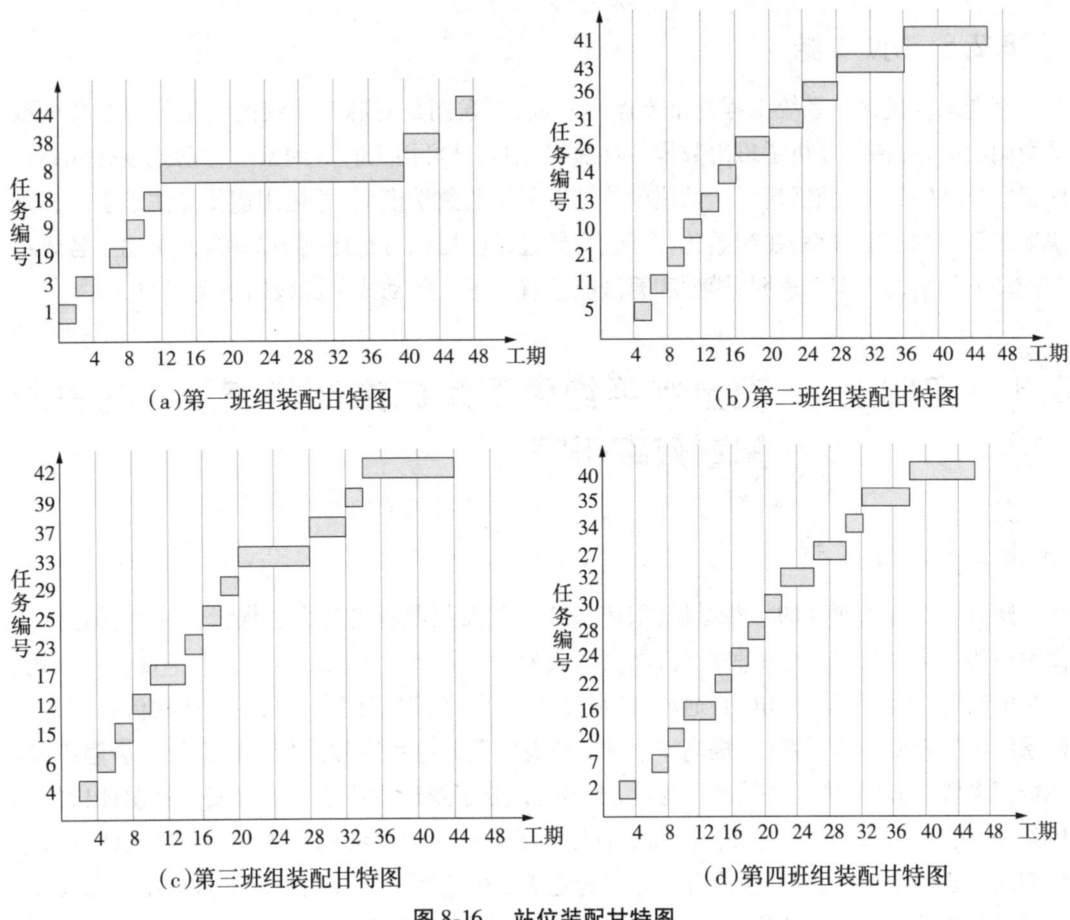

(a)第一班组装配甘特图

(b)第二班组装配甘特图

(c)第三班组装配甘特图

(d)第四班组装配甘特图

图8-16　站位装配甘特图

表 8-4　站位内装配线平衡效率

	班组数量 / 个	工期 /h	班组空闲时间标准差
现场分配	5	50	4.3
算法分配	4	48	0.9

与当前采用现场分配工序相比,算法分配工序班组数量减少了 1 个,从而减少了站位的总投入工时,而站位的实际需要工时不变,因此各班组的工作效率提高了;而完成站位内所有装配工序的工期由 50 小时缩减至 48 小时,缩减了 2 小时,却增加了该站位的工作弹性。此外,由于站位的完工时间缩短,飞机脉动式装配线的节拍具有更大的调节幅度,从而为装配线整体的产能调节提供了更大的空间。由上表可知,班组空闲时间标准差由 4.3 降至 0.9,表明采用算法分配的装配线中的各班组工作量更加均衡。算法分配的优势更体现在时间效率方面,当装配线节拍随着市场需求变化而调整后,算法分配方法能够快速调整站位内的工序规划,实现站位内装配平衡,而现场分配的方法则是一次性规划,调整需要耗费更多的资源。

8.2.5　小　结

制造系统优化是系统工程的重要运用领域,本案例是对脉动式装配线站位内的装配线平衡问题进行研究,分析了班组数量、装配线节拍和日可用工时等因素对脉动式装配线站位内工序分配的影响,随后建立了站位内装配线平衡的数学模型,并运用遗传算法求解。为加快遗传算法的求解效率,在初始化、交叉、变异过程中均以可行序列为基础,并考虑了各班组装配任务的平衡。实例表明,模型和算法能够有效解决脉动式装配线的平衡问题。

8.3　实例三　安全水平约束下煤矿生产物流系统的资源配置效率研究

8.3.1　概　述

随着煤炭开采深度的日益增加,采矿系统的复杂程度越来越大。煤炭开采不再是由简简单单的一个部门或几个工种配合,而已然成为一个复杂的系统工程。其中不仅包括车辆、人员的调度,更涉及信息、电力、通风、排水等各个环节的密切配合。煤矿生产物流系统是采矿系统中的重要功能子系统,提高该系统的资源配置效率可有效降低采矿系统安全隐患、避免资源浪费、提升系统运作效率。为此,本案例建立了煤矿生产物流系统安全资源评价指标体系,利用灰色系统理论关联分析方法研究煤矿生产物流系统的资源投入与安全状态水平之间的关联程度,利用数据包络分析方法构建煤矿生产物流系统的资源配置效率评价模型,通过对某煤业集团的实证研究与分析,来检验模型的合理性与有效性。

8.3.2 煤矿生产物流安全资源评价指标体系的构建

1）指标体系的构建

在煤矿生产过程中，影响煤矿安全的环节有很多，如何在纷杂的指标体系中去粗取精，精确地找出在煤矿生产企业资源配置过程中影响安全水平的关键指标，进而对症下药就显得尤为重要。通过对国内外文献的分析和借鉴，现将人员素质、机器维护、环境管理、应急管理方法作为生产要素指标，也作为生产要素的输入端；将管理目标的要素 —— 质量（Q）、成本（C）、效率（P）、安全（S）作为生产要素的衡量系统。投入要素和管理目标要素共同构成煤矿生产物流系统的动态系统。大量研究表明安全生产是煤矿生产物流系统的重要环节。安全状态水平的标准化作业对煤矿生产起到关键性的作用，同时，安全水平受生产要素指标的影响，安全状态水平的标准化就是寻找人 — 机 — 环 — 管的标准化的过程。现可通过对安全水平因素的持续改进，促进安全水平的标准化，从而确定影响安全状态水平的重要因素。指标的选取，如表 8-5 所示。

表 8-5　影响煤矿生产物流系统安全水平的指标体系

一级指标	二级指标	指标说明
企业员工素质因素	① 员工接受培训比例； ② 专业技术人才比例； ③ 企业员工平均年龄； ④ 企业农民工比例	操作者对质量管理的认识、操作技术熟练程度、身体健康状况等。
机器设备维护因素	① 提升设备完好率； ② 运输设备完好率； ③ 机电设备完好率	机电设备、测量仪器的精度和维修保养状况等。
矿井环境维护因素	① 通风系统完好率； ② 排水系统完好率； ③ 消防系统完好率	工作地的温度、湿度、照明和清洁条件等。
企业应急管理因素	① 管理制度完善率； ② 管理措施完善率； ③ 应急机制完善率	生产工艺、设备选择、操作规范等。

2）关联度计算

煤矿生产物流系统安全水平评价指标数量较多，且往往涉及集团内部众多机构、部门，为进一步确定各指标与安全水平的关联性，现运用灰色关联分析法进行关联度计算。

首先定义生产投入指标 x_2、x_3、x_4、x_5 分别为企业员工素质投入、机器设备维护投入、矿井环境维护投入和企业应急管理投入，将它们作为输入指标，将响应指标 x_1 定义为安全状态水平。本文借鉴以往学者的研究方法，使用安全事故造成的损失来界定安全状态水平，即

$$x = (x(1), x(2), \cdots, x(n)), n = 10 \tag{8-12}$$

$$x_0 = \{x_0(k) \mid k = 1,2,\cdots,n\} = (x_0(1), x_0(2), \cdots, x_0(n)), n = 10 \tag{8-13}$$

$$x_i = \{x_i(k) \mid k = 1,2,\cdots,n\} = (x_i(1), x_i(2), \cdots, x_i(n)), i = 1,2,\cdots,m, n = 10, m = 5 \tag{8-14}$$

其中，$n = 10$ 表示10家煤矿，假设有 m 个比较数列，则

$$\xi_i(k) = \frac{\min\limits_s \min\limits_t |x_0(t) - x_s(t)| + \rho \max\limits_s \max\limits_t |x_0(t) - x_s(t)|}{|x_0(k) - x_i(k)| + \rho \max\limits_s \max\limits_t |x_0(t) - x_s(t)|} \tag{8-15}$$

$$r_i = \frac{1}{n}\sum_{k=1}^{n} \xi_i(k) \tag{8-16}$$

其中，r_i 为数列 x_i 对参考数列 x_0 的关联度。

运用 MATLABR2011b 软件编写程序并计算，得出煤矿安全状态水平和安全资源投入指标关系如图8-17所示。编程过程如下：

```
clc
clear
load y. txt
X = y;
for i1 = 1:5
X(i1,:) = X(i1,:)./X(i1,1);
End
data = X;
n = size(data,1);
ck = data(1,:);
m1 = size(ck,2);
bj = data(2:n,:);
m2 = size(bj,1);
r = zeros(m1,m2);
for i3 = 1:m1
for j = 1:m2
t(j,i3) = bj(j,i3) - ck(1,i3);
end
jc1 = min(min(abs(t')));
jc2 = max(max(abs(t')));
rho = 0.5;
ksi = (jc1 + rho * jc2)./(abs(t) + rho * jc2);
```

```
rt = (sum(ksi'))/size(ksi,2);
r(i3,:) = rt;
end
[rs, rind] = sort(r,'descend')
```

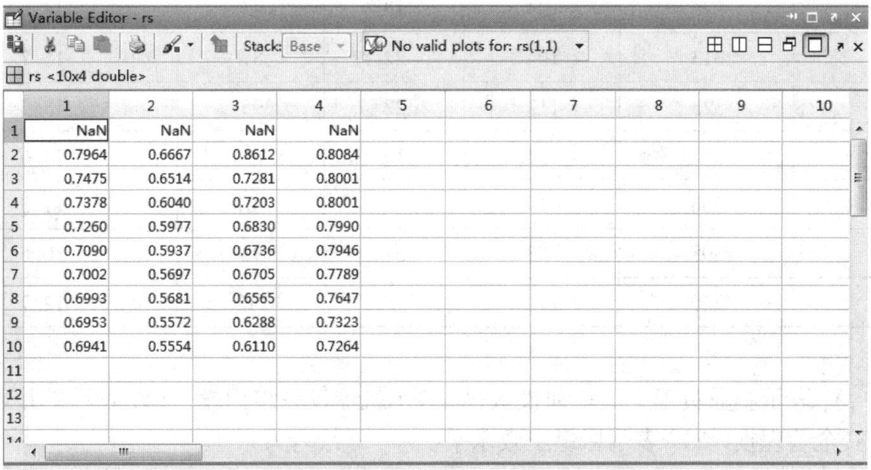

Variable Editor - rs

rs <10x4 double>

	1	2	3	4
1	NaN	NaN	NaN	NaN
2	0.7964	0.6667	0.8612	0.8084
3	0.7475	0.6514	0.7281	0.8001
4	0.7378	0.6040	0.7203	0.8001
5	0.7260	0.5977	0.6830	0.7990
6	0.7090	0.5937	0.6736	0.7946
7	0.7002	0.5697	0.6705	0.7789
8	0.6993	0.5681	0.6565	0.7647
9	0.6953	0.5572	0.6288	0.7323
10	0.6941	0.5554	0.6110	0.7264

图 8-17　煤矿安全状态水平和安全资源投入指标关系

通过选取某煤业集团的数据，对煤矿生产企业安全状态水平和安全资源投入指标之间的关系进行研究。研究结果表明，企业人员素质对安全水平的关联度为 0.694 1，机器设备维护因素对安全水平的关联度为 0.555 4，矿井环境因素对安全水平的关联度为 0.611 0，企业管理因素对安全水平的关联度为 0.726 4。

8.3.3　安全水平约束下煤矿生产物流系统资源配置的效率评价

为提高煤矿生产企业的生产经营效率，选取中部某省某煤业集团的矿井生产物流系统资源配置效率为研究对象，运用数据包络分析方法构建煤矿生产物流系统资源配置效率评价模型，采用 DEAP 2.1 软件对该模型进行求解。最后，以投入冗余水平为研究视角，对该煤业集团提出实质性的建议和对策。

1）相关指标数据获取

选取该煤业集团的 10 家煤矿生产企业作为研究对象，并通过实地走访，咨询专家、企业干部的方法来搜集指标数据，具体数据如表 8-6 所示。

表 8-6　10 家煤矿生产企业安全资源配置与企业产出

煤矿	输入指标				输出指标
	X_1/ 万元	X_2/ 万元	X_3/ 万元	X_4/ 万元	Y_1/ 吨 · 每人每小时$^{-1}$
1	195	170	25	64	13.2
2	281	106	25	79	13.6

续表

煤矿	输入指标				输出指标
	X_1/万元	X_2/万元	X_3/万元	X_4/万元	Y_1/吨·每人每小时$^{-1}$
3	233	103	20	58	15
4	276	104	18	45	14.8
5	313	104	22	87	15.7
6	325	113	22	95	13.3
7	257	156	15	64	14.6
8	366	119	5	101	11.3
9	308	103	57	92	10.6
10	220	114	7	212	12.7

其中,X_1 表示企业员工素质培训投入;X_2 表示机器设备维护投入;X_3 表示矿井环境维护投入;X_4 安全管理投入;Y_1 表示原煤工效水平。

2)某煤业集团安全资源配置效率模型构建

假设有 $n(n=10)$ 个煤矿,即 n 个决策单元DMU,每个决策单元都有 $m(m=4)$ 个类型的"投入"和 $s(s=1)$ 个类型的"产出",且满足 $n \geqslant 2(m+s)$,则可分别用投入 X_j 和产出 Y_j 表示为

$$\begin{cases} X_j = (x_{1j}, x_{2j}, \cdots, x_{mj})^{\mathrm{T}} \\ Y_j = (y_{1j}, y_{2j}, \cdots, y_{sj})^{\mathrm{T}} \end{cases} \tag{8-17}$$

其中,x_{ij} 为第 j 个煤炭生产企业对第 i 个类型投入指标的投入量;y_{rj} 为第 j 个煤炭生产企业对第 r 个类型产出指标的产出量($i=1,2,\cdots,m$;$r=1,2,\cdots,s$;$j=1,2,\cdots,n$)。

构造CCR模型为

$$\begin{cases} \min[\theta - \varepsilon(e^{-\mathrm{T}}s^- + e^{+\mathrm{T}}s^+)] \\ \text{s.t.} \ \sum_{j=1}^{n} X_j\lambda_j + s^- = \theta X_0 \\ \qquad \sum_{j=1}^{n} Y_j\lambda_j + s^+ = Y_0 \end{cases} \tag{8-18}$$

构造BCC模型为

$$\begin{cases} \min[\theta - \varepsilon(e^{-\mathrm{T}}s^- + e^{+\mathrm{T}}s^+)] \\ \text{s.t.} \ \sum_{j=1}^{n} X_j\lambda_j + s^- = \theta X_0 \\ \sum_{j=1}^{n} Y_j\lambda_j + s^+ = Y_0 \\ \sum_{j=1}^{n} \lambda_j = 1 \end{cases} \tag{8-19}$$

式中，X_j、Y_j 分别为各个煤矿企业投入、产出指标；λ_j 表示单位组合系数；ε 为阿基米德无穷小量，$e^{-T}=(1,1,\cdots,1)_{1\times m}$，$e^{+T}=(1,1,\cdots,1)_{1\times s}$；$\theta$、$s^-$、$s^+$ 等作为评价各个煤矿企业相对有效性的评判标准，θ 表示由模型测算出的相对效率值，s^-、s^+ 为松弛变量。s^- 为资源投入指标的松弛变量，又称为投入冗余。s^+ 为产出项指标的松弛变量，又称为产出不足。若 $\theta=1$，且 $s^{-0}=0$、$s^{+0}=0$，则认为被评价的煤矿企业 DEA 有效；若 $\theta<1$，且 s^-、s^+ 不全为 0，则认为被评价的煤矿企业 DEA 无效。

可以通过计算投入冗余水平，得到资源利用方面更详细的信息，从而更准确地进行绩效评价，方便找出各个煤矿生产企业中投入指标的冗余程度，进而提出切实可行的建议和改进办法。在 CCR 对偶模型中，资源投入冗余水平 a_{ij} 能够依据松弛变量 s_{ij}^- 和各煤矿生产企业的输入指标 x_{ij} 的比值来计算，其计算公式为

$$a_{ij}=\frac{s_{ij}^-}{x_{ij}} \tag{8-20}$$

其中，s_{ij}^- 为第 j 个煤矿对第 i 个类型投入指标的投入冗余量；投入冗余水平 a_{ij} 表示在保持原投入不变的情况下，第 j 个煤矿企业的第 i 个投入指标可节省的比例，也即投入 x_{ij} 的利用效率。

3）某煤业集团安全资源配置效率模型求解

（1）静态效率评价

根据某煤业集团的生产经营数据，再结合构建的基于数据包络分析的煤矿生产物流系统安全资源效率评价模型，采用 DEAP 2.1 软件进行计算可得到该煤业集团 10 家煤矿生产企业的静态技术效率，具体数据如表 8-7 所示：

表 8-7　某煤业集团 10 家煤矿生产企业静态技术效率

DMU	crste	vrste	scale	
DMU_1	1.000	1.000	1.000	—
DMU_2	0.865	0.972	0.890	Irs
DMU_3	1.000	1.000	1.000	—
DMU_4	1.000	1.000	1.000	—
DMU_5	1.000	1.000	1.000	—
DMU_6	0.800	0.912	0.877	Irs
DMU_7	1.000	1.000	1.000	—
DMU_8	1.000	1.000	1.000	—
DMU_9	0.682	1.000	0.682	Irs
DMU_{10}	1.000	1.000	1.000	—
Mean	0.935	0.988	0.945	—

注：crste 为综合技术效率；vrste 为纯技术效率；scale 为规模效率。其中，crste = vrste * scale；irs 表示规模报酬生产递增阶段。

从表8-6中可以得出10家煤矿生产企业的整体综合效率为0.935，表示在维持现有投入不变的情况下，这些煤矿生产企业的原煤工效水平仍有些许的提升空间，从综合效率的构成来看，纯技术效率的平均值为0.988，规模效率的平均值为0.945，由此可见，这些煤矿生产企业今后应适当增加规模并提高生产管理水平，以促进企业的持续快速发展。

从综合效率来看，第1、3、4、5、7、8、10这7家煤矿生产企业的综合效率为1，同时其纯技术效率和规模效率值也为1，即在现有的资源投入下，这7家煤矿生产企业的产出最大，处于最优状态。其中，第2家煤矿的综合效率只有0.865，表明该企业在保持当前资源投入不变的情况下，其原煤工效水平有13.5%的提升空间。第6家煤矿生产企业的综合效率只有0.800，说明该企业在维持现有资源投入不变的条件下，其原煤工效水平有20%的提升空间。同理，第9家煤矿生产企业的综合效率为0.682，作为10家企业的最低值，表明该煤矿生产企业在维持现有资源投入不变的条件下，其原煤工效水平有31.8%的提升空间。

从纯技术效率来看，有3家煤矿生产企业没有达到最优的状态，说明这些企业的生产经营管理问题仍制约着它们的发展。第3家企业应尽快改进经营管理方式，早日达到最优状态。但是我们也注意到大多数煤矿生产企业的纯技术效率值为1，该煤业集团整体生产运营状况良好。

从规模效率来看，到达规模状态最好的7家煤矿生产企业，也实现了综合效率最优。由此可知，规模效率的提高是促进企业综合效率进步的主要因素之一。若各煤矿生产企业想达到综合效率最优，则它们应该控制企业规模。

从规模报酬来看，达到规模报酬最优的第1、3、4、5、7、8、10这7家煤矿生产企业处于规模收益不变阶段，表明在现有的基础上，原煤工效水平不会随着安全资源投入的增加而增加。第2、6、9这3家煤矿生产企业处于规模收益递增状态，表明这些企业可以通过提高规模、增大投入来增加综合效率。

(2) 投入冗余分析

冗余信息并不是一些不必要的、多余的内容，结合表8-7的某煤业集团10家煤矿生产企业的静态技术效率，分析该煤业集团投入冗余水平，具体如表8-8所示。

表8-8　某煤业集团10家煤矿生产企业投入冗余水平

矿井	投入冗余				
	人力资源投入	机器设备投入	环境改善投入	应急管理投入	工效水平
1	0.000	0.000	0	0	0
2	40.047	0.000	4.292	18.764	0
3	0.000	0.000	0.286	0	0
4	0.000	0.000	0	0	0
5	0.000	0.000	0	0.203	0
6	63.293	0.000	0.053	28.593	0

续表

矿井	投入冗余				
	人力资源投入	机器设备投入	环境改善投入	应急管理投入	工效水平
7	0.000	0.000	0	0.339	0
8	0.000	0.000	0.092	0	0
9	75.000	0.000	37	34	0
10	0.000	0.000	0.669	0.035	0
Mean	17.829	0.000	4.135	8.136	0

从表 8-7 可以得出 10 家煤矿生产企业的投入冗余水平的平均状况。其中冗余程度最大的是人力资源投入冗余，冗余水平为 17.829 万元。此外，矿井环境改善投入冗余水平和企业应急管理投入冗余水平分别为 4.135 万元和 8.136 万元。由表 8-7 可以看出，第 1、3、4、5、7、8、10 这 7 家煤矿生产企业不存在安全资源投入冗余问题，因为从安全资源投入冗余角度来说，只有这 7 家煤矿生产企业，在综合效率为 1 的同时其纯技术效率和规模效率也为 1，意味着规模效益不变，不存在资源冗余的问题，也表明在现有安全资源投入之下，它们的原煤工效水平达到了最优，可作为其余 3 家煤矿生产企业学习的目标。其余 3 家煤矿生产企业多少存在一些投入资源冗余，应适当地减少人力资源、矿井环境改善和应急管理方面的投入。

但是，值得我们注意的是，就目前的生产经营状态来说，该煤业集团的机器设备维护方面并不存在投入冗余。这个数据也表明，对煤矿生产企业来说，为了促进其企业的发展，机器设备的维护水平应处于比较合理的状态，这样不仅有利于资源配置效率的提高，而且关系到资源的安全状态水平。

由表中最后一列可以看出，该煤业集团原煤工效的冗余水平为 0，是因为我们在进行数据包络分析时，采用的是基于投入角度的分析，默认产出不变，即原煤工效水平不变。

进一步分析可知，第 2 家煤矿生产企业有 3 项资源投入冗余，分别是人力资源投入（40.047 万元）、环境改善投入（4.292 万元）和应急管理投入（18.764 万元），如图 8-18 所示。

```
Results for firm:      2
Technical efficiency = 0.972
Scale efficiency     = 0.890  (irs)
 PROJECTION SUMMARY:
  variable           original        radial         slack     projected
                        value      movement      movement         value
 output      1         13.600         0.000         1.400        15.000
 input       1        281.000        -7.953       -40.047       233.000
 input       2        106.000        -3.000         0.000       103.000
 input       3         25.000        -0.708        -4.292        20.000
 input       4         79.000        -2.236       -18.764        58.000
```

图 8-18　第 2 家煤矿生产企业资源投入冗余分析

同理,第 6 家煤矿生产企业也存在 3 项资源投入冗余,分别是人力资源投入(63.239 万元)、环境改善投入(0.053 万元) 和应急管理投入(28.593 万元),如图 8-19 所示。

```
Results for firm:     6
Technical efficiency = 0.912
Scale efficiency     = 0.877  (irs)
 PROJECTION SUMMARY:
  variable             original        radial        slack     projected
                          value      movement     movement         value
 output      1           13.300         0.000        1.700        15.000
 input       1          325.000       -28.761      -63.239       233.000
 input       2          113.000       -10.000        0.000       103.000
 input       3           22.000        -1.947       -0.053        20.000
 input       4           95.000        -8.407      -28.593        58.000
```

图 8-19　第 6 家煤矿生产企业资源投入冗余分析

同理,第 9 家煤矿生产企业存在 3 项资源投入冗余,分别是人力资源投入(75 万元),矿井环境改善投入(37 万元) 和应急管理投入(34 万元),如图 8-20 所示。

```
Results for firm:     9
Technical efficiency = 1.000
Scale efficiency     = 0.682  (irs)
 PROJECTION SUMMARY:
  variable             original        radial        slack     projected
                          value      movement     movement         value
 output      1           10.600         0.000        4.400        15.000
 input       1          308.000         0.000      -75.000       233.000
 input       2          103.000         0.000        0.000       103.000
 input       3           57.000         0.000      -37.000        20.000
 input       4           92.000         0.000      -34.000        58.000
```

图 8-20　第 9 家煤矿生产企业资源投入冗余分析

综上所述,这 10 家煤矿生产企业的综合效率、纯技术效率和规模效率的平均值都非常接近 1,分别为 0.935、0.988 和 0.945,这些数据表明该煤业集团通过扩大投入规模和提高经营管理水平来促进原煤工效水平进一步提高的可能性不大。此外,我们注意到,这 10 家煤矿生产企业中有 7 家企业处于规模收益不变阶段,有 3 家企业处于规模收益递增阶段。这 3 家煤矿生产企业可以适当地增加安全资源投入来提高综合效率,并且适时地通过兼并重组,扩大经营规模,来增加企业技术效率,最终提高生产效率,发挥行业的规模效应。

8.3.4　小　结

采矿系统是一个涵盖车辆与人员调度并需要信息、电力、通风、排水等各个环节来密切配合的复杂的系统工程。煤矿生产物流系统是采矿系统中的重要功能子系统,提高该系统的资源配置效率可有效降低采矿系统安全隐患、避免资源浪费、提升系统运作效率。本案例从系统工程视角出发,建立了煤矿生产物流系统安全资源评价指标体系及评价方法,为提升煤矿生产物流系统的资源配置效率提供了理论依据。

8.4 实例四 柔性作业车间多目标调度节能优化研究

8.4.1 概 述

车间生产调度在制造业生产过程中起着决定性的作用,车间生产过程不仅包括了人员、机器、资源的分配与合理安排,还要满足生产周期、生产成本等条件的要求,如何合理地调配生产系统中的生产资源,实现资源利用率最大化和生产效率最大化一直是制造系统工程与工业工程等学科研究的热点话题。在经济全球化和全球能源枯竭的双重趋势下,市场多样化、个性化的需求压力和与日俱增的能耗成本压力引起了我们对在加工时间和能耗情况下的柔性车间调度问题的关注。本节将能耗作为约束条件建立了柔性作业车间多目标调度模型,并用改进的NSGA-Ⅱ算法求解该模型,结合实际案例验证了本文提出的模型有效性和所提算法的可行性。

8.4.2 考虑能耗因素的柔性作业车间多目标调度模型构建

1) 问题描述

柔性作业车间指的是生产作业车间的加工零件具有柔性的工艺路线,而柔性工艺路线包含3个方面的柔性,即工序加工柔性、工序次序柔性和加工方式柔性。在生产过程中机器顺序是不固定的,零件的加工机器也是不固定的,这样的条件虽然更加符合实际生产中的情况,但是这也大大地增加了车间调度系统的复杂程度,同时也增加了求解的难度。

在国内外的研究当中,柔性作业车间调度问题的一般描述为:n个工件($J_1,J_2,\cdots,J_n$)在m台机器($M_1,M_2,\cdots,M_m$)上加工,每个工件(J_i)有各自的加工工序($O_{i1},O_{i2},\cdots,O_{ij}$),每个零件的工序顺序在事先是可以确定的,而且每道工序都可以选择一台或者多台机器进行加工,而每台机器加工同一工序的时间可能不同。柔性作业车间调度问题的求解目标是为每一道工序选择最合适的机器,而且要确定每台机器上各道工序的最优加工顺序及开工时间,以使整个调度系统的某些性能指标能够最终达到最优。

所以,柔性作业车间生产调度问题至少包含了两个子问题:其一是确定各个零件的加工机器;其二是确定各个机器上加工的先后顺序。

另外,工件在加工过程中还需要满足:

① 同一个机器在同一个时刻只可以加工一个零件。

② 同一个零件的同一道工序在同一个时刻仅能被一台机器加工。

③ 每个零件的每一道工序一旦开始便不能中断。

④ 不同零件之间具有相同的优先级,这说明每一个零件在同一时刻都能以相同概率被

选择加工。

⑤ 不同零件的工序之间没有先后顺序约束,而同一零件的工序之间有先后顺序约束。

⑥ 所有零件在零时刻都可以被加工。

2) 数学模型

(1) 参数说明

在柔性作业生产车间调度模型一般描述的基础上,本书研究在考虑能耗因素的基础上,所需要用到的柔性作业车间调度模型参数如下所示:

n—— 待加工工件总数,工件集合为 $J=\{J_1,J_2,\cdots,J_n\}$;

m—— 可选择机器总数,机器集合为 $M=\{M_1,M_2,\cdots,M_m\}$;

P—— 机器的待机功率集合,有 $P=\{P_1,P_2,\cdots,P_m\}$;

w_i—— 第 i 个工件的工序总数;

i—— 工件序号($i=1,2,\cdots,n$);

j、p、q—— 工序序号(j、p、$q=1,2,\cdots,w_i$);

t_k—— 机器 M_k 的总加工时间;

t'_k—— 机器 M_k 的闲置待机时间;

E—— 加工总能耗;

E'—— 机器闲置能耗;

E_{ijk}—— 工序 O_{ij} 在机器 M_k 上的加工能耗;

O_{ij}—— 第 i 个工件的第 j 道工序;

M_{ij}—— 工序 O_{ij} 的可选机器集合;

M_{ijk}—— 工序 O_{ij} 选择机器 M_k 加工;

t_{ijk}—— 工序 O_{ij} 在机器 M_k 上的加工时间;

t_{ijk}^s—— 工序 O_{ij} 在机器 M_k 上加工的开始时间;

t_{ijk}^e—— 工序 O_{ij} 在机器 M_k 上加工的结束时间;

c_i—— 工件 J_i 的完工时间。

其中,$t_k=\sum\limits_{i=1}^{n}\sum\limits_{j=1}^{w_i}x_{O_{ij}}y_{ijk}t_{ijk}$,有

$$t'_k=\max\{t_{ijk}^e\}-t_k-\min\{t_{ijk}^s\},k\in[1,m]$$

(2) 模型的0-1变量

$$x_{O_{ij}}=\begin{cases}1, & \text{如果工序 } O_{ij} \text{ 被选择加工}\\0, & \text{其他}\end{cases}\tag{8-21}$$

柔性作业车间的生产具有柔性工艺路线。式(8-21)表示如果工序 O_{ij} 被选择加工,则 $x_{O_{ij}}$ 的取值为1,否则为0。

$$y_{ijk}=\begin{cases}1, & \text{如果工序 } O_{ij} \text{ 选择机器 } M_k \\ 0, & \text{其他}\end{cases} \tag{8-22}$$

同一个工序可能有几个机器都能进行加工,但是每一个机器的加工时间不一样。式(8-22)表示如果工序 O_{ij} 选择机器 M_k 进行加工生产,则 y_{ijk} 的取值为 1,否则为 0。

$$z_{Bipq}=\begin{cases}1, & \text{如果工序 } O_{ip} \text{ 在工序 } O_{iq} \text{ 之前} \\ 0, & \text{其他}\end{cases} \tag{8-23}$$

每个零件布置有一道加工工序,而加工工序一般是有先后顺序约束的,现要把这种先后顺序约束转化为数学语言。式(8-23)表示如果工序 O_{ip} 在工序 O_{iq} 之前,那么 z_{Bipq} 的取值为 1,否则为 0。

(3)模型的约束条件

式(8-24)表示工序 O_{ij} 结束时间与加工时间的约束,即工序 O_{ij} 在机器 M_k 上的结束时间等于工序 O_{ij} 在机器 M_k 上的开始时间加上工序 O_{ij} 在机器 M_k 上的加工时间,乘以 y_{ijk} 此0-1变量是为了防止工序没有选择此机器,却出现等式成立的情况:

$$t_{ijk}^{e}=t_{ijk}^{s}+t_{ijk}\times y_{ijk} \tag{8-24}$$

式(8-25)表示工件 i 的第一道工序的最早完工时间大于或等于第一道工序的加工时间:

$$t_{i1k}^{e}x_{O_{i1}}y_{i1k}+A(1-x_{O_{i1}})\geqslant t_{i1k}x_{O_{i1}}y_{i1k},i\in[1,n],k\in[1,m] \tag{8-25}$$

式(8-26)表示最后一道工序的最早完工时间必须要小于或者等于工件 i 的最早完工时间:

$$t_{iw_ik}^{e}x_{O_{iw_i}}y_{iw_ik}-A(1-x_{O_{iw_i}})\leqslant c_i,i\in[1,n],k\in[1,m] \tag{8-26}$$

式(8-27)表示同一台机器在同一时刻只能加工一道工序:

$$t_{ij_1k}^{s}x_{O_{ij_1}}y_{ij_1k}-t_{ij_2k}^{s}x_{O_{ij_2}}y_{ij_2k}+A(1-z_{Bij_1j_2})\geqslant t_{ij_2k}y_{ij_1k}y_{ij_2k} \tag{8-27}$$

式(8-28)表示同一个零件的不同工序不能同时加工:

$$t_{ij_1k_1}^{s}x_{O_{ij_1}}y_{ij_1k_1}-t_{ij_2k_2}^{s}x_{O_{ij_2}}y_{ij_2k_2}+A(1-z_{Bij_1j_2})\geqslant t_{ij_2k_2}y_{ij_1k_1}y_{ij_2k_2} \tag{8-28}$$

式(8-29)表示工序次序约束选择正确,因为前面提到 z_{Bipq} 为约束工序先后顺序的0-1变量,因此 z_{Bipq} 和 z_{Biqp} 不可能同时为 0,也不可能同时为 1:

$$z_{Bipq}+z_{Biqp}=1,i\in[1,n],p,q\in[1,w_i] \tag{8-29}$$

式(8-30)表示加工工艺柔性只选择一种路径加工:

$$\sum_{j=1}^{w_i}x_{O_{ij}}\leqslant w_i \tag{8-30}$$

式(8-31)表示机器约束,即同一时刻同一道工序只能被一台机器加工:

$$\sum_{k=1}^{M_{ij}}y_{ijk}=1,i\in[1,n],j\in[1,w_i] \tag{8-31}$$

(4)模型的目标函数

在参考目前研究以及结合实际需要的条件下,本节选取了最大完工时间最小化、加工总能耗最小化、总机器负荷最小化 3 个目标作为研究的优化目标。

最大完工时间最小化。完工时间是指每个零件最后一道工序的完成时间,而所有零件中最后的那个完工时间就是最大完工时间,现要求最大完工时间中的最小值。这是目前研究中使用最广泛的评价指标,也是衡量调度方案的最根本指标,体现了车间的生产效率。具体公式为

$$f_1 = \min\{\max(t_{ijk}^e)\}$$

加工总能耗最小化。因为模型构建考虑了柔性作业车间调度中的能耗问题,建立的数学模型也是为了能够获得能耗优化的调度方案,因此选取加工总能耗作为研究的评价指标之一,有

$$f_2 = \min\left\{\sum_{i=1}^{n}\sum_{j=1}^{w_i}\sum_{k=1}^{m} x_{O_{ij}} y_{ijk}(E_{ijk} + P_k t'_k)\right\}$$

总机器负荷最小化。工序在不同的机器上加工时间不同,那么总的机器负荷会随着调度方案的不同而变化,在使最大完工时间不变的情况下,应减少所有机器的总负荷,因此选取总机器负荷为优化目标之一,有

$$f_3 = \min\left(\sum_{i=1}^{n}\sum_{j=1}^{w_i}\sum_{k=1}^{m} t_{ijk} \times y_{ijk}\right)$$

8.4.3 算法设计

此次需采用 NSGA-Ⅱ 算法,NSGA-Ⅱ 算法的主要步骤有:

① 初始化种群P,设种群规模大小为N,对所有个体进行非支配分级排序,初始化第一代进化代数 gen 为0。

② 对种群 P_t 执行选择、交叉、变异操作,生成 P_t 的子代种群。

③ 合并父代和子代种群,得到种群规模为$2N$的新种群R_t,对R_t 的所有个体进行非支配分级排序,非劣分级后得到各个非支配前沿个体。

④ 计算每一非支配前沿 F_i 上个体的拥挤距离。

⑤$gen = gen + 1$,按照锦标赛选择机制选择最优秀的N个个体作为下一代种群的父代个体,即 P_{t+1},对新的种群 P_{t+1} 进行选择、交叉、变异操作,产生新子代种群 Q_{t+1}。

⑥ 重复第二步到第五步的基本操作,直到第 k 代子代种群满足算法终止条件为止,否则返回第二步。

原算法在选择下一代个体时,从最优非支配面开始依次分级排序最优非支配面 F_1、次优非支配面 F_2…… 中的个体,直至选择出规模仍为 N 的下一代个体种群。但这种选择方式容易造成收敛速度过快,而容易得到局部最优的结果。因此,本节在原算法的基础上改进了选择算子:首先选择最优非支配面 F_1 中的所有个体作为下一代,若 F_1 中的个体规模达不到N,则从次优非支配面 F_2 开始,以非支配面的排序值作为非支配面的适应度值,而非支配面中的个体以拥挤距离作为适应度值;然后用轮盘赌选择方法选出一个非支配面 $F_i(i = 2,3,\cdots)$,再从 F_i 中用轮盘赌选择算法选出一个个体,直至下一代个体规模达到 N 为止。改进

后的 NSGA-Ⅱ 算法流程图如图 8-21 所示。

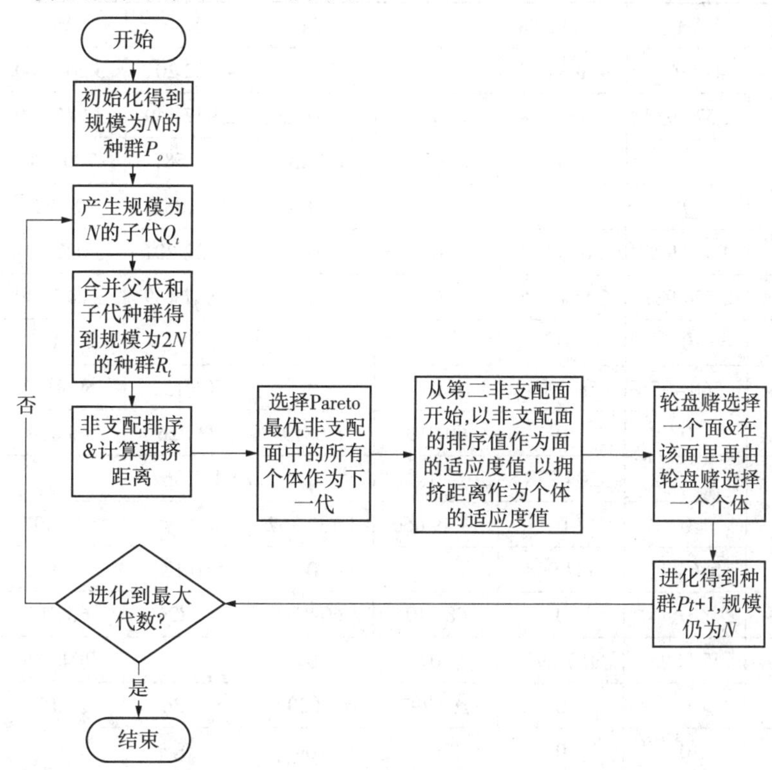

图 8-21　改进后的 NSGA-Ⅱ 算法流程图

8.4.4　实例分析

为了验证本文所建立的模型以及改进的 NSGA-Ⅱ 算法的有效性和可行性,选取本市 Z 制造业某车间一批零件进行实例验证分析。这批零件包含了 10 个工件,各个工件的工序在不同机器上的能耗如表 8-9 所示,各个机器的待机功率如表 8-10 所示,各工序在不同机器上的加工时间信息如表 8-11 所示,设置种群规模为 200,交叉率为 0.8,变异率为 0.3,最大迭代代数为 600,编程软件采用 MATLAB。

表 8-9　各工序加工能耗　　单位:焦耳

工件	工序	M1	M2	M3	M4	M5	M6	M7
J1	1	3 356 324	3 478 411	0	0	3 056 324	3 578 411	0
	2	0	0	185 000	175 000	200 000	198 950	0
	3	0	0	0	0	0	0	302 000
J2	1	4 417 923	4 693 027	0	0	4 617 923	4 793 027	0
	2	2 574 937	2 657 948	0	0	2 594 937	2 757 948	0
	3	0	0	939 708	925 683	949 708	985 683	0
	4	0	0	0	0	0	0	489 007

续表

工件	工序	M1	M2	M3	M4	M5	M6	M7
J3	1	447 923	4 693 027	0	0	4 922 201	5 200 000	0
	2	2 574 937	2 657 948	0	0	2 947 149	3 047 100	0
	3	0	0	580 587	679 437	598 587	700 000	0
	4	0	0	0	0	951 833	994 009	0
J4	1	4 417 923	4 693 027	0	0	4 922 201	5 022 201	0
	2	2 574 937	2 657 948	0	0	2 847 149	2 947 140	0
	3	0	0	0	0	0	0	1 747 918
J5	1	566 497	584 968	0	0	586 132	596 172	0
	2	0	0	60 819	67 819	73 826	68 819	0
	3	391 362	204 288	0	0	471 362	0	0
	4	0	0	1 049 666	1 132 867	0	951 497	0
J6	1	566 497	584 968	0	0	586 132	0	0
	2	0	0	58 819	60 819	73 826	68 819	0
	3	177 895	187 895	0	0	0	204 288	0
	4	0	0	786 297	698 297	871 362	0	0
	5	0	0	0	0	0	0	204 288
J7	1	473 815	469 381	0	0	452 797	500 921	0
	2	614 314	641 536	0	0	656 023	598 796	0
	3	0	0	306 605	251 601	326 605	0	0
	4	0	0	0	0	0	0	399 014
J8	1	2 875 382	2 793 628	0	0	3 042 597	401 115	0
	2	426 837	429 768	0	0	0	446 235	0
	3	0	0	0	0	0	0	266 100
J9	1	2 875 382	2 793 628	0	0	3 042 597	0	0
	2	0	0	426 837	429 768	0	446 235	0
	3	0	0	0	0	0	0	203 244
	4	0	0	90 122	90 000	94 122	101 929	0
J10	1	2 875 382	2 793 628	0	0	0	0	0
	2	426 837	429 768	0	0	0	449 235	0
	3	0	0	0	0	0	0	810 682

表 8-10　各机器待机功率　单位：瓦

M1	M2	M3	M4	M5	M6	M7
284	257	1 569	1 478	285	362	421

表 8-11　各工序加工时间　单位：秒

工件	工序	M1	M2	M3	M4	M5	M6	M7
J1	1	815	703	0	0	800	825	0
	2	0	0	180	165	185	171	0
	3	0	0	0	0	0	0	110
J2	1	1 501	1 456	0	0	1 301	1 400	0
	2	538	558	0	0	528	538	0
	3	0	0	220	210	249	229	0
	4	0	0	0	0	0	0	437
J3	1	1 501	1 456	0	0	1 178	1 378	0
	2	538	558	0	0	495	528	0
	3	0	0	510	535	457	477	0
	4	0	0	0	0	274	252	0
J4	1	1 501	1 456	0	0	1 278	1 378	0
	2	538	558	0	0	495	515	0
	3	0	0	0	0	0	0	598
J5	1	178	164	0	0	137	157	0
	2	0	0	35	50	43	59	0
	3	180	198	0	0	168	0	0
	4	0	0	412	406	0	386	0
J6	1	178	164	0	0	137	0	0
	2	0	0	61	73	43	59	0
	3	168	156	0	0	0	140	0
	4	0	0	498	456	476	0	0
	5	0	0	0	0	0	0	30
J7	1	169	188	0	0	213	178	0
	2	245	267	0	0	230	304	0
	3	0	0	400	387	415	0	0
	4	0	0	0	0	0	0	170

续表

工件	工序	M1	M2	M3	M4	M5	M6	M7
J8	1	789	827	0	0	745	787	0
	2	135	143	0	0	0	121	0
	3	0	0	0	0	0	0	361
J9	1	789	827	0	0	745	0	0
	2	0	0	135	143	0	121	0
	3	0	0	0	0	0	0	276
	4	0	0	37	29	54	43	0
J10	1	789	827	0	0	0	0	0
	2	135	143	0	0	0	141	0
	3	0	0	0	0	0	0	347

1）绘制 Pareto 最优前沿面

基于改进后的 NSGA-Ⅱ 算法得到的可行域及 Pareto 最优前沿面如图 8-22 所示，图中黑色菱形为 Pareto 最优解集中的最优非支配解，由图可知最优非支配解分布较为均匀，因此验证了模型和求解算法的可行性和有效性。图中的 Pareto 曲面是采用插值法并通过 MATLAB 绘制的。因为采用的是插值法，所以并不能保证所有的最优非支配解都在这个面上。

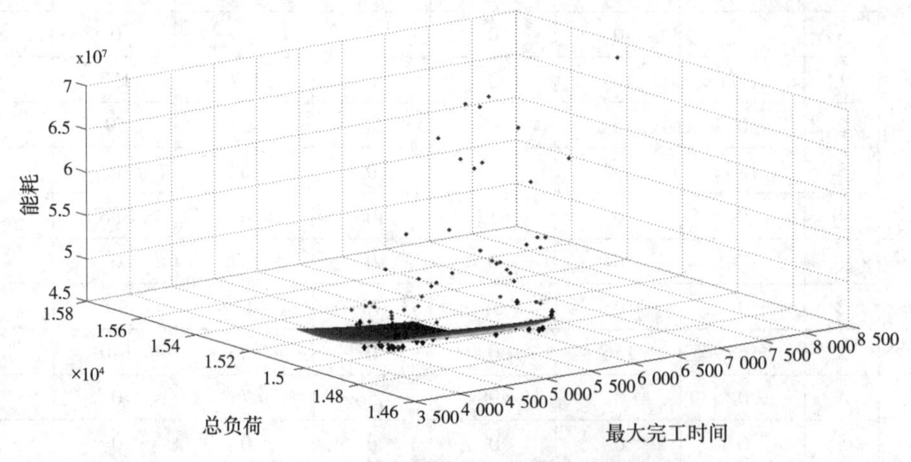

图 8-22　可行域及 Pareto 最优前沿面

2）从 Pareto 最优解集中选择 Pareto 最优解

在求得多目标优化的 Pareto 最优解集后，需要得到 Pareto 解的优先选择序列。为了避免在人工选优过程中多种主观因素的影响，现采用基于模糊集合理论的 Pareto 最优集选优方法，建立 Pareto 综合选优机制。定义成员函数 δ_i 表示一个解的第 i 个目标值所占的比

重，有

$$\delta_i = \begin{cases} 1, & F_i \leqslant F_i^{\min} \\ \dfrac{F_i^{\max} - F_i}{F_i^{\max} - F_i^{\min}}, & F_i^{\min} < F_i < F_i^{\max} \\ 0, & F_i \geqslant F_i^{\max} \end{cases}$$

其中，F_i 为第 i 个目标的值，$F_i^{\min}$、$F_i^{\max}$ 分别是第 i 个目标的最小值、最大值。对于 Pareto 集中的每一个非支配解 k，定义支配函数为

$$\delta^k = \frac{\sum_{i=1}^{N_{obj}} \delta_i^k}{\sum_{j=1}^{M} \sum_{i=1}^{N_{obj}} \delta_i^j}$$

其中，N_{boj} 为优化目标的个数，M 为 Pareto 集中解的个数。δ^k 越大，表示该解的综合性能越好。

将 Pareto 解集按 δ^k 值降序排列，可以得到解的优先选择序列，然后选择具有最大 δ^k 的解作为 Pareto 最优解。将基于 NSGA-Ⅱ 算法得到的 Pareto 最优解集中的解按 δ^k 大小排序，图像如图 8-23 所示。

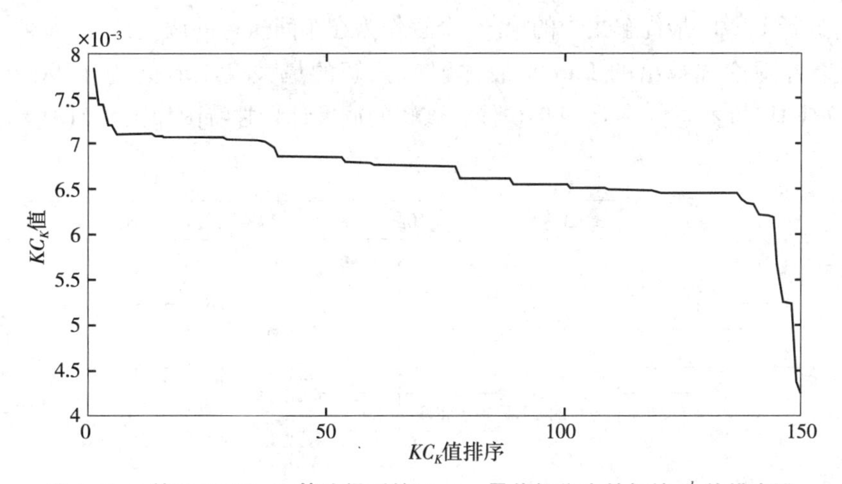

图 8-23　基于 NSGA-Ⅱ 算法得到的 Pareto 最优解集中的解按 δ^k 值排序图

排名前 14 个最优非支配解的排名、δ^k 的值以及它们在 Pareto 最优解集中的位置如表 8-12 所示。

表 8-12　基于 NSGA-Ⅱ 算法得到的最优非支配解

排名	KC_K	在 F_1 中的位置
1	0.007 8	36
2	0.007 4	38
3	0.007 2	33

续表

排名	KC_K	在 F_1 中的位置
4	0.007 2	28
5	0.007 1	2
6	0.007 1	9
7	0.007 1	17
8	0.007	13
9	0.007	16
10	0.006 9	11
11	0.006 8	12
12	0.006 8	24
13	0.006 8	32
14	0.006 8	37

因此,选择 Pareto 最优解集中的第 36 个解作为在车间执行的调度计划,即第 36 个解是基于模糊集合理论选择出的 Pareto 最优解。该解的最大完工时间为 4 190 秒,能耗为 49 088 109 焦耳,机器总负荷为 14 916 秒。该解的调度计划甘特图如图 8-24 所示。

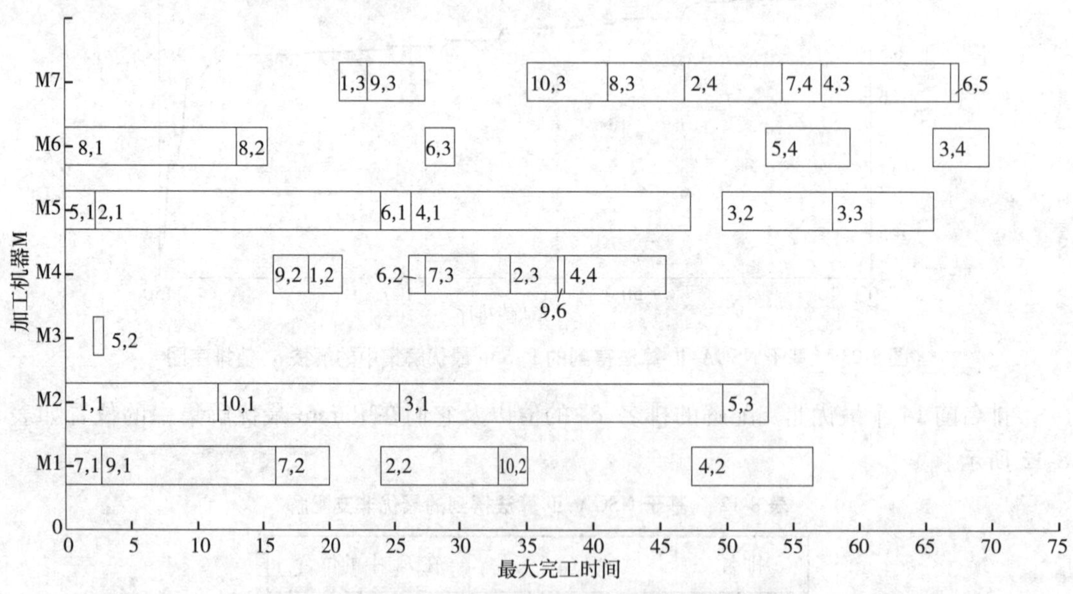

图 8-24 基于 NSGA-Ⅱ 算法得到的调度计划甘特图

而将基于改进后的 NSGA-Ⅱ 算法得到的 Pareto 最优解集中的解按 δ^k 大小排序,图像如图 8-25 所示。

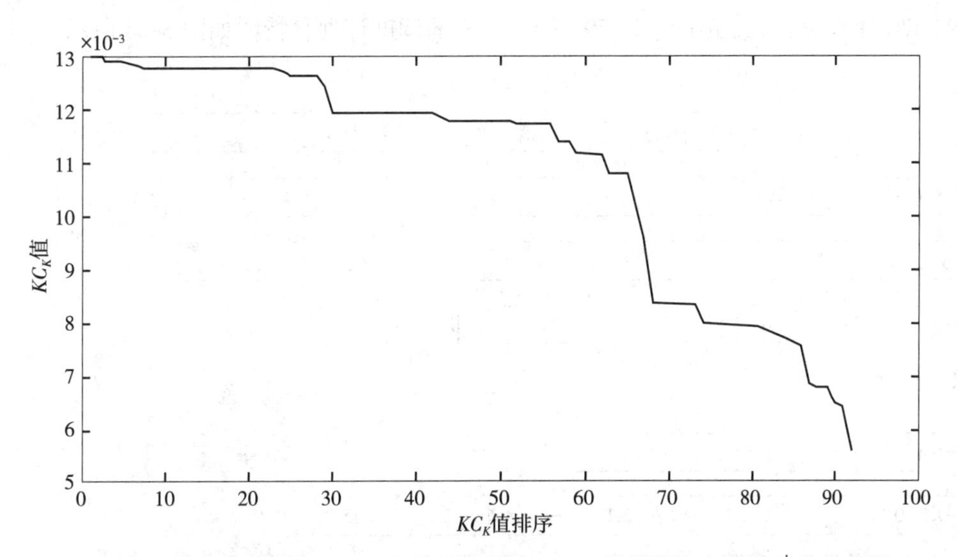

图 8-25　基于改进后的 NSGA-Ⅱ 算法得到的 Pareto 最优解集中解按 δ^k 值排序图

排名前 14 个最优非支配解的排名、δ^k 的值以及它们在 Pareto 最优解集中的位置如表 8-13 所示。

表 8-13　基于改进的 NSGA-Ⅱ 算法得到的最优非支配解

排名	KC_K	在 F_1 中的位置
1	0.013	1
2	0.013	32
3	0.012 9	10
4	0.012 9	11
5	0.012 8	25
6	0.012 8	12
7	0.012 8	16
8	0.012 8	21
9	0.012 6	7
10	0.012 6	26
11	0.012 6	37
12	0.012 4	8
13	0.011 9	35
14	0.011 9	2

因此,选择 Pareto 最优解集中的第 1 个解作为在车间执行的调度计划,即第 1 个解是基于模糊集合理论选择出的 Pareto 最优解。该解的最大完工时间为 3 820 秒,能耗为

48 693 670 焦耳,机器总负荷为 14 792 秒。该解的调度计划甘特图如图 8-26 所示。

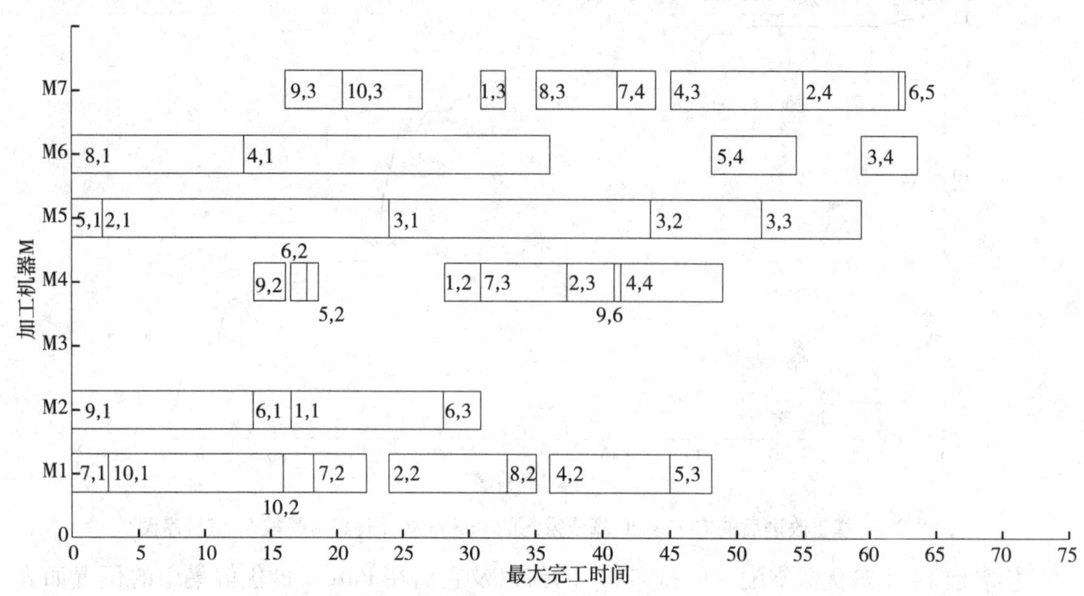

图 8-26　基于改进后的 NSGA-Ⅱ 算法得到的调度计划甘特图

从以上分析可看出,基于改进后的 NSGA-Ⅱ 算法得到的最优调度计划的最大完工时间、总机器负荷、加工总能耗均更优。最大完工时间由 4 190 秒降低为 3 820 秒,降低了 370 秒;能耗由 49 088 109 焦耳降低为 48 693 670 焦耳,降低了 394 439 焦耳;最大机器负荷由 14 916 秒降低为 14 792 秒,降低了 124 秒。这不但验证了模型的可行性和求解算法的有效性,而且验证了改进后的 NSGA-Ⅱ 算法的优越性。

8.4.5　小　结

生产调度是生产制造系统优化的重要研究领域,在本案例中,我们以最大完工时间最小化、总机器负荷最小化、加工总能耗最小化为目标,创造性地构建了在能耗因素条件下的多生产调度最优化模型及其求解算法,有效解决了在能耗因素条件下的多目标优化调度问题,也为今后解决同类问题提供了解决思路。随着时代的发展,系统工程的应用领域也在不断扩展,如何灵活地运用系统工程最优化思想解决实际问题和日益涌现的新的科学问题是值得我们继续思考和关注的。

参考文献

[1] 陈思录. 系统工程[M]. 重庆:重庆大学出版社,1993.
[2] 汪应洛. 系统工程[M]. 4 版. 北京:机械工业出版社,2008.
[3] 谭跃进,陈英武,罗鹏程,等. 系统工程原理[M]. 2 版. 北京:科学出版社,2017.
[4] 郁滨,等. 系统工程理论[M]. 合肥:中国科学技术大学出版社,2009.
[5] 陈庆华,李晓松,等. 系统工程理论与实践[M]. 北京:国防工业出版社,2009.
[6] 吴祈宗. 系统工程[M]. 北京:北京理工大学出版社,2008.
[7] 冯允成,邹志红,周泓. 离散系统仿真[M]. 北京:机械工业出版社,1998.
[8] 梁军,赵勇,系统工程导论[M]. 2 版. 北京:化学工业出版社,2013.
[9]周江华,苗育红. 离散事件动态系统性能评估与仿真[M]. 北京:科学出版社,2016.
[10] 王众托. 系统工程引论[M]. 4 版. 北京:电子工业出版社,2012.